普.通.高.等.学.校
计算机教育"十二五"规划教材
立体化精品系列

Flash CS5

动画设计教程

马宏艳 汪克峰 主编

王秋茸 翟利红 荆茜 副主编

人民邮电出版社

北　京

图书在版编目（CIP）数据

Flash CS5动画设计教程 / 马宏艳，汪克峰主编. ——
北京：人民邮电出版社，2015.8（2022.1重印）
普通高等学校计算机教育"十二五"规划教材
ISBN 978-7-115-39376-0

Ⅰ. ①F… Ⅱ. ①马… ②汪… Ⅲ. ①动画制作软件—
高等学校—教材 Ⅳ. ①TP391.41

中国版本图书馆CIP数据核字(2015)第106026号

内 容 提 要

本书以 Flash CS5 为基础，结合动画处理的特点，以时间轴动画、网页制作、Flash 小游戏、课件制作等为例，系统介绍了 Flash 在动画设计中的应用。内容主要包括 Flash CS5 的基础知识、绘制图形、编辑图形、创建文本、使用元件和素材、制作基础动画、制作高级动画、处理声音和视频、使用 ActionScript 脚本、使用组件、测试与发布动画等。

本书内容翔实，结构清晰，图文并茂，每章均以理论知识点讲解、课堂案例、课堂练习、拓展知识和课后习题的结构详细讲解相关软件的使用。其中，大量的案例和练习可以引领读者快速有效地学习到实用技能。

本书不仅可供普通高等院校二、三类本科和独立院校及高职院校动画设计相关专业作为教材使用，还可供相关行业及专业工作人员学习和参考。

◆ 主　编　马宏艳　汪克峰
　　副主编　王秋茸　翟利红　荆　茜
　　责任编辑　邹文波
　　执行编辑　税梦玲
　　责任印制　彭志环
◆ 人民邮电出版社出版发行　北京市丰台区成寿寺路 11 号
　　邮编　100164　电子邮件　315@ptpress.com.cn
　　网址　https://www.ptpress.com.cn
　　涿州市京南印刷厂印刷
◆ 开本：787×1092　1/16
　　印张：17.5　　　　　　　　2015 年 8 月第 1 版
　　字数：446 千字　　　　　　2022 年 1 月河北第 5 次印刷

定价：48.00 元（附光盘）

读者服务热线：(010)81055256　印装质量热线：(010)81055316
反盗版热线：(010)81055315

前 言

随着近年来本科教育课程改革的不断发展、计算机软硬件日新月异地升级，以及教学方式的不断发展，市场上很多教材的软件版本、硬件型号、教学结构等很多方面都已不再适应目前的教学。

鉴于此，我们认真总结了教材编写经验，用了2~3年的时间深入调研各地、各类本科院校的教材需求，组织了一批优秀的、具有丰富教学经验和实践经验的作者团队编写了本套教材，以帮助各类本科院校快速培养优秀的技能型人才。

本着"学用结合"的原则，我们在教学方法、教学内容和教学资源3个方面体现出了自己的特色。

教学方法

本书精心设计"学习要点和学习目标→知识讲解→课堂练习→拓展知识→课后习题"5段教学法，激发学生的学习兴趣，细致而巧妙地讲解理论知识，对经典案例进行分析，训练学生的动手能力，通过课后练习帮助学生强化巩固所学的知识和技能，提高实际应用能力。

◎ **学习目标和学习要点**：以项目列举方式归纳出章节重点和主要的知识点，以帮助学生重点学习这些知识点，并了解其必要性和重要性。

◎ **知识讲解**：深入浅出地讲解理论知识，着重实际训练，理论内容的设计以"必需、够用"为度，强调"应用"，配合经典实例介绍如何在实际工作当中灵活应用这些知识点。

◎ **课堂练习**：紧密结合课堂讲解的内容给出操作要求，并提供适当的操作思路以及专业背景知识供学生参考，要求学生独立完成操作，以充分训练学生的动手能力，并提高其独立完成任务的能力。

◎ **拓展知识**：精选出相关提高应用知识，学生可以深入、综合地了解一些提高应用知识。

◎ **课后习题**：结合每章内容给出大量难度适中的上机操作题，学生可通过练习，强化巩固每章所学知识，从而温故而知新。

教学内容

本书的教学目标是循序渐进地帮助学生掌握Flash动画的相关知识，具体包括Flash基础、绘制和编辑图形、使用文本、使用元件和素材、制作基础和高级动画、处理声音和视频、使用ActionScript脚本、使用组件，以及测试和发布动画的相关操作。全书共13章，可分为如下几个方面的内容。

◎ **第1章**：概述Flash的基础知识和制作动画的准备工作等。

◎ **第2章至第3章**：主要讲解如何利用工具绘制和编辑图形，包括使用辅助工具、使用基本绘图工具、使用颜色工具、选择图形、编辑图形和修饰图层等。

◎ **第4章至第5章**：主要讲解使用文本工具输入和编辑文字的基础知识，以及在"库"面板中使用元件和素材的基本操作。

◎ **第6章至第8章**：主要讲解利用时间轴和"属性"面板制作动画的方法，包括使用图层、制作补间动画、制作遮罩动画、制作引导动画、创建3D动画、制作骨骼动画和制作滤镜动画等。

◎ **第9章**：主要讲解如何处理导入的声音和视频等。

◎ **第10章至第11章**：主要讲解如何使用ActionScript来制作交互和动画，以及使用组件制作表单等。

◎ **第13章**：主要通过从前期策划到着手制作，讲解如何完整地制作一个Flash项目。

教学资源

提供立体化教学资源，使教师得以方便地获取各种教学资料，丰富教学手段。本书的教学资源包括以下三方面的内容。

（1）配套光盘

本书配套光盘中包含图书中实例涉及的素材与效果文件、各章节课堂案例、课后习题的操作演示以及模拟试题库。模拟试题库中含有丰富的关于动画设计与制作的相关试题，包括填空题、单项选择题、多项选择题、判断题、操作题等多种题型，读者可组合出不同的试卷进行测试。另外，还提供了两套完整的模拟试题，以便读者测试和练习。

（2）教学资源包

本书配套精心制作的教学资源包，包括PPT教案和教学教案（备课教案、Word文档），以便老师顺利开展教学工作。

（3）教学扩展包

教学扩展包中包括方便教学的拓展资源以及每年定期更新的拓展案例。其中拓展资源包含Flash动画案例素材等。

特别提醒：上述第（2）、第（3）教学资源可访问人民邮电出版社教学服务与资源网（http://www.ptpedu.com.cn）搜索下载，或者发电子邮件至dxbook@qq.com获取。

本书由马宏艳、汪克峰任主编，王秋茸、翟利红、荆西任副主编。其中，第1~5章由马宏艳编写，第6~8章由汪克峰编写，第9章和第10章由王秋茸编写，第11章和第12章由翟利红编写，第13章和附录由荆西编写。虽然编者在编写本书的过程中倾注了大量心血，但恐百密之中仍有疏漏，恳请广大读者及专家不吝赐教。

编者
2015年4月

目 录

第1章

Flash CS5的基础知识

本章将详细讲解Flash CS5的基础知识。对Flash的特点、应用领域、制作流程、工作界面，以及基本操作进行细致的说明。读者通过学习要能够了解Flash的应用范围，熟悉Flash CS5的工作界面，并能熟练掌握Flash的基本操作。

学习要点

◎ Flash动画概述

◎ 认识Flash CS5的工作界面

◎ 动画文件的基本操作

学习目标

◎ 了解Flash的应用领域和制作流程

◎ 熟悉Flash CS5的工作界面

◎ 掌握动画文件的基本操作

1.1　Flash动画概述

　　Flash是一款由美国Micromedia公司设计的专业的矢量二维动画制作软件，被Adobe公司收购后，已更名为Adobe Flash。Flash主要用于网页设计和多媒体创作，它与Firework、Dreamweaver并称为网页三剑客。因其简单易学，效果流畅，风格多变，结合图片和声音等其他素材可创作出精美的二维动画，受到Flash专业制作人员和动画爱好者的青睐。本节将介绍Flash CS5的动画特点、应用领域、制作流程。

1.1.1　Flash动画的特点

　　Flash动画主要有以下几个方面的优秀特点。

◎ **高保真性**：在Flash中绘制的图形为矢量图形，矢量图形在放大后不会产生锯齿，不会失真。

◎ **交互性**：Flash动画利用ActionScript语句或交互组件，可以制作具有交互性的动画。用户可以通过输入和选择等动作，决定动画的运行，从而更好地满足用户的需要，这是传统动画无法比拟的。

◎ **成本低**：传统动画从前期的脚本、场景、人物设计到后期的合成和配音等，每个环节都会花费大量的人力和物力，而Flash动画的制作从前期到后期基本上可以由一个人来完成，从而可节省大量成本。

◎ **适合网络传播**：Flash动画使用基于"流"式的播放技术，且Flash动画文件较小，因此非常适合网络传播。

◎ **软件互通性强**：在Flash中可引用或导入多种文件，例如，在Flash中对导入的Photoshop文件进行编辑时，可同时打开Photoshop软件对该文件进行修改，并且在Flash中可实时看到修改后的效果。

1.1.2　Flash动画的应用领域

　　Flash软件可以实现多种动画特效，这些动画特效是由一帧帧的静态图片在短时间内连续播放而产生的视觉效果。现阶段Flash的应用领域主要有动态网站、网站动画、Flash广告、交互游戏、MTV、教学课件等。

1. 动态网站

　　使用Flash CS5可制作出动态的网站，相对于其他类型的网站，Flash动态网站在交互、画面表现力以及对音效的支持力度上都要更胜一筹。图1-1为使用Flash制作的动态网站。

图1-1　Flash动态网站

2. 网站动画

Flash动画文件小，可以在不明显延长网站加载时间的情况下，将网站的主题和风格等以动画的形式展现给网站访问者，给访问者留下深刻印象，达到宣传网站的目的。图1-2为网站的片头动画。

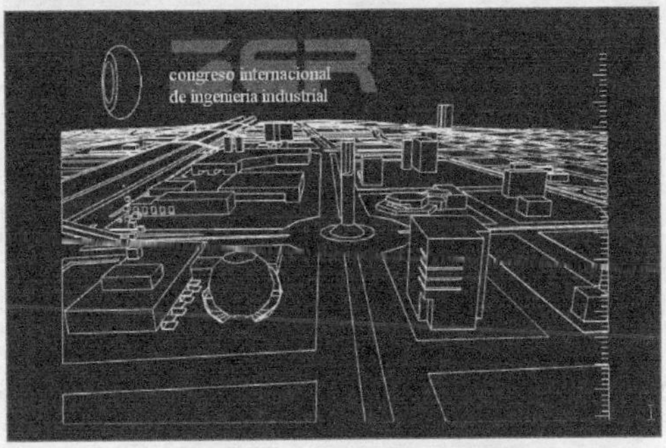

图1-2 网站片头动画

3. Flash广告

在浏览网页时经常会在网页中看到一些嵌入或浮动的广告，这些广告的存在，不会影响网站的正常运作，因此，Flash广告以其占用资源小、内容简洁的优势而被广泛应用于网页广告中。图1-3为网页中的Flash广告。

图1-3 Flash广告

4. 交互游戏

Flash CS5利用ActionScript脚本可实现强大的交互性，可轻松地制作出精美的交互游戏。图1-4为一个Flash游戏的开始界面。

图1-4 Flash游戏

5. MTV

在Flash中还可制作生动形象的人物角色动画MTV，这些MTV的画面往往色彩艳丽，充满乐趣。图1-5为用Flash制作的音乐MTV。

图1-5　MTV

6. 教学课件

使用Flash的交互功能，还可制作出教学课件，不仅可以方便地在学生和老师间传播，还可以将知识生动形象地以动画的形式展现给学生。图1-6为使用Flash制作的教学课件。

图1-6　教学课件

1.1.3　Flash动画的制作流程

传统的动画制作需要经过很多道工序，Flash制作也一样，需要经过精心的策划，然后按照策划一步一步执行操作。Flash动画的制作流程如下。

1. 前期策划

无论什么类型的工作，都需要前期策划，这也是对工作的预期。在策划动画时，首先需要明确制作动画的目的、针对的顾客群、动画的风格和色调等，了解这些以后，再根据顾客的需求制作一套完整的设计方案，具体安排动画中出现的人物、背景、音乐、动画剧情的设计等要素，以方便搜集素材。

2. 搜集素材

要有针对性地搜集素材，避免盲目搜集一些无用的素材，以节省时间，完成素材搜集后，还需对素材进行编辑，以适合动画制作的需要。

3. 制作动画

动画制作得好坏直接关系到Flash作品的成功与否。在制作动画时，需要经常对添加的操作和命令进行测试，观察动画的协调性，以便及时修改问题。若在后期才发现问题，再来修改将会极大地增加工作量，严重的甚至需要重头开始制作。

4. 后期调试与优化

动画制作完成后需要对其进行调试，调试的目的是使整个动画看起来更加流畅，符合运动规律。调试主要是对动画对象的细节、声音、动画的衔接等进行调整，从而保证动画的最终效果和质量。

5. 测试动画

调试并优化后，即可对动画进行测试。由于不同计算机的软、硬件配置不同，因此测试动画应尽量在不同配置的计算机上进行，然后根据测试的结果对出现的问题进行修改，使动画在不同配置的计算机上的播放效果均比较完美。

6. 发布动画

动画制作完毕后，即可发布。在发布动画时，用户可对动画的格式、画面品质、声音等进行设置。根据不同的用途以及使用环境，发布不同格式和画面品质的动画。

1.2   认识Flash CS5的工作界面

在计算机中安装好Flash CS5后，即可使用它制作游戏、动画、MTV。下面先讲解如何启动Flash CS5，然后介绍其工作界面。

1.2.1   启动Flash CS5

安装好Flash CS5后，即可使用该软件，启动该软件的方法主要有以下几种。

◎ "开始"菜单：在桌面中选择【开始】→【所有程序】→【Adobe Flash Professional CS5】菜单命令，如图1-7所示。

◎ 快捷方式：双击建立在桌面中的Flash CS5快捷方式图标📭，启动Flash CS5。

◎ 双击Flash动画文件：通过双击打开一个Flash CS5动画文件，启动Flash CS5。

图1-7   通过"开始"菜单启动Flash CS5

1.2.2　Flash CS5的工作界面

启动Flash CS5后，并不是直接进入其工作界面，而是先显示Flash CS5的启动界面，在该界面中可以选择创建模板，也可以选择学习Flash CS5的相关功能和作用。只有在创建好Flash动画文件后，才能进入其工作界面，使用各个面板的功能。下面先介绍Flash CS5的启动界面，然后讲解工作界面。

1. 启动界面

在Flash的启动界面中可以进行多种操作，如图1-8所示，具体介绍如下。

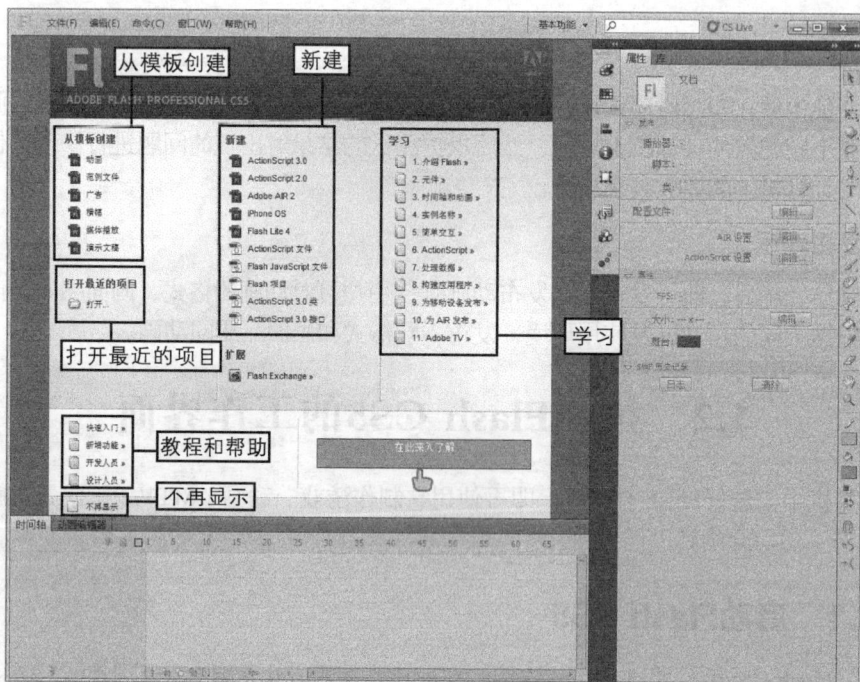

图1-8　Flash启动界面

- ◎ **从模板创建**：在该栏中单击相应的模板类型，可创建基于模板的Flash动画文件。
- ◎ **打开最近的项目**：在该栏中可以选择"打开"选项，选择文件进行打开。该栏还可显示最近打开过的文件，单击文件的名称，可快速打开相应的文件。
- ◎ **新建**：该栏中的选项表示可以在Flash CS5中创建新的项目类型。
- ◎ **学习**：在该栏中选择相应的选项，可链接到Adobe官方网站相应的学习目录下。
- ◎ **教程和帮助**：选择该栏中的任意选项，可打开Flash CS5的相关帮助文件和教程等。
- ◎ **不再显示**：单击选中该复选框，在下次启动Flash时，将不再显示启动界面。

2. 工作界面

在Flash CS5的启动界面中选择创建新的动画文件后，进入其工作界面。Flash CS5的工作界面由菜单栏、面板组、工具栏、舞台、场景、时间轴、属性面板、库面板组成，如图1-9所示。

图1-9　Flash CS5的工作界面

（1）**菜单栏**

　　Flash CS5的菜单栏包括文件、编辑、视图、插入、修改、文本、命令、控制、调试、窗口和帮助选项卡，单击某个选项卡即可弹出相应的菜单，若菜单命令后面有▶图标，表明其下还有子菜单，如图1-10所示。

（2）**面板组**

　　在Flash CS5中，单击面板组中的不同按钮，可弹出相应的调节参数面板，在"窗口"菜单中选择相应的命令，也可打开面板。图1-11为变形面板。单击面板中的▶▶按钮，可折叠面板。

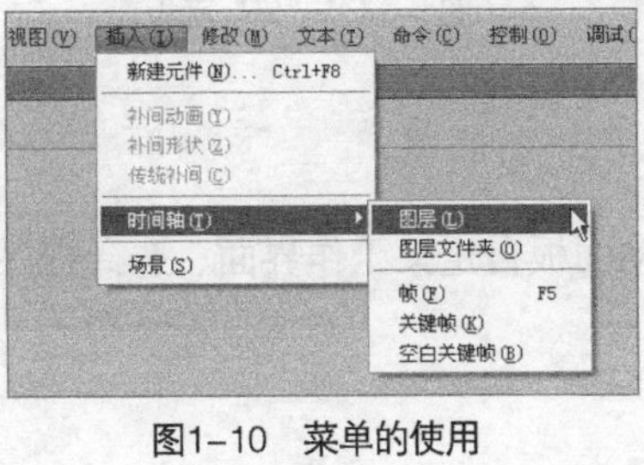

图1-10　菜单的使用

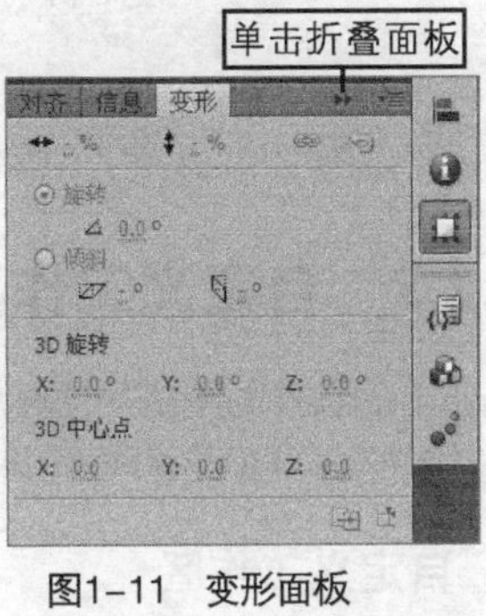

图1-11　变形面板

（3）**工具栏**

　　工具栏主要用于放置绘图工具及编辑工具，在默认情况下，工具栏呈单列显示，单击工具

面板上方的 按钮，可将工具栏折叠为图标，此时 按钮变为向左的 按钮，再次单击即可展开工具栏。选择【窗口】→【工具】菜单命令或按【Ctrl+F2】组合键也可打开或关闭工具栏。

（4）场景

场景是编辑动画的主要工作区，在Flash中绘制图形和创建动画都在该区域中进行。场景由两部分组成，分别是白色的舞台区域和灰色的场景工作区。在播放动画时，动画中只显示舞台中的对象。

（5）时间轴

时间轴主要用于控制动画的播放顺序，其左侧为图层区，该区域用于控制和管理动画中的图层；右侧为帧控制区，由播放指针、帧、时间轴标尺，以及时间轴视图等部分组成，如图1-12所示。

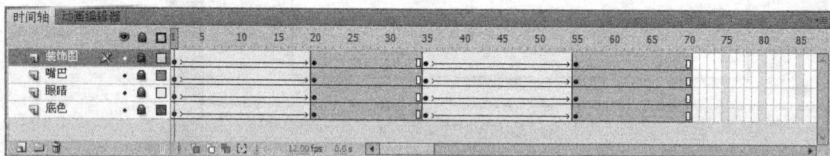

图1-12　时间轴

（6）"属性"面板和"库"面板

"属性"面板中显示了选中内容的可编辑信息，调节其中的参数，可更改参数对应的属性，图1-13为绘制的矩形对象的属性参数。"库"面板中显示了当前打开文件中存储和组织的媒体元素和元件，如图1-14所示。

图1-13　"属性"面板

图1-14　"库"面板

1.2.3　自定义工作界面

Flash中的各个面板均可拖动，用户可根据需要拖动面板自定义工作界面、选择程序自带的工作界面和保存自定义的工作界面。

1. 自定义工作区

在Flash中可通过"窗口"菜单，在打开的菜单中选择需要显示在工作界面中的面板，并且能通过更改面板大小和位置，隐藏、合并、折叠面板等操作来改变工作界面，使工作界面符合用户的使用习惯。工作界面中各面板的操作如下。

◎ **更改面板大小**：将鼠标光标移动到该面板的左边缘或面板的边角上，当鼠标光标变为形状或形状时，按住鼠标左键不放并拖动，即可拉大或缩小面板大小。

◎ **改变面板位置**：选择面板的标题栏，按住鼠标左键不放，然后将其向需要的位置拖动，之后释放鼠标即可。

◎ **显示/隐藏所有面板**：选择【窗口】→【隐藏面板】菜单命令或按【F4】键，即可隐藏所有面板，如图1-15所示。此时隐藏菜单命令变为显示菜单命令，再次选择可显示所有面板。

◎ **合并**：按住面板的标题栏不放，将其拖动到另一个面板的标题栏上，当其以半透明的状态显示，且在目标面板周围出现蓝色边框时，如图1-16所示，释放鼠标即可。

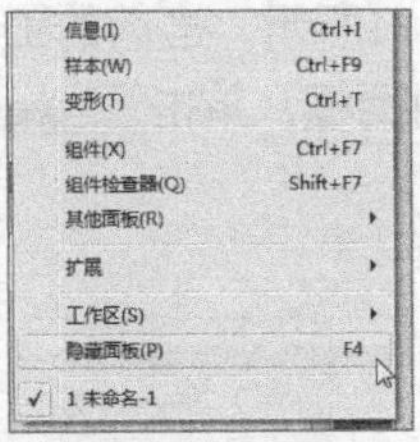

图1-15 隐藏面板 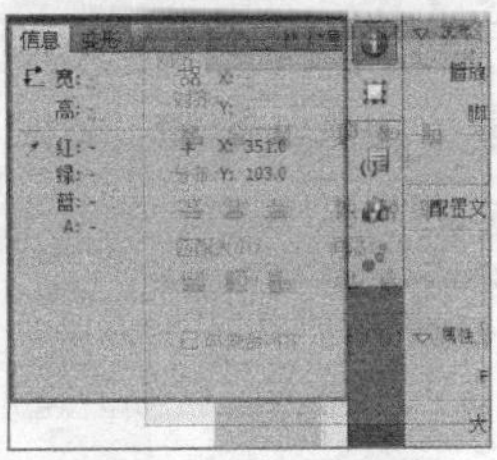　　　　　图1-16 合并面板

◎ **最大化/最小化面板**：双击面板最上方的黑色区域可最大化或最小化面板。

◎ **折叠/展开面板**：双击面板标题栏的名称，可折叠或展开面板。

2. 管理工作区

在Flash CS5的工作界面中，单击上方的 基本功能 ▼ 按钮，在打开的下拉列表中可选择一种程序自带的工作界面，如图1-17所示。

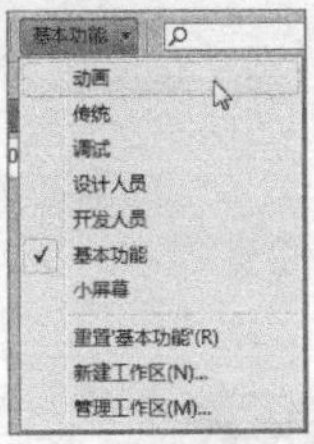

图1-17 选择工作区

知识提示

选择【窗口】→【工作区】菜单命令，打开的子菜单与该列表中的选项相同。

在该列表中，还可管理自定义的工作区，如保存调整后的工作区，将打乱的工作区恢复为默认的工作布局。其具体操作如下。

（1）调整工作区后，单击标题栏的 基本功能 ▼ 按钮，在打开的下拉列表中选择"新建工作区"选项，如图1-18所示，打开"新建工作区"对话框。

（2）在该对话框中输入新建工作区的名称，如"自定义"，单击 确定 按钮，即可将当下状态的工作区以"自定义"的名称保存为一个新的工作区，如图1-19所示。此时再次单击 基本功能 ▼ 按钮，在打开的下拉列表中将显示刚刚定义的工作区的名称。

图1-18　选择选项

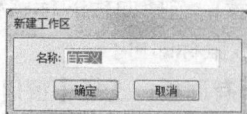

图1-19　新建工作区

（3）单击 基本功能 ▼ 按钮，在打开的下拉列表中选择"管理工作区"命令，打开"管理工作区"对话框。在左侧的列表中选择"自定义"选项，在右侧单击 删除 按钮，如图1-20所示，即可将"自定义"工作区删除。

（4）在打开的提示对话框中单击 是 按钮，如图1-21所示，当前的工作区布局即可恢复为默认的"基本功能"布局。返回"管理工作区"对话框，单击 确定 按钮即可。

图1-20　选择要删除的工作区

图1-21　确认删除

操作技巧

单击 基本功能 ▼ 按钮，在打开的下拉列表中选择"重置'基本功能'"选项，可快速将工作界面恢复为默认的"基本功能"布局界面。

1.2.4　退出Flash CS5

退出Flash CS5的方法有以下几种。
◎　选择【文件】→【退出】菜单命令。
◎　按【Ctrl+Q】组合键。
◎　单击界面右上角的"关闭"按钮 **X** 。

1.2.5　课堂案例1——设计工作界面

利用前面学过的知识设计符合自己使用习惯的工作界面，主要操作是显示常用的工具面板、调整面板显示位置，效果如图1-22所示。

图1-22　工作界面设计效果

视频演示　　光盘:\视频文件\第1章\
设计工作界面.swf

（1）在桌面选择【开始】→【所有程序】→【Adobe Flash Professional CS5】菜单命令，启动
　　 Flash CS5。

（2）在启动界面的"新建"栏选择"ActionScript 3.0"选项，新建文件。

（3）将工具栏顶部的标题栏拖至"属性"面板的左侧，当"属性"面板和面板组之间出现一
　　 条蓝色的竖线时松开鼠标，工具栏即可移动到"属性"面板左侧，如图1-23所示。

（4）将鼠标光标移至面板组和工具栏之间，当鼠标光标变为 ⟷ 形状时，按住鼠标左键不放并
　　 向右拖动，即可调整工具栏的大小，如图1-24所示。

（5）选择【窗口】→【工作区】→【新建工作区】菜单命令，打开"新建工作区"对话框，
　　 在"名称"文本框中输入"工作界面"，单击 确定 按钮，即可将当前工作区的布局
　　 定义为一个新的工作区，如图1-25所示。

图1-23　调整工具栏位置 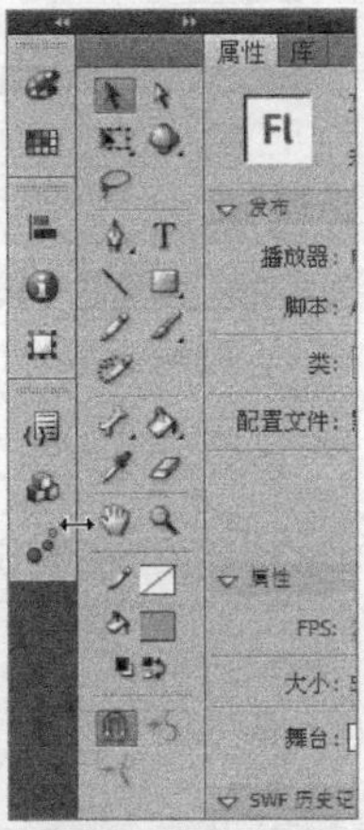　　　　图1-24　调整工具栏大小 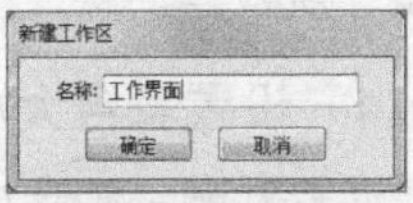　　　　图1-25　新建工作区

1.3　动画文件的基本操作

　　熟悉Flash CS5的工作界面之后，即可创建动画文件。在Flash中创建文件也有多种方法，
并且创建之后还可以设置文件的属性。下面讲解动画文件的基本操作。

1.3.1　新建动画文件

　　新建动画文件时，可新建基于不同脚本语言的Flash动画文件和基于模板的动画文件。

1．创建新文件

　　在制作Flash动画之前需要新建一个Flash文件，新建空白Flash动画文件的操作方法有如下
几种。

◎ 在启动界面中选择"新建"栏下的一种脚本语言，即可新建基于该脚本语言的动画文
　　件，一般情况下选择"ActionScript 3.0"选项。

◎ 在Flash CS5的工作界面中选择【文件】→【新建】菜单命令，或按【Ctrl+N】组
　　合键，打开"新建文件"对话框。在该对话框的"常规"选项卡中选择，然后单击
　　 确定 按钮即可。

2. 创建模板文件

若要创建基于模板的动画文件，需选择【文件】→【新建】菜单命令，打开"新建文件"对话框，单击"模板"选项卡，在"类别"列表框中选择模板类型，在"模板"列表框中选择一个范例，单击 确定 按钮，如图1-26所示。

图1-26 新建基于模板的文件

1.3.2 设置文件属性

新建好文件后，即可编辑文件中的内容，在编辑之前，用户可根据需要设置文件的舞台、背景、帧频等。

1. 设置舞台大小

在打开的动画文件中，可编辑和重设舞台的大小。在"属性"面板的"属性"栏中单击"大小"栏右侧的 编辑... 按钮，打开"文件设置"对话框，在打开的对话框的"尺寸"数值框中输入舞台大小的数值，单击 确定 按钮，如图1-27所示。

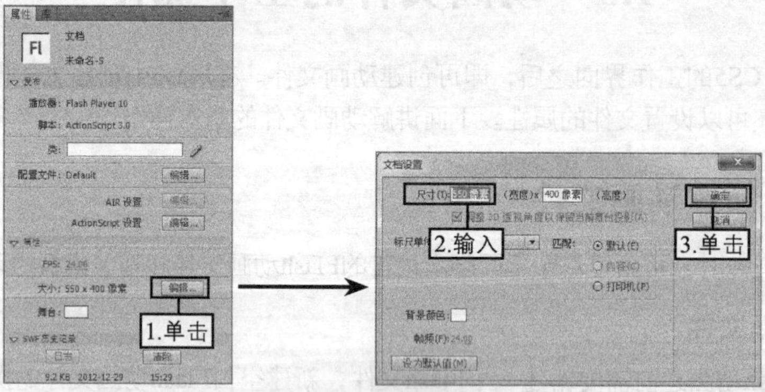

图1-27 设置舞台大小

2. 设置背景颜色和帧频

帧频（fps）是指每秒中放映或显示的帧或图像的数量，即每秒中需要播放多少张画面。不同类型的文件，使用的帧频标准也不同，片头动画一般为25fps或30fps，电影一般为24fps，美国电视的帧频是30fps，交互界面的帧频则在40fps或以上。

下面介绍如何设置文件的背景颜色和帧频，其具体操作如下。

（1）将鼠标光标移至"属性"面板"属性"栏的"FPS"右侧的数值上，当鼠标光标变为形状时，按住鼠标左键不放并向右拖动即可增大帧频，如图1-28所示。

（2）在"属性"栏中单击"舞台"右侧的色块，在打开的颜色面板中选择舞台背景颜色，如图1-29所示。

图1-28 设置帧频

图1-29 设置舞台背景颜色

知识提示　在"属性"面板的"属性"栏下单击 编辑 按钮，在打开的"文档设置"对话框中同样可以设置舞台背景颜色和帧频。在颜色面板中单击按钮，在打开的"颜色"对话框中可自定义需要的颜色。

3. 调整工作区的显示比例

Flash默认以100%显示舞台，但在Flash中制作动画时，经常需要放大舞台中的某一部分，对局部进行细微调整，下面介绍调整工作区的显示比例的方法。

◎ **放大显示**：在场景中单击工作区显示比例下拉列表右侧的按钮，在打开的下拉列表中选择"100%"以上的选项，即可将舞台中的对象放大，如图1-30所示。

◎ **缩小显示**：在工具栏中选择"缩放工具"，将鼠标光标移至舞台中，鼠标光标变为形状时，按住【Alt】键不放，此时鼠标光标变为形状，单击鼠标左键即可将工作区的显示比例缩小。

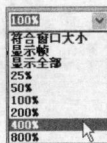

图1-30 放大工作区显示比例

1.3.3 打开动画文件

在Flash中可通过以下几种方法打开已经制作好的动画文件。

◎ **双击Flash文件**：在动画文件的保存位置直接双击Flash文件，即可将其打开。

◎ **利用启动界面**：在启动界面的"打开最近的项目"栏中列出最近打开过的动画文件，若动画文件在此列，可直接选择将其打开；若不在此列，则可单击该栏下方的 打开 按钮，在打开的"打开"对话框中选择文件，将其打开。

◎ **利用菜单命令**：在启动界面或工作界面选择【文件】→【打开】菜单命令，在打开的"打开"对话框中选择文件，将其打开。

◎ **打开最近的文件**：若需要打开的文件最近被打开过，则可选择【文件】→【打开最近的文件】菜单命令，在其子菜单中选择文件，将其打开。

1.3.4　保存动画文件

在制作Flash动画的过程中需要经常保存文件，以防止停电或程序意外关闭造成损失，使之前的工作付诸东流。下面保存更改后的"范例"文件，其具体操作如下。

（1）选择【文件】→【保存】菜单命令，打开"另存为"对话框。

（2）在"保存在"下拉列表框中选择文件保存的地址，在"文件名"文本框中输入文件名称，保持"保存类型"文本框中默认的"Flash CS5文件（*.fla）"不变，单击 保存(S) 按钮即可保存文件，如图1-31所示。

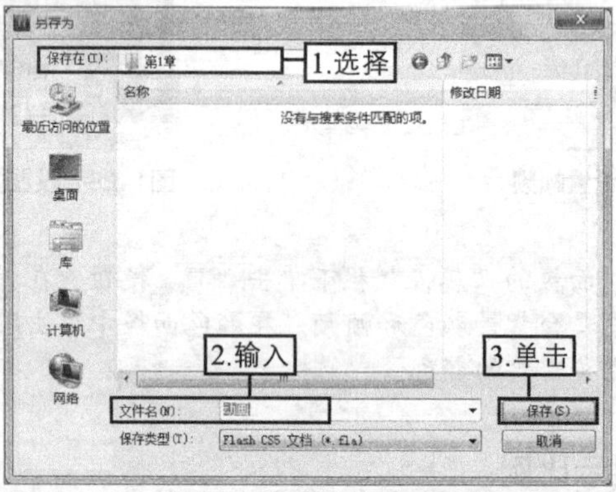

图1-31　保存文件

> **知识提示**
>
> 　　按【Ctrl+S】组合键也可打开"另存为"对话框进行保存操作。若之前已保存过文件，或打开的文件有一个源地址，按【Ctrl+S】组合键并不会打开保存对话框，而是直接保存。若需要将更改后的文件保存在另外的地址中，可选择【文件】→【另存为】菜单命令进行保存。

1.3.5　关闭动画文件

在不需要当前文件而不退出Flash CS5的情况下，可将当前文件关闭，其方法主要有以下几种。

◎　选择【文件】→【关闭】菜单命令，即可关闭当前文件。

◎　在当前文件的标题栏中单击 ⊠ 按钮，即可关闭文件。

◎　在操作界面中按【Ctrl+W】组合键也可关闭当前文件。

1.3.6　课堂案例2——创建"空白"动画文件

利用前面学过的知识新建一个空白的动画文件，并设置动画文件的文件属性，然后保存并关闭文件。

> **效果所在位置**　　光盘:\效果文件\第1章\课堂案例2\空白.fla
>
> **视频演示**　　　　光盘:\视频文件\第1章\创建"空白"动画文件.swf

（1）双击桌面上的Flash CS5快捷方式图标，启动Flash CS5。

（2）在启动界面中选择【文件】→【新建】菜单命令，打开"新建文档"对话框，在"常规"选项卡的"类型"列表框中选择"ActionScript 3.0"选项，单击 确定 按钮，如图1–32所示。

（3）在"属性"面板的"属性"栏下单击 编辑... 按钮，打开"文档设置"对话框。

（4）在该对话框中设置舞台的尺寸为"800像素×600像素"，帧频为"25"，单击 确定 按钮，如图1–33所示。

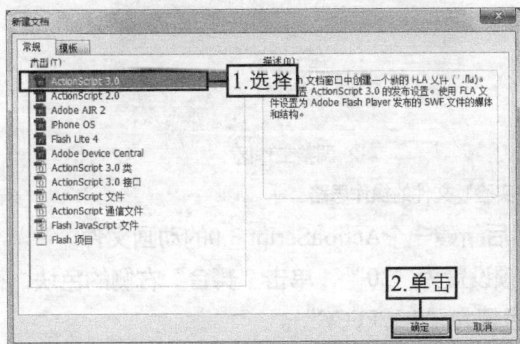

图1-32　新建文件　　　　　　　　　　　　图1-33　文件属性

（5）选择【文件】→【保存】菜单命令，打开"另存为"对话框，选择文件保存位置，在"文件名"文本框中输入"空白"文本，单击 保存(S) 按钮。

（6）选择【文件】→【关闭】菜单命令，关闭当前文件。

1.4　课　堂　练　习

本课堂练习将分别创建一个自定义界面的"实验"动画文件和一个以范例为基础的"手写"动画文件。

1.4.1　创建"实验"动画文件

1. 练习目标

本练习要求创建一个空白动画文件，设置文件的工作界面和动画文件的属性，然后保存工作界面和文件。参考效果如图1–34所示。

图1-34　"实验"动画文件

效果所在位置 光盘:\效果文件\第1章\课堂练习\实验.fla
视频演示 光盘:\视频文件\第1章\创建"实验"动画文件.swf

2. 操作思路

了解Flash工作界面的组成,掌握Flash CS5的一些基础操作后,即可创建不同类型的动画文件。根据上面的实训目标,本例的操作思路如图1-35所示。

① 设置舞台属性　　　　　　② 调整工作区

图1-35　创建"实验"文件的操作思路

(1)通过"开始"菜单,启动Flash CS5,然后新建一个ActionScript 3.0的动画文件。

(2)在"属性"面板的"属性"栏中,将帧频设置为"30",单击"舞台"右侧的色块,在打开的面板中设置舞台背景色为淡青色,色值为"#CCFFCC"。

(3)关闭"属性"面板左侧的工具面板,并关闭"库"面板。

(4)单击 基本功能▼ 按钮,在打开的下拉列表中选择"新建工作区"选项,在打开的对话框中以"实验"为名保存工作区。按【Ctrl+S】组合键,在打开的对话框中以"实验"为名保存文件。

1.4.2　制作"手写"动画文件

1. 练习目标

本练习主要通过模板创建"手写"动画文件,并更改文件的相关属性,参考效果如图1-36所示。

图1-36　"手写"动画文件

效果所在位置 光盘:\效果文件\第1章\课堂练习\手写.fla
视频演示 光盘:\视频文件\第1章\制作"手写"动画文件.swf

2. 操作思路

了解和掌握文件的创建,属性的设置,以及文件的保存等操作后,即可开始制作动画文件。根据上面的实例目标，本例的操作思路如图1-37所示。

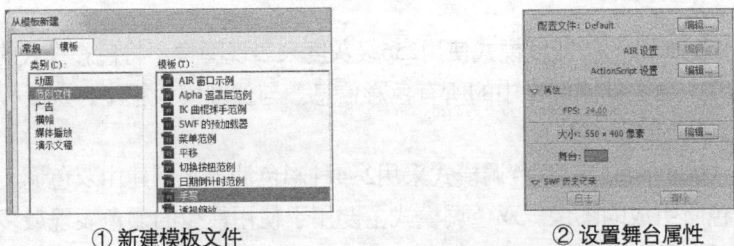

① 新建模板文件   ② 设置舞台属性

图1-37 制作"手写"动画文件的操作思路

（1）启动Flash CS5，在启动界面选择【文件】→【新建】菜单命令。

（2）在打开的对话框中单击"从模板新建"选项卡，在"类别"栏中选择"范例文件"选项，在"模板"栏中选择"手写"选项，单击 确定 按钮。

（3）在"属性"面板中将帧频更改为"24"，将舞台背景色设置为紫色，色值为"#9999CC"。

（4）选择【文件】→【保存】菜单命令，将文件以"手写"为名保存。

1.5 拓 展 知 识

打印Flash中的动画时会发现，打印出来的画面，其颜色与显示器上的颜色不同，往往会出现偏差。这是由于打印的颜色标准与Flash中的颜色标准不同造成的，下面就对这些色彩的模式进行介绍。

◎ **RGB色彩模式：**通常用于光照原理的视频和屏幕图像，多用于荧光屏的视觉效果呈现，如电子幻灯片、Flash动画、各种多媒体用途。R代表红色（Red）、G代表绿色（Green）、B代表蓝色（Blue）。该模式下，每个像素在每种颜色上可负载28，即256种亮度级别，这样3种颜色通道合在一起，就可以产生256^3，即16 777 216种颜色。

◎ **CMYK色彩模式：**CMYK由青色（Cyan）、洋红色（Magenta）、黄色（Yellow）和黑色（Black）4种色彩构成。K是单词Black的最后一个字母，之所以不取首字母，是为了避免与蓝色相冲突。CMYK色彩模式能更好地还原真实客观的自然色彩，因此一般运用于印刷类，如画报、杂志、报纸、宣传画册等。

◎ **HSB色彩模式：**该模式以色相（H）、饱和度（S）和亮度（B）来描述颜色的基本特性。它是根据人眼的视觉特征直接制定的一套色彩模式，最接近人们对色彩辩认的方式。

◎ **Lab色彩模式：**Lab颜色是以一个亮度分量L及两个颜色分量a和b来表示颜色的，L的取值范围是0~100，a分量代表由绿色到红色的光谱变化，b分量代表由蓝色到黄色的光谱变化。理论上Lab色彩模式包括了人眼可见的所有色彩，它弥补了 RGB与CMYK两种彩色模式的不足，在Photoshop中常作为从一种色彩模式向另一种色彩模式转换的过渡模式。

◎ **索引色**（Indexed color）：该模式最多有256种颜色，用于Web页面和其他基于计算机的图像。使用索引色可限制调色版中颜色的数目从而减小文件大小，而且能在视觉上保持品质不会发生太大的变化，因此在网页设计中常常需要使用索引色彩模式的图像。

◎ **灰度**（Grayscale）：灰度模式使用256级灰度来表现图像，将色彩模式的图像转换为灰度模式时，会丢掉原图像中的所有色彩信息。与位图模式相比，灰度模式能够更好地表现高品质的图像效果。

◎ **双色调**（Duotone）：双色调模式采用2~4种彩色油墨来创建由双色调、三色调、四色调混合色阶组成的图像。双色调模式主要用于使用最少的颜色表现最多的颜色层次，有利于减少印刷成本。

1.6 课后习题

（1）新建Flash文件，根据本章所学知识，创建名为"训练"的动画文档，从而练习软件的启动和关闭，工作界面的设置，文档的创建、保存和属性设置。最终效果如图1-38所示。

提示： 要求创建空白ActionScript 3.0动画文件，设置工作界面为系统自带的"动画"，然后设置舞台高度为"640像素"，宽度为"480像素"，颜色为"#CCCCFF"，帧频为"25fps"，其余保持不变。

效果所在位置 光盘:\效果文件\第1章\课后习题\训练.fla
视频演示 光盘:\视频文件\第1章\制作"训练"动画文件.swf

（2）根据本章所学知识，利用根据模板创建动画文件的操作方法，结合本章所讲的其他知识，创建名为"小球"的动画文件。参考效果如图1-39所示。

提示： 首先启动Flash CS5，选择【文件】→【新建】菜单命令，在打开对话框的"模板"列表框中选择"随机布朗运动"选项，将工作界面更改为"传统"，选择【窗口】→【动作】菜单命令，打开"动作"面板，并更改其位置，最后保存新建的工作界面和动画文件。

效果所在位置 光盘:\效果文件\第1章\课后习题\小球.fla
视频演示 光盘:\视频文件\第1章\制作"小球"动画文件.swf

图1-38 创建"训练"文件

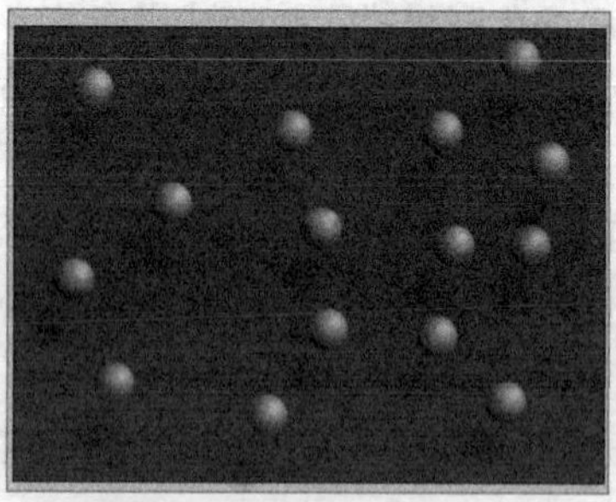

图1-39 创建"小球"文件

第2章

绘制图形

本章将详细讲解使用Flash CS5绘制图形的功能，包括各个图形绘制工具、绘制图形的辅助工具和颜色工具的使用。读者通过学习要能够熟练应用Flash CS5的绘图工具绘制图形，并熟练掌握辅助工具和颜色工具的操作技巧。

学习要点

◎ 图形图像的基础知识
◎ 辅助工具
◎ 基本绘图工具
◎ 颜色工具

学习目标

◎ 掌握图形图像的基础知识
◎ 掌握辅助工具和颜色工具的使用方法
◎ 掌握基本绘图工具的使用方法

2.1 图形图像的基础知识

在使用Flash CS5制作动画之前，需要创建动画的相关元素，如人物、场景、动画对象等。在绘制这些元素之前，需要了解绘制图形图像的一些基础知识，如图像的像素、分辨率、矢量图、位图等。

2.1.1 图像的像素和分辨率

在图像处理中，对于图片尺寸和质量，经常用像素和分辨率来描述。卜面分别进行介绍。

◎ **像素**：其是图片大小的基本单位，图像的像素大小是指位图在高和宽两个方向的像素数目。

◎ **分辨率**：其是指打印图像时在每个单位长度上打印的像素数目。

2.1.2 矢量图和位图

计算机以矢量或位图两种形式显示图形。这两种形式可以帮助用户在不同的情况下使用图形。在Flash中可以创建矢量图形并将它们制作为动画，下面介绍矢量图形和位图图形。

1. 矢量图形

矢量图形使用一些方程式描述图像的直线和曲线，并且包括颜色和位置信息。由于是由方程式计算所得的图形，因此，矢量图形与分辨率无关。也就是，它们可以显示在各种分辨率的输出设备上，而丝毫不影响品质，如图2-1所示。

图2-1 矢量图形

2. 位图图形

位图图形使用在单位长度内排列的像素的彩色点来描述图像。在编辑位图图形时，修改的是像素。位图图形与分辨率有关，编辑位图图形可以更改它的外观品质，特别是调整位图图形的大小会使图像的边缘出现锯齿，如图2-2所示。在比图像本身的分辨率低的输出设备上显示位图图形时，也会降低它的品质。

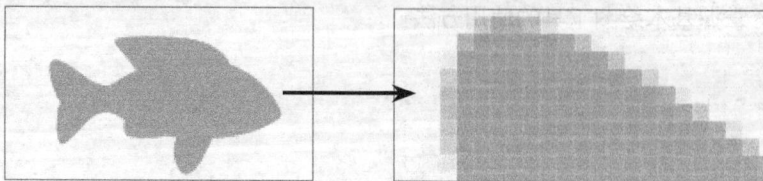

图2-2 位图图形

2.2 使用辅助工具

制作Flash动画时，需要注意动画主体在动画场景中的位置，因此，经常需要在场景中添加辅助线或网格来帮助用户对齐动画对象。

2.2.1 使用标尺

标尺可帮助用户定位动画元素的位置。选择【视图】→【标尺】菜单命令，即可将标尺显示在工作界面的左沿和上沿。

标尺的默认单位为像素，用户还可选择【修改】→【文档】菜单命令，在打开的"文档设置"对话框中更改标尺的单位，如图2-3所示。

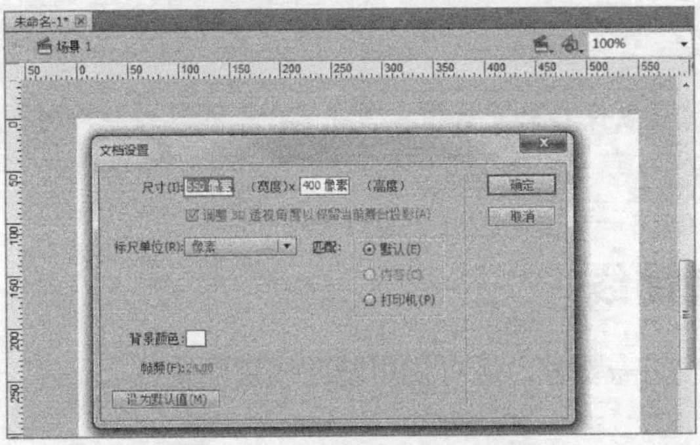

图2-3 "文档设置"对话框

2.2.2 使用网格

网格是显示在文档的所有场景中，按照一定距离排列的网格直线。

1. 显示网格

选择【视图】→【网格】→【显示网格】菜单命令，可显示网格，如图2-4所示。再次选择该菜单命令，可取消显示网格。

除此之外，选择【视图】→【贴紧】→【贴紧至网格】菜单命令，可打开贴紧至网格线。再次选择该命令，可关闭贴紧至网格线。

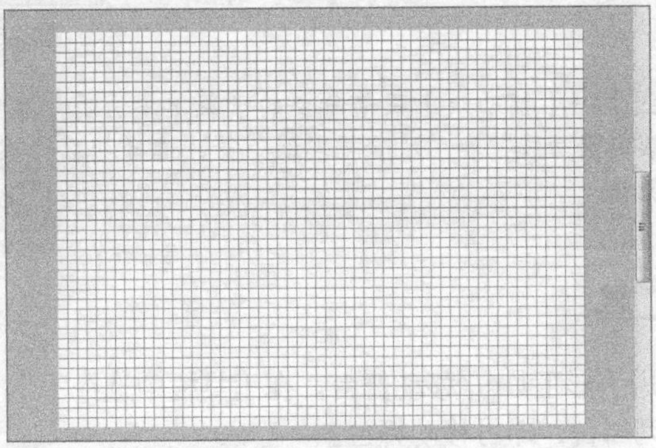

图2-4 显示网格

2. 设置网格首选参数

在Flash CS5中还可以设置网格的属性，如网格的颜色和间距。选择【视图】→【网格】→【编辑网格】菜单命令，打开如图2-5所示的"网格"对话框，在其中进行设置即可。

图2-5　"网格"对话框

知识提示

要将当前设置保存为默认值，单击 保存默认值(S) 按钮即可。

2.2.3　使用辅助线

当网格不能满足用户的需要时，还可使用辅助线帮助定位。

1. 显示辅助线

显示辅助线时，需要先显示标尺，然后在标尺上按住鼠标左键不放，并向舞台中拖动，将水平辅助线或垂直辅助线拖动到舞台上。

选择【视图】→【辅助线】→【显示辅助线】菜单命令，可显示绘制的辅助线。再次选择该菜单命令，可隐藏辅助线。

2. 设置辅助线首选参数

用户还可以在对话框中更改辅助线的属性，如颜色和显示等。选择【视图】→【辅助线】→【编辑辅助线】菜单命令，在打开的"辅助线"对话框中设置即可，如图2-6所示。

图2-6　"辅助线"对话框

知识提示

在【视图】→【辅助线】菜单命令的子菜单中，有一系列与辅助线相关的菜单命令，如"锁定辅助线"和"清除辅助线"等，选择相应的菜单命令即可执行相应的锁定或清除操作。

2.2.4　手型工具

在舞台中，可以使用手形工具移动舞台。在工具栏中选择手形工具，然后在舞台中按住鼠标左键不放并拖动舞台，即可移动舞台。

要临时在其他工具和手形工具🖐之间切换，需按住空格键，并在工具面板中单击该工具。

操作技巧

2.2.5 缩放工具

使用缩放工具🔍可放大或缩小舞台画面，从而放大或缩小查看舞台中的元素。选择工具面板中的缩放工具🔍，然后在需要放大的位置单击即可。

激活缩放工具后，在工具面板下方选择缩小工具🔍，再在需要缩小的位置单击，即可缩小进行查看。

选择缩放工具时，默认选择放大工具。在选择放大工具时，按住【Alt】键不放再单击元素，可将其缩小进行查看。

知识提示

2.3 基本绘图工具

运用工具箱中的基本绘图工具可以很方便地绘制出栩栩如生的矢量图形。工具箱中的绘图工具包括绘制线条的线条工具、钢笔工具、铅笔工具，绘制图形的椭圆工具、矩形工具等。在绘制之前，先介绍Flash CS5的绘图模式。

2.3.1 Flash CS5的绘图模式

在Flash中绘制基本图形之前，需要先设置绘图模式。Flash CS5中的绘图模式分为合并绘制模式和对象绘制模式两种。

在工具面板中选择矩形工具、椭圆工具、多角星形工具、线条工具、铅笔工具、钢笔工具时，在工具面板下方会出现一个"对象绘制"按钮◎，单击该按钮可在合并绘制模式和对象绘制模式之间切换。

1. 合并绘制模式

当工具栏中的"对象绘制"按钮◎呈未选中状态时，表示当前的绘图模式为合并绘制模式。

在合并绘制模式下绘制和编辑图形时，在同一图层中的各图形会互相影响，当其重叠时，位于上方的图形会将位于下方的图形覆盖，并剪切其形状。

例如，绘制一个五边形，并在其上方再绘制一个圆形，然后将圆形移动到其他位置，五边形被圆形覆盖的部分已被删除，如图2-7所示。默认情况下，Flash CS5中的大部分绘图工具都处于合并绘制模式。

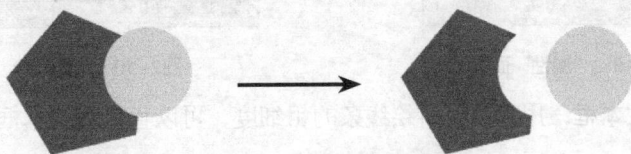

图2-7 合并绘制模式

2. 对象绘制模式

在工具面板中选择一种绘图工具后，在工具面板中单击"对象绘制"按钮，使其呈选中状态，表示当前的绘图模式为对象绘制模式。

在对象绘制模式下绘制和编辑图形时，在同一图层中绘制的多个图形并不会相互影响，因为它们都是一个独立的对象，在叠加并分离后不会变化。例如，在对象绘制模式下绘制一个圆形，在其上方再绘制一个圆形，然后将圆形移动到其他位置，移动后位于下方的圆形并没有受到任何影响，如图2-8所示。

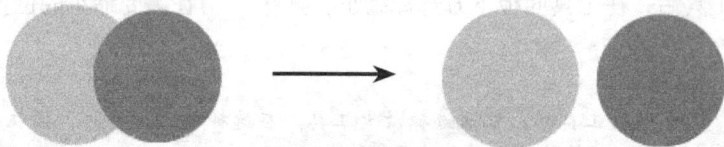

图2-8　对象绘制模式

2.3.2　线条工具

运用工具箱中的线条工具可以绘制出不同属性的直线。其方法为：选择工具面板中的线条工具，将鼠标光标移到舞台中，鼠标光标变为十形状时，按住鼠标左键不放并拖动鼠标到需要的位置，然后释放鼠标，即可绘制出一条直线。

选择绘制的直线后，可以在如图2-9所示的属性面板中设置直线的笔触颜色、笔触高度、笔触样式等属性。下面介绍其"属性"面板中的各项参数。

◎ **"笔触颜色"按钮**：单击"属性"面板中的"笔触颜色"按钮右侧的色块，在打开的列表中可以选择所绘线条的颜色，如图2-10所示。如果预先设置的颜色不能满足用户需要，可以单击列表右上角的按钮打开"颜色"对话框，对笔触颜色进行更精确的设置。

图2-9　"属性"面板

图2-10　笔触颜色

◎ **"笔触"文本框**：用来设置所绘线条的粗细度，可以直接在文本框中输入笔触的高度值，范围为0.1～200，也可以拖动滑块来调节。

◎ "样式"下拉列表框：单击"样式"右侧的下拉按钮▼后，在打开的下拉列表中可选择绘制的线条类型，如图2-11所示。单击右侧的"编辑笔触样式"按钮 🖉，可在打开的"笔触样式"对话框中对选择的线条类型的属性进行相应的设置。

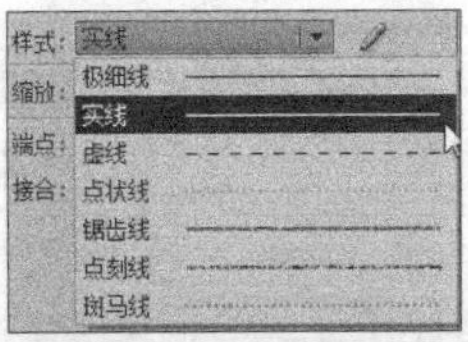

图2-11 预设笔触样式

2.3.3 铅笔工具

用铅笔工具也可以绘制任意形状的矢量图形。选择工具面板中的铅笔工具 🖉，将鼠标光标移到舞台中时，鼠标光标变为 📝 形状，按住鼠标左键并拖动可绘制任意直线或曲线，且绘制的方式与使用真实铅笔大致相同。

在工具面板中选择铅笔工具 🖉 后，单击工具面板底部的"铅笔模式"按钮 🖴，在打开的下拉列表中有3种绘图模式，如图2-12所示。

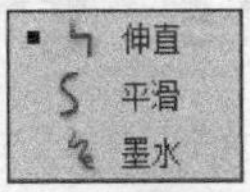

图2-12 3种绘图模式

◎ **伸直**：选择伸直绘图模式可以绘制直线，并将接近三角形、椭圆、圆形、矩形、正方形的形状转换为这些常见的几何形状。

◎ **平滑**：选择平滑绘图模式可以绘制平滑曲线。

◎ **墨水**：选择墨水绘图模式可以绘制不用修改的手绘线条。

2.3.4 矩形工具与椭圆工具

在Flash CS5中可直接选择矩形工具和椭圆工具来绘制矩形和椭圆，这也是对象绘制中经常应用到的图形，并可应用笔触和填充，以及指定矩形的圆角。

1. 矩形工具

Flash CS5工具面板中的矩形工具下拉列表中集成了很多绘制形状的工具，默认情况下显示矩形工具 ▢。选择矩形工具后，在"属性"面板的"填充和笔触"栏中设置相应的笔触、填充等参数，在"矩形选项"栏中设置矩形的圆角角度，然后在舞台中绘制即可，如图2-13所示。

2. 椭圆工具

利用椭圆工具 ◯ 可以绘制椭圆。单击工具面板中的矩形工具 ▢，按住鼠标左键不放，在打开的列表中选择椭圆工具 ◯，即可在工具面板中显示椭圆工具。

在"属性"面板中的"填充和笔触"栏中设置相应的参数，在"椭圆选项"栏中设置椭圆的开始角度和结束角度等参数，然后在舞台中按住鼠标左键向任意方向拖动可绘制一个椭圆。图2-14为绘制的开始角度为30，内径为40的椭圆。

> **知识提示**　在使用椭圆工具绘制椭圆之前，需要先在"属性"面板中设置好开始角度、结束角度和内径，绘制完成后，不能对这些参数进行修改。

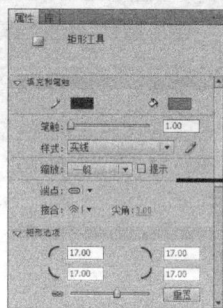

图2-13 绘制矩形

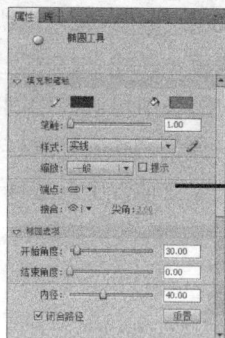

图2-14 绘制椭圆

2.3.5 基本矩形工具与基本椭圆工具

基本矩形工具与基本椭圆工具也是绘制矩形和椭圆的工具，其与矩形工具和椭圆工具的不同之处在于，使用基本矩形工具和基本椭圆工具绘制矩形与椭圆后，还可以在"属性"面板中更改矩形的圆角或椭圆的选项参数。

1. 基本矩形工具

在工具面板中的矩形工具▢上按住鼠标左键不放，在打开的列表中选择基本矩形工具▢，在工具面板中显示基本矩形工具。在"属性"面板中的"填充和笔触"栏中设置相应的参数，在"矩形选项"栏中设置圆角等参数，然后在舞台中按住鼠标左键向任意方向拖动可绘制一个矩形。图2-15为绘制基本矩形图元的相关参数。

2. 基本椭圆工具

在工具面板中的矩形工具▢上按住鼠标左键不放，在打开的列表中选择基本椭圆工具◯，在工具面板中显示基本椭圆工具。在"属性"面板中的"填充和笔触"栏中设置相应的参数，在"椭圆选项"栏中设置椭圆的开始角度和结束角度等参数，然后在舞台中按住鼠标左键向任意方向拖动可绘制一个椭圆。图2-16为绘制基本椭圆图元的相关参数。

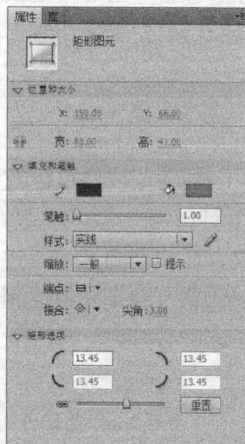

图2-15 矩形图元

图2-16 椭圆图元

2.3.6 多角星形工具

选择多角星形工具 后，默认情况下绘制出的图形是正五边形，如果要绘制其他形状的多边形，可以单击"属性"面板中"工具设置"栏下的 选项... 按钮，在打开如图2-17所示的"工具设置"对话框中进行详细的设置。

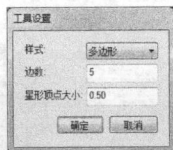

对话框中各项参数的功能和作用如下。

图2-17 "工具设置"对话框

◎ "样式"下拉列表框：用于选择绘制的图形样式，包括"多边形"和"星形"。

◎ "边数"文本框：在该文本框中可输入多边形或星形的边数，范围为3~32。

◎ "星形顶点大小"文本框：在该文本框中可输入星形尖角的角度，范围为0~1。此数字越接近0，星形的尖角越尖。

2.3.7 刷子工具

使用工具箱中的刷子工具 可以绘制出刷子般的笔触效果，用刷子工具可以绘制任意形状、大小及颜色的填充区域，也可以给绘制好的对象填充颜色。

选择工具箱中的刷子工具 ，移动鼠标光标到舞台中，鼠标光标将变成一个黑色的小点，单击鼠标即可在舞台中绘制图像。选择刷子工具后，将激活工具箱底部的相关按钮，在其中可设置刷子模式、刷子大小、刷子形状等。单击"刷子模式"按钮 ，打开如图2-18所示的下拉列表。其中各种刷子模式的功能如下。

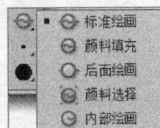

图2-18 刷子模式

◎ 标准绘画：选择该模式，画笔工具绘制的图形将完全覆盖所经过的矢量图形线段和矢量色块，如图2-19所示。

◎ 颜料填充：选择该模式，画笔工具将只覆盖矢量色块而不覆盖矢量线段，如图2-20所示。

图2-19 "标准绘画"模式

图2-20 "颜料填充"模式

◎ 后面绘画：选择该模式，使用画笔工具绘制的图形将从图形的后面穿过，不会对原矢量图形造成影响，如图2-21所示。

◎ 颜料选择：该模式只适用于选取的矢量色块的填充区域，如果没选择任何区域，画笔工具将不能直接在矢量图形上绘画，如图2-22所示。

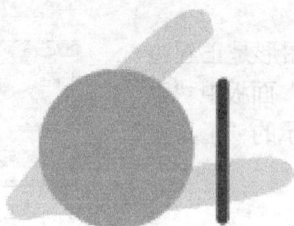

图2-21　"后面绘画"模式

图2-22　"颜料选择"模式

◎ **内部绘画**：选择该模式，画笔工具将对刷子笔触开始时所在的填充区域进行涂色，但不对线条涂色。如果在空白区域中开始涂色，该填充不会影响任何现有填充区域，如图2-23和图2-24所示。

图2-23　从内部开始涂色

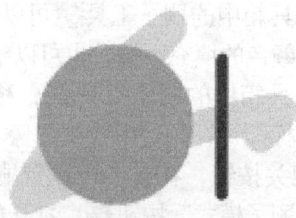

图2-24　从空白区域开始涂色

2.3.8　喷涂刷工具

喷涂刷工具与刷子工具在同一组，单击刷子工具右下角的三角按钮，在打开的列表中即可选择喷涂刷工具 █。

选择喷涂刷工具 █，在"属性"面板中选择喷涂点的填充颜色，设置随机缩放和画笔属性，然后在舞台中进行绘制，即可将图案"刷"到舞台上，如图2-25所示。

单击 █ 编辑 █ 按钮可从库中选择自定义元件，将库中的任何影片剪辑或图形元件作为"粒子"使用，然后进行绘制。关于库的作用会在后面的章节中涉及。

图2-25　喷涂刷工具

2.3.9　Deco工具

借助Deco工具 （也叫装饰性绘画工具），可以将创建好的图形形状，转换成复杂的几何图案，并可以使用喷涂刷工具或填充工具将这些图案以对象的方式直接绘制在舞台中。

选择Deco绘画工具，在其"属性"面板的"绘制效果"栏中选择一种绘制效果，在选择绘制效果后，会在"属性"面板的下方相应出现该效果对应的相关属性设置。其中，绘制效果默认为"藤蔓式填充"。下面讲解相关绘制效果的使用及其属性。

1．藤蔓式填充效果

利用藤蔓式填充效果，可以用藤蔓式图案填充舞台、元件、封闭区域。从库中选择元件，通过藤蔓式填充可以将其替换成指定的图案，如叶子或花朵。

选择Deco工具后，在"属性"面板中选择"藤蔓式填充"指定"树叶"和"花"的元件，可以是图案也可以是图形，然后在高级选项中设置相关属性，最后在舞台中绘制即可。高级选项如图2-26所示，相关属性介绍如下。

◎ **分支角度**：指定分支图案的角度。

◎ **分支颜色**：指定用于分支的颜色。

◎ **图案缩放**：缩放操作会使对象同时沿水平方向（沿X轴）和垂直方向（沿Y轴）放大或缩小。

◎ **段长度**：指定叶子节点和花朵节点之间的段的长度。

◎ **动画图案**：指定效果的每次迭代都绘制到时间轴中的新帧。在绘制花朵图案时，此选项将创建花朵图案的逐帧动画序列。

◎ **帧步骤**：指定绘制效果时每秒要横跨的帧数。

图2-26　藤蔓式填充

2．网格填充效果

在"属性"面板的"绘制效果"栏中单击"藤蔓式填充"按钮，在打开的下拉列表中即可选择网格填充效果。

使用网格填充效果，可以用库中的元件填充舞台、元件、封闭区域。将网格填充绘制到舞台后，如果移动填充元件或调整其大小，则网格填充将随之移动或调整大小。关于元件的知识将在之后的章节中讲解。

使用网格填充效果，设置其属性后，可创建棋盘图案、平铺背景或用自定义图案填充的区域或形状。对称效果的默认元件尺寸25像素×25像素，无笔触的黑色矩形。

最多可以将库中的4个影片剪辑或图形元件与网格填充效果一起使用。其"属性"面板的"高级选项"栏如图2-27所示，相关选项介绍如下。

◎ **网格填充**：有三种布局：平铺模式以简单的网格模式排列元件；砖形模式以水平偏移网格模式排列元件；楼层模式以水平和垂直偏移网格模式排列元件。

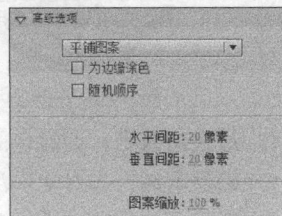

图2-27　网格填充

◎ **为边缘涂色**：使填充与包含的元件、形状或舞台的边缘重叠。

◎ **随机顺序**：允许元件在网格内随机分布。

◎ **水平间距**：指定网格填充中所用元件之间的水平距离（以像素为单位）。

◎ **垂直间距**：指定网格填充中所用元件之间的垂直距离（以像素为单位）。

◎ **图案缩放**：沿水平方向（x轴）和垂直方向（y轴）放大或缩小元件。

3. 对称刷子效果

使用对称刷子效果，可以围绕中心点对称排列元件。在舞台上绘制元件时，将显示一组手柄。可以使用手柄增加元件数、添加对称内容或者以编辑和修改效果的方式来控制对称效果。对称刷子效果的默认元件是25像素×25像素，无笔触的黑色矩形。

选择对称刷子后，在"属性"面板的"高级选项"栏中出现相应的高级选项属性，如图2-28所示，其下拉列表中包含4个选项，相关选项介绍如下。

图2-28 对称刷子

◎ **旋转**：围绕指定的固定点旋转对称中的形状。默认参考点是对称的中心点。若要围绕对象的中心点旋转对象，请按圆形运动进行拖动。

◎ **跨线反射**：按指定的不可见线条等距离翻转形状。

◎ **跨点反射**：围绕指定的固定点等距离放置两个形状。

◎ **网格平移**：使用按对称效果绘制的形状创建网格。每次选择Deco工具在舞台上单击都会创建形状网格。使用由对称刷子手柄定义的x和y坐标调整这些形状的高度和宽度。

◎ **测试冲突**：不管如何增加对称效果内的实例数，都可防止绘制的对称效果中的形状相互冲突。取消选择此选项后，会重叠对称效果中的形状。

4. 3D刷子效果

通过3D刷子效果，可以在舞台上对某个元件的多个实例涂色，使其具有3D透视效果。其原理是，在舞台顶部附近缩小元件，并在舞台底部附近放大元件来创建3D透视。

使用3D刷子效果可以选择4个元件进行绘制，可直接在舞台上形状或元件内部涂色。在形状内部绘制时，先单击该形状，然后进行绘制，则绘制的图案只在形状内，如图2-29所示。

选择3D刷子效果后，其"属性"面板中的高级选项如图2-30所示，各选项介绍如下。

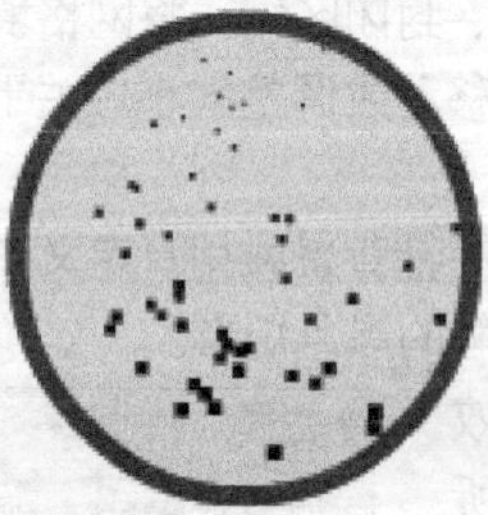

图2-29 在形状内绘制

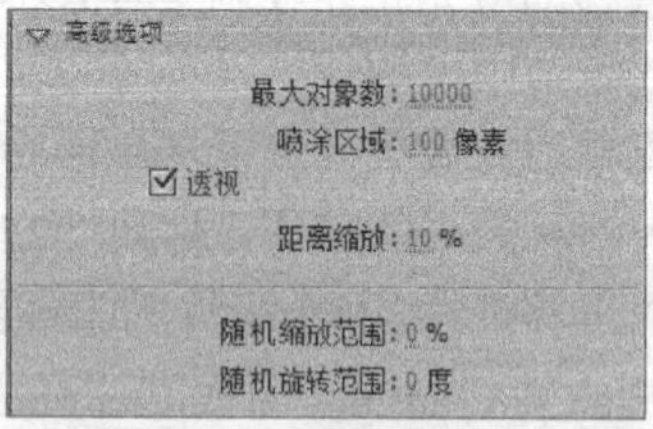

图2-30 3D刷子效果

◎ **最大对象数**：要涂色的对象的最大数目。

◎ **喷涂区域**：与对实例涂色的鼠标光标的最大距离。

◎ **透视**：切换3D效果，若要为大小一致的实例涂色，则取消选中此选项。

◎ **距离缩放**：确定3D透视效果的量。增加该值会增加向上或向下移动鼠标光标时，引起的缩放。

◎ **随机缩放范围**：允许随机确定每个实例的缩放。增加此值会增加可应用于每个实例的缩放值的范围。

◎ **随机旋转范围**：允许随机确定每个实例的旋转。增加此值会增加每个实例可能的最大旋转角度。

5. 建筑物刷子效果

使用建筑物刷子效果，可以在舞台上绘制建筑物。建筑物的外观取决于为建筑物属性选择的值。

建筑物刷子效果的高级选项如图2-31所示，其相关属性介绍如下。

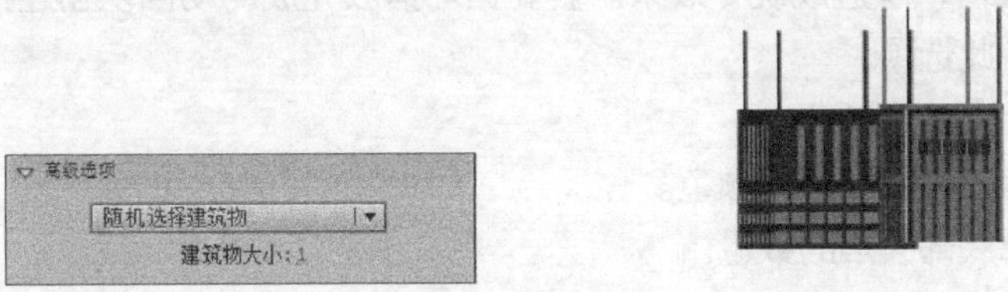

图2-31 建筑物刷子

◎ **建筑物类型下拉列表**：要创建的建筑样式。

◎ **建筑物大小**：建筑物的宽度，值越大，创建的建筑物越宽。

6. 装饰性刷子效果

通过装饰性刷子可以绘制装饰线，如点线、波浪线及其他线条。选择装饰性刷子效果，在"属性"面板设置相关属性之后，进行绘制，装饰性刷子效果将沿鼠标光标的路径创建一条指定样式的线条。

装饰性刷子效果的高级选项如图2-32所示，其相关属性介绍如下。

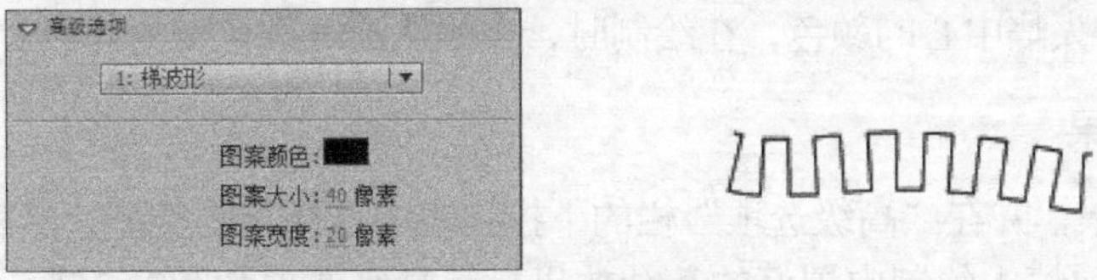

图2-32 装饰性刷子效果

◎ **线条样式**：要绘制的线条样式。

◎ **图案颜色**：线条的颜色。

◎ **图案大小**：所选图案的大小。

◎ **图案宽度**：所选图案的宽度。

7. 火焰动画效果

火焰动画效果可以创建逐帧火焰动画。在Deco工具下选择火焰动画后，设置火焰动画效果的属性，在舞台上按住鼠标左键不放并拖动时，即可创建动画，Flash会将帧添加到时间轴。

火焰动画的高级选项如图2-33所示，其相关属性介绍如下。

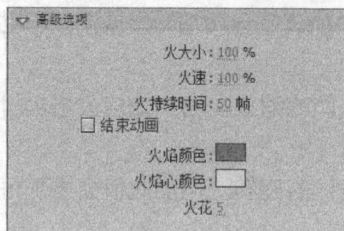

图2-33 火焰动画

◎ **火大小**：火焰的宽度和高度，值越高，创建的火焰越大。

◎ **火速**：动画的速度，值越大，创建的火焰越快。

◎ **火持续时间**：动画过程在时间轴中创建的帧数。

◎ **结束动画**：选择此选项可创建火焰燃尽的动画，程序会在指定的火焰持续时间后，自动添加其他帧，以造成烧尽效果。若要循环播放完成的动画以创建持续燃烧的效果，则无需选择此选项。

◎ **火焰颜色**：火苗的颜色。

◎ **火焰心颜色**：火焰底部的颜色。

◎ **火花**：火源底部火焰的数量。

8. 火焰刷子效果

使用火焰刷子可以在时间轴当前帧中的舞台上绘制火焰。选择火焰刷子效果后，其高级选项如图2-34所示，相关属性介绍如下。

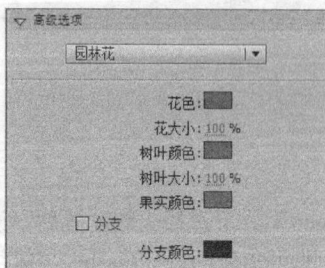

图2-34 火焰刷子

◎ **火焰大小**：火焰的宽度和高度，值越大，创建的火焰越大。

◎ **火焰颜色**：火焰中心的颜色，在绘制时，火焰从选定颜色变为黑色。

9. 花刷子效果

选择花刷子效果，并在"高级选项"栏的下拉列表中选择花的类型，然后在舞台中绘制，可以在时间轴的当前帧中绘制内置好的花朵效果。其高级选项如图2-35所示，相关属性介绍如下。

图2-35 花刷子

◎ **花色**：花的颜色。

◎ **花大小**：花的宽度和高度，值越大，创建的花越大。

◎ **树叶颜色**：叶子的颜色。

◎ **树叶大小**：叶子的宽度和高度，值越大，创建的叶子越大。

◎ **果实颜色**：果实的颜色。

◎ **分支**：选择此选项可绘制花和叶子之外的分支。

◎ **分支颜色**：分支的颜色。

10. 闪电刷子效果

使用闪电刷子效果可以创建静态的闪电，或具有动画效果的闪电。选择闪电刷子效果并设置属性后，直接在舞台中绘制即可。其高级选项如图2-36所示，相关属性介绍如下。

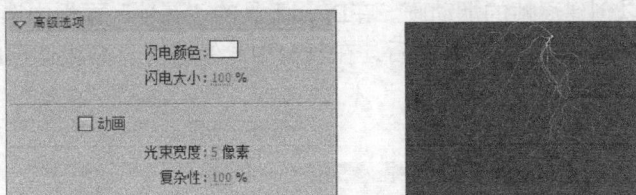

图2-36 闪电刷子

◎ **闪电颜色**：闪电的颜色。

◎ **闪电大小**：闪电的长度。

◎ **动画**：选择该选项，可以创建闪电的逐帧动画。在绘制闪电时，Flash将帧添加到时间轴中的当前图层。

◎ **光束宽度**：闪电根部的粗细。

◎ **复杂性**：每支闪电的分支数，值越大，创建的闪电越长，分支越多。

11. 应用粒子系统效果

使用粒子系统效果可以创建火、烟、水、气泡及其他效果的粒子动画。在Deco工具的"属性"面板中选择粒子系统后，可以选择绘制的元件作为粒子，并在如图2-37所示的高级选项中设置粒子效果的相关属性，然后在舞台中绘制即可。Flash将根据设置的属性创建逐帧动画的粒子效果。高级选项中相关属性介绍如下。

◎ **总长度**：从当前帧开始，动画的持续时间。

◎ **粒子生成**：生成粒子的帧数目。如果帧数小于"总长度"属性，则该工具会在剩余帧中停止生成新粒子，但已生成的粒子将继续添加动画效果。

◎ **每帧的速率**：每个帧生成的粒子数。

◎ **寿命**：单个粒子在舞台上可显示的帧数。

◎ **初始速度**：每个粒子在其寿命开始时移动的速度，单位是像素/帧。

◎ **初始大小**：每个粒子在其寿命开始时的缩放。

图2-37 粒子系统

◎ **最小初始方向**：每个粒子在其寿命开始时可能移动方向的最小范围，单位是度，且允许使用负数。零表示向上；90表示向右；180表示向下；270 表示向左；360也表示向上。

◎ **最大初始方向**：每个粒子在其寿命开始时可能移动方向的最大范围，单位是度，且允许使用负数。零表示向上；90 表示向右；180 表示向下；270 表示向左；360也表示向上。

◎ **重力**：当重力为正数时，粒子方向更改为向下并且其速度会增加；重力为负数时，粒子方向更改为向上。

◎ **旋转速率**：应用到每个粒子的每帧旋转角度。

12. 烟动画效果

烟动画效果可以创建逐帧的烟动画。在Deco工具的"属性"面板中选择烟动画，在如图2-38所示的高级选项中设置相关属性后，在舞台中绘制即可。高级选项中相关属性介绍如下。

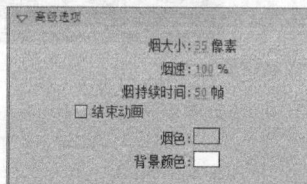

图2-38　烟动画

◎ **烟大小**：烟的宽度和高度，值越大，创建的烟越大。

◎ **烟速**：动画的速度，值越大，创建的烟的速度越快。

◎ **烟持续时间**：动画过程在时间轴中创建的帧数。

◎ **结束动画**：选择此选项可创建烟消散而不是持续冒烟的动画。Flash会在指定的烟持续时间后添加其他帧以造成消散效果。

◎ **烟色**：烟的颜色。

◎ **背景颜色**：烟的背景颜色。烟在消散后更改为此颜色。

> **操作技巧**　一般情况下像火焰动画、烟动画等逐帧动画，最好将其置于元件中，如影片剪辑元件，以方便后期使用。

13. 树刷子效果

使用树刷子效果可以快速创建树状插图。在Deco工具的"属性"面板中选择树刷子效果后，在高级选项中选择树的种类，设置相关属性，然后在舞台中绘制即可。绘制时，先单击并拖动生成树的主干，然后在拖动停止的位置将开始生成枝叶，继续往上拖动可继续生成枝叶，最后释放鼠标即可。

"属性"面板中的高级选项如图2-39所示，相关属性介绍如下。

图2-39 树刷子

◎ **树样式**：设置树的种类，每个树样式都以实际的树种为基础。

◎ **树比例**：设置树的大小，值越大，创建的树越大。

◎ **分支颜色**：设置树干的颜色。

◎ **树叶颜色**：设置叶子的颜色。

◎ **花/果实颜色**：设置花和果实的颜色。

2.3.10 钢笔工具

用钢笔工具 可以绘制直线和曲线，并对曲线的弯曲度进行调节，从而使绘制的线条达到理想的平滑效果。在工具箱中选择钢笔工具 ，并按住鼠标左键不放，在打开的下拉列表中可选择钢笔工具、添加锚点工具、删除锚点工具、转换锚点工具，如图2-40所示。

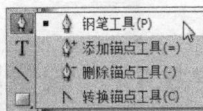

图2-40 钢笔工具组

钢笔工具可通过显示的不同鼠标光标来反映其当前绘制状态。各种状态分别介绍如下。

◎ **初始锚点状态**：选中钢笔工具后，将其移动到舞台中即可看到该指针。在舞台上单击鼠标时将创建初始锚点，所有新路径都以初始锚点开始，如图2-41所示。

◎ **连续锚点状态**：单击鼠标时创建一个锚点，并用一条直线与前一个锚点相连接，如图2-42所示。在创建除初始锚点之外的锚点时，将显示此状态。

◎ **添加锚点状态**：在现有路径上单击将添加一个锚点。在添加锚点前，必须选择路径，并且钢笔工具不能位于现有锚点的上方。一次只能添加一个锚点。

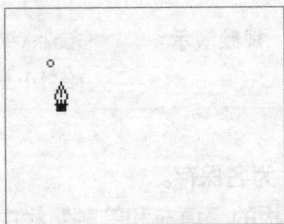

图2-41 创建初始锚点

图2-42 创建连续锚点

◎ **删除锚点状态**：在现有路径上单击锚点，可将该锚点删除。先用选取工具选择路径，并且鼠标光标必须位于现有锚点的上方。一次只能删除一个锚点。

◎ **连续路径状态**：从现有锚点扩展新路径。若要激活此状态，鼠标光标必须位于路径上现有锚点的上方。仅在当前未绘制路径时，此状态才可用。锚点未必是路径的终端锚点，任何锚点都可以是连续路径的位置。

◎ **闭合路径状态**🖋：在正绘制的路径的起始点处闭合路径，只能闭合当前正在绘制的路径，并且现有锚点必须是同一个路径的起始锚点。

◎ **连接路径状态**🖋：除了鼠标光标不能位于同一个路径的初始锚点上方外，与闭合路径工具基本相同。该鼠标光标必须位于唯一路径的任一端点上方。

◎ **回缩贝塞尔手柄状态**🖋：当鼠标光标位于锚点上方时显示。按住锚点不放并拖动，可将直线段的路径更改为弯曲路径；再次以该状态在锚点上单击，可将弯曲路径恢复为直线路径。

◎ **转换锚点状态**⌐：将不带方向线的转角点转换为带有独立方向线的转角点，如图2-43所示，按【Shift+C】组合键可切换到该状态。

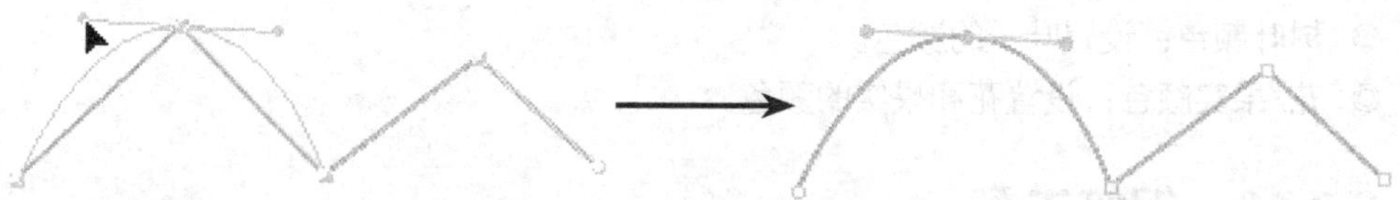

图2-43　转换锚点

2.3.11　课堂案例1——绘制小熊

利用前面学过的知识绘制矢量小熊线稿，主要通过工具面板中的各种绘制工具，如椭圆工具铅笔、钢笔工具等，绘制小熊轮廓，效果如图2-44所示。

效果所在位置	光盘:\效果文件\第2章\课堂案例1\小熊.fla
视频演示	光盘:\视频文件\第2章\绘制小熊.swf

图2-44　小熊

（1）新建一个ActionScript 3.0文件，将其以"小熊"为名保存。

（2）在工具面板中选择椭圆工具◯，在"属性"面板的"填充和笔触"栏中单击填充按钮右侧的色块，在打开的面板中单击右上角的❑按钮，禁用填充，如图2-45所示。

（3）继续在"填充和笔触"栏中，在笔触大小右侧的数值框中输入"3"，如图2-46所示。

（4）按住【Shift】键不放，在如图2-47所示的舞台位置绘制正圆。

图2-45 禁用椭圆工具的填充　　图2-46 设置笔触大小　　图2-47 绘制正圆

（5）使用同样的方法继续绘制正圆，如图2-48所示。

（6）选择刷子工具 ，在工具面板下方单击"刷子大小"按钮 ，在打开的下拉列表中选择第4个选项，如图2-49所示。

（7）在"属性"面板中单击填充色块，在打开的面板中选择黑色，如图2-50所示。

图2-48 绘制耳朵和鼻头　　图2-49 选择刷子大小　　图2-50 设置刷子填充颜色

（8）在舞台中绘制小熊的眼睛，然后更改刷子的大小为第6大小，继续绘制小熊的鼻子，效果如图2-51所示。

（9）在工具面板中选择铅笔工具 ，在其"属性"面板中单击笔触右侧的色块，在打开的面板中选择白色，将铅笔工具的笔触颜色设置为白色，如图2-52所示。

（10）使用铅笔工具在眼睛和鼻头上涂抹，添加高光，如图2-53所示。

图2-51 绘制小熊眼睛和鼻头　　图2-52 设置高光颜色　　图2-53 使用铅笔工具添加高光

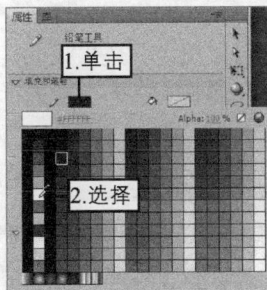

（11）在工具面板中选择钢笔工具 ，在其"属性"面板中将笔触颜色设置为灰色#999999，笔触大小为"2"，如图2-54所示。

（12）在舞台中绘制鼻子和嘴的纹路，如图2-55所示，继续使用钢笔工具，绘制小熊的身体，如图2-56所示。

图2-54 设置钢笔工具笔触颜色和大小　　图2-55 绘制小熊鼻子和嘴的纹路　　图2-56 绘制小熊身休

（13）选择铅笔工具 ，在工具面板下方单击"铅笔模式"按钮 ，在打开的下拉列表中选择"平滑"选项，然后在舞台中直接涂抹，为小熊绘制手和脚，如图2-57所示。

（14）在工具面板中选择Deco工具，在其"属性"面板的"绘制效果"栏中的下拉列表中选择"树刷子"选项，在"高级选项"栏的下拉列表中选择"园林植物"选项，其他保持默认，如图2-58所示。

（15）在小熊周围绘制几棵果树，如图2-59所示。

（16）按【Ctrl+S】组合键保存文件，完成本例的操作。

图2-57 设置铅笔工具模式　　图2-58 设置Deco工具属性　　图2-59 绘制果树

2.4　颜色工具

使用颜色工具可以为绘制的图形对象填色，还可吸取其他图形上的颜色进行填色。主要颜色工具包括颜料桶工具、墨水瓶工具和滴管工具，下面进行讲解。

2.4.1　颜料桶工具

绘制完图形的线稿后，可以用颜料桶工具 为图形填充颜色。选择颜料桶工具 ，在其"属性"面板中设置填充颜色，在工具面板下方激活的"空隙大小"功能中设置空隙大小，然后在舞台中使用颜料桶填充颜色即可。

"空隙大小"是为方便填充而设置的，选择颜料桶工具 后，在工具面板下方单击"空隙大小"按钮 ，在打开的下拉列表中可选择一种空隙大小，如图2-60所示。该列表中各选项功能介绍如下。

图2-60 空隙大小

◎ **不封闭空隙**：选择该模式后，在使用颜料桶工具填充颜色时，只有完全封闭的区域才能被填充颜色。

◎ **封闭小空隙**：在使用颜料桶工具填充颜色时，如果所填充区域不是完全封闭的，但是空隙很小，Flash会将其判断为完全封闭而进行填充。

◎ **封闭中等空隙**：选择该模式后，在使用颜料桶工具填充颜色时，可以忽略比上一种模式大一些的空隙，并对其填充颜色。

◎ **封闭大空隙**：选择该模式后，即使线条之间还有一段距离，用颜料桶工具也可以填充线条内部的区域。

2.4.2 墨水瓶工具

单击颜料桶工具 右下角的小三角，在打开的下拉列表中选择墨水瓶工具 。使用墨水瓶工具可以更改一个或多个线条或形状轮廓的笔触颜色、宽度、样式，但不能填充矢量色块，且不能应用渐变或位图。

选择墨水瓶工具 后，在其"属性"面板中设置其笔触颜色和大小，然后在图形上单击，即可更改图形轮廓的颜色和大小，如图2-61所示。

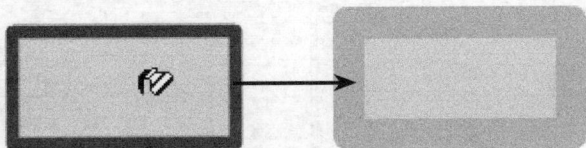

图2-61 使用墨水瓶工具更改图形轮廓

2.4.3 滴管工具

滴管工具 可以吸取指定位置的色块、线条、位图和文字的属性并应用于其他对象。

例如，将圆形的笔触属性应用到矩形上，首先选择滴管工具，然后在圆形的笔触上单击，当鼠标光标变为墨水瓶的状态时，在矩形上单击即可，如图2-62所示。

图2-62 使用滴管工具

> **知识提示**　当单击笔触时，滴管工具自动变成墨水瓶工具；若吸取的是圆形内部矢量色块的属性，滴管工具则变为颜料桶工具。

2.4.4 课堂案例2——小熊填色

利用前面学过的知识为小熊填色，主要是通过创建各种选区，然后在选区中填充颜色来完成，效果如图2-63所示。

素材所在位置	光盘:\素材文件\第2章\课堂案	
	例2\小熊填色.fla	
效果所在位置	光盘:\效果文件\第2章\课堂案	
	例2\小熊填色.fla	
视频演示	光盘:\视频文件\第2章\小熊	
	填色.swf	

图2-63　小熊填色效果

（1）启动Flash CS5后，选择【文件】→【打开】菜单命令，打开"打开"对话框。

（2）在素材文件夹中选择"小熊填色.fla"文件，单击 打开(O) 按钮将其打开，如图2-64所示。

（3）在工具面板中选择颜料桶工具 ，在其"属性"面板中单击填充色块，在打开的面板中选择黄色，色值为#FFFF66，如图2-65所示。

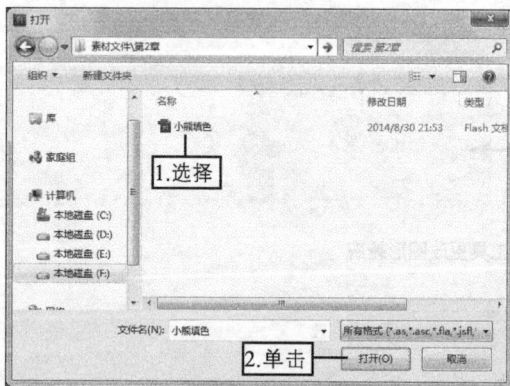

图2-64　打开文件

图2-65　设置填充颜色

（4）在小熊的面部和耳朵中单击，为其填充黄色，效果如图2-66所示。

（5）此时在小熊身体处单击并不能填色，因为存在较大空隙，因此，在工具面板的下方单击"空隙大小"按钮 ，在打开的下拉列表中选择"封闭大空隙"选项，如图2-67所示。

（6）在小熊的脚和身体处单击，即可填色，效果如图2-68所示。

图2-66　为面部和耳朵填色

图2-67　选择"封闭大空隙"选项

图2-68　为身体和脚填色

（7）在"属性"面板中单击填充色块，在打开的面板中选择紫色，色值为#CCCCFF，然后为小熊的嘴巴部分填色，如图2-69所示。

（8）在工具面板中单击颜料桶工具 不放，在打开的下拉列表中选择墨水瓶工具 ，在其"属性"面板中单击笔触色块，在打开的面板中选择深紫色，色值为#9966FF，如图2-70所示。

（9）设置笔触大小为"2"，然后在小熊耳朵和头部单击，其外围笔触颜色和大小即更改为墨水瓶设置的样式，如图2-71所示。

图2-69 为嘴巴填色

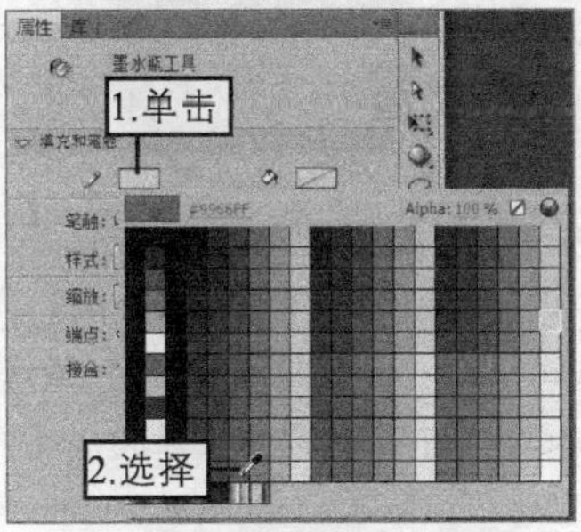

图2-70 选择笔触颜色

图2-71 使用墨水瓶工具更改笔触

（10）在工具面板中选择滴管工具 ，将其移至小熊耳朵的笔触部分，当鼠标光标变为 形状时，单击吸取笔触属性。

（11）将鼠标光标移至小熊嘴巴上的笔触部分，单击即可更改该处的笔触样式。继续在小熊的身体和四肢上单击，更改笔触样式，如图2-72所示。

（12）制作完成后，选择【文件】→【另存为】菜单命令，在打开的对话框中设置文件的保存路径和名称，保存文件即可。

图2-72 使用吸管工具更改笔触

行业知识　　　在绘制大幅场景时需要注意，Flash只会导出舞台中的部分，并不会显示舞台以外的部分，因此需要设计好场景中各对象的位置。

2.5 课堂练习

本课堂练习将分别绘制脸谱和星空，综合练习本章学习的知识点，巩固绘制图形的具体操作。

2.5.1 绘制脸谱

1．练习目标

本练习要求绘制一个脸谱，主要以京剧脸谱为原型，要求线条简洁，颜色搭配适当。制作时，可打开光盘中提供的效果文件进行操作，参考效果如图2-73所示。

图2-73 京剧脸谱

效果所在位置　光盘:\效果文件\第2章\课堂练习\脸谱.fla
视频演示　光盘:\视频文件\第2章\绘制脸谱.swf

2. 操作思路

在掌握一定的钢笔工具的使用和颜色填充方法后，即可进行绘制，根据上面的实训目标，本例的操作思路如图2-74所示。

① 使用钢笔工具勾勒轮廓　　② 填充颜色

图2-74 制作京剧脸谱的操作思路

（1）新建一个默认大小的ActionScript 3.0文件。

（2）选择钢笔工具，在"属性"面板中设置笔触大小为"2"，颜色为灰色，然后在文件中勾勒出脸谱的大致轮廓，并调整绘制的曲线，以达到最好的脸谱效果。

（3）选择颜料桶工具，为脸谱填上黑色的色块，然后更换颜色，为红色部分填色。

（4）选择铅笔工具，将其笔触颜色设置为淡粉色，然后在嘴唇部分涂抹，绘制高光。绘制完成后保存文件即可。

2.5.2　绘制星空

1. 练习目标

本练习主要通过绘制工具，如铅笔工具和刷子工具，并配合颜料桶工具等填充工具，绘制一幅星空背景图，参考效果如图2-75所示。

图2-75 星空

效果所在位置 光盘:\效果文件\第2章\课堂练习\星空.fla

视频演示 光盘:\视频文件\第2章\绘制星空.swf

2. 操作思路

了解和掌握铅笔工具、刷子工具、颜料桶工具等的使用方法后，根据上面的实例目标，本例的操作思路如图2-76所示。

① 绘制背景和星形　　　　　② 绘制月亮　　　　　③ 喷涂星空

图2-76 绘制星空的操作思路

（1）新建名为"星空"的ActionScript 3.0文件。

（2）选择矩形工具 □，将绘制模式设置为对象绘制模式，在"属性"面板中禁用其笔触，将填充颜色设置为蓝色，色值为#0066FF。

（3）在场景中绘制一个覆盖住整个舞台的矩形背景。

（4）选择多角星形工具 □，在其"属性"面板中，将填充颜色设置为黄色，单击"工具设置"栏下的 选项... 按钮，在打开的"工具设置"对话框中将样式设置为"星形"，然后在舞台中绘制星形。

（5）选择椭圆工具 □，在其"属性"面板中禁用笔触，将填充颜色设置为黄色，按住【Shift】键不放，在舞台中绘制一轮圆月。

（6）选择喷涂刷工具 □，将其颜色设置为黄色，缩放为35%，高度和宽度为120像素，然后在舞台中涂抹，绘制漫天星辰效果。绘制完成后保存文件即可。

43

2.6 拓 展 知 识

在使用钢笔工具绘制图形时，经常需要使绘制的线段在转弯处过渡平滑，可在首选参数中设置平滑度。而使用颜料桶工具除了可直接填色块外，还可填充位图。

1. 绘画的首选参数

在Flash中可通过设置绘画选项来指定钢笔工具的显示和线段的平滑等，选择【编辑】→【首选参数】菜单命令，在左边的"类别"列表框中选择"绘画"选项，在右侧的面板中即可设置相应的绘画选项，如图2-77所示。

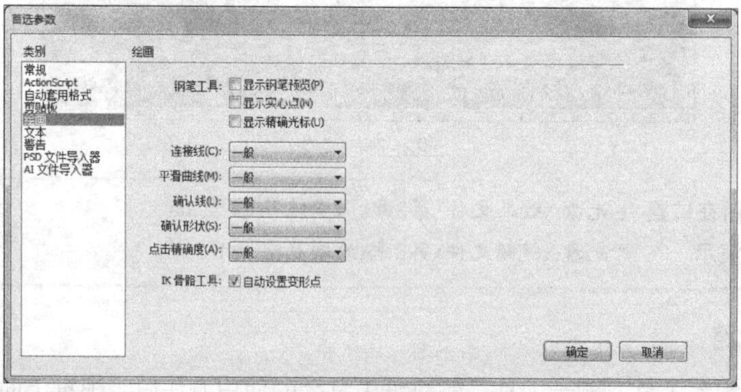

图2-77 绘画的首选参数

该面板中部分选项介绍如下。

◎ **显示钢笔预览**：显示从上一次单击的点到鼠标光标的当前位置之间的预览线条。

◎ **显示实心点**：将控制点显示为已填充的小正方形。

◎ **显示精确光标**：在使用钢笔工具时显示十字线光标。

◎ **连接线**：决定正在绘制的线条的终点必须距现有线段多近，才能贴紧到另一条线上最近的点。

◎ **平滑曲线**：指定当绘画模式设置为"伸直"或"平滑"时，应用到以铅笔工具绘制的曲线的平滑量，曲线越平滑，越容易改变形状，越粗略，越接近符合原始的线条笔触。

◎ **确认线**：定义用铅笔工具 ✐ 绘制的线段必须有多直，Flash才会确认它为直线并使它完全变直。

◎ **确认形状**：控制绘制的圆形、椭圆、正方形、矩形、90°和180°弧形要达到何种精度，才会被确认为几何形状并精确绘制。选项包括"关""严谨""正常""宽松"。"严谨"要求绘制的形状要非常接近于精确；"宽松"指定形状可以稍微粗略，Flash将自动重绘该形状。

◎ **点击精确度**：指定鼠标光标必须距离某个目标多远时，Flash才能确认该目标。

> **知识提示** 如果在绘画时关闭了"确认线"或"确认形状"，可在稍后选择一条或多条线段，然后选择【修改】→【形状】→【伸直】菜单命令来伸直线条。

2. 使用颜料桶工具进行填充

使用颜料桶工具可以填充纯色、渐变色、位图，具体讲解如下。

◎ **填充纯色**：选择颜料桶工具![颜料桶图标]后，在其"属性"面板中单击填充右侧的色块，在打开的面板中即可选择一种纯色作为填充颜色，若对现有色板中的纯色不满意，还可以单击右上角的![按钮]按钮，打开"颜色"对话框，在其中设置一种颜色，如图2-78所示。

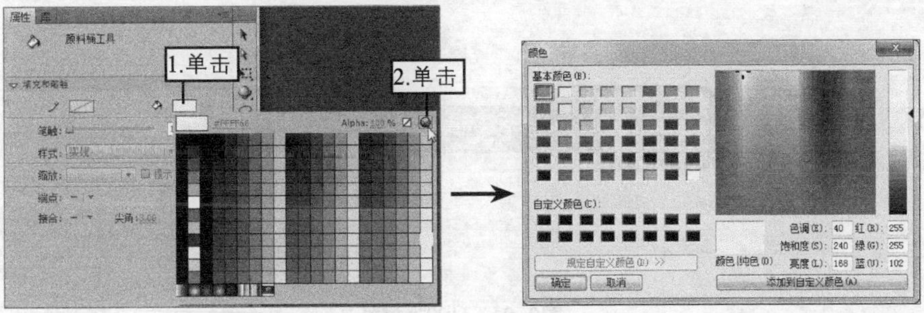

图2-78 选择纯色

◎ **填充渐变色**：选择颜料桶工具![颜料桶图标]后，在其"属性"面板中单击填充右侧的色块，在打开面板的左下角可选择渐变色进行填充，如图2-79所示。

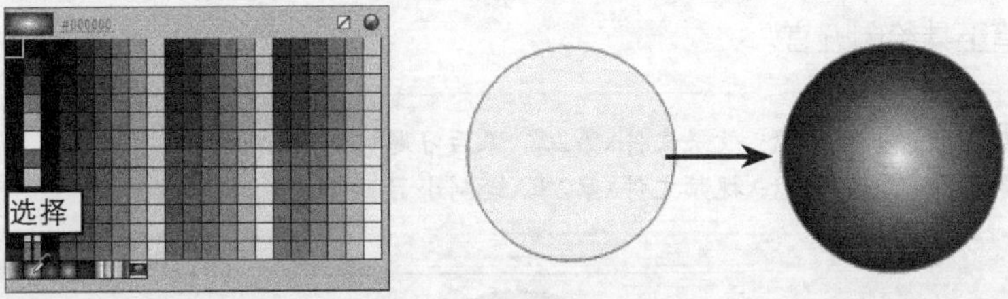

图2-79 选择渐变填充

◎ **填充位图**：若在文件中导入了位图，在打开颜料桶工具的填充颜色面板时，在左下角的渐变填充后，将自动添加位图的小图片，在其中选择该小图片，然后在目标图形中单击，即可将该位图填充到目标图形中，如图2-80所示。

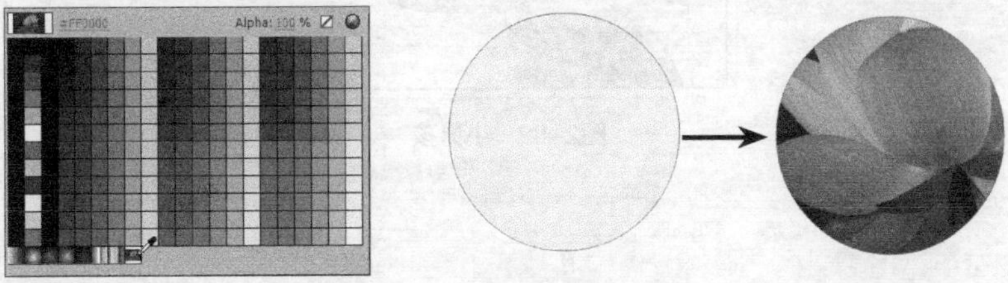

图2-80 选择位图进行填充

2.7 课后习题

（1）新建Flash文件，根据本章所学知识，利用工具面板中的工具，绘制一个MP3播放器，要求播放器时尚美观，整体比例协调。最终效果如图2-81所示。

提示：要求使用矩形工具绘制整体框架，然后利用矩形工具椭圆工具和星形工具，绘制

MP3播放器上的显示屏和按钮，注意设置时需要调整相关属性参数，最后用椭圆工具绘制阴影。

效果所在位置　　光盘:\效果文件\第2章\课后习题\MP3播放器.fla
视频演示　　　　光盘:\视频文件\第2章\绘制MP3播放器.swf

图2-81　MP3播放器

（2）根据本章所学知识，利用铅笔工具、钢笔工具，以及与颜色填充相关的颜料桶工具，绘制小男孩图像，要求人物比例适中，颜色搭配合理。参考效果如图2-82所示。

提示：首先使用钢笔工具勾勒人物大致的几个部分，然后使用颜料桶工具填色，最后使用铅笔工具绘制五官。

效果所在位置　　光盘:\效果文件\第2章\课后习题\小男孩.fla
视频演示　　　　光盘:\视频文件\第2章\绘制小男孩.swf

图2-82　小男孩

第**3**章

编辑图形

本章将详细讲解Flash CS5的编辑图形功能。对各个编辑工具和编辑命令的使用方法和使用技巧进行更细致的说明。读者通过学习要能够熟练应用Flash CS5的编辑工具编辑绘制的图形，并熟练掌握修饰图形对象的操作技巧。

学习要点

◎　选择图形
◎　编辑图形
◎　修饰图形对象

学习目标

◎　掌握相关选择工具的使用方法
◎　掌握编辑图形的操作技巧
◎　熟悉修饰图形对象的操作方法

3.1 选择图形

在Flash中，可以选取图形、文字对象的工具很多，如选择工具、部分选择工具、套索工具等，下面分别进行讲解。

3.1.1 选择工具

通过工具面板中的选择工具 可以选择任意对象，包括矢量图、元件、位图。选择对象后，还可以移动对象。

选择工具面板中的选择工具 ，将鼠标光标移到舞台中需要选择的对象上，当鼠标光标变为 形状时，单击鼠标左键即可选择对象，如图3-1所示。

若按住鼠标左键不放，并拖动鼠标，可移动选择的对象，到目标位置后释放鼠标即可，如图3-2所示。

图3-1 选择对象

图3-2 移动对象

3.1.2 部分选取工具

部分选取工具 主要用于选择线条、移动线条、编辑节点和节点方向等，其方法和作用与选择工具相同，如调整心形线条。其具体操作如下。

（1）选择工具面板中的部分选取工具 ，将鼠标光标移到心形的线条上，当鼠标光标变为 形状时，单击将其选择，如图3-3所示。

（2）选择线条后，按住鼠标左键不放，并向左拖动鼠标调整线条，如图3-4所示。

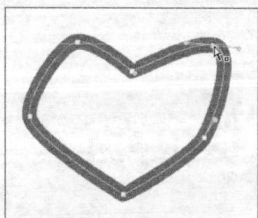

图3-3 选择线条

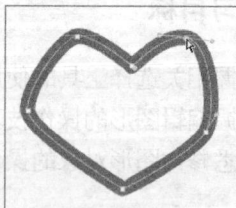

图3-4 移动线条

3.1.3 套索工具

用套索工具 可以精确地选择在合并对象绘制模式下绘制的图形，或该图形中的一部分。在工具面板中选择套索工具 🔗 后，将鼠标光标移到舞台中，当鼠标光标变为 🔗 形状时，直接拖动鼠标即可在图形对象中选取需要的范围，图3-5即为选择圆形中的一部分，并将其移开。

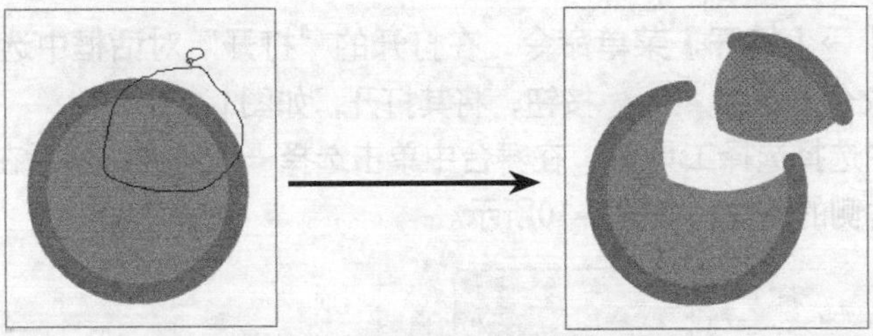

图3-5　用套索工具选择图形

在工具面板中选择套索工具 🔗，工具面板的下方会出现相应的按钮，如图3-6所示。其中各按钮的含义如下。

◎ "魔术棒"按钮 🪄：单击该按钮，可沿对象轮廓进行大范围的选取，也可选取色彩范围。

◎ "魔术棒设置"按钮 🪄：单击该按钮，将打开如图3-7所示的"魔术棒设置"对话框，该对话框用于设置魔术棒选取的色彩范围。其中，"阈值"用于定义选取范围内的颜色与单击处像素颜色的相近程度。输入的数值越大，选取的相邻区域范围就越大；"平滑"用于指定选取范围边缘的平滑度，有像素、粗略、平滑、一般4种。

图3-6　"套索工具"选项

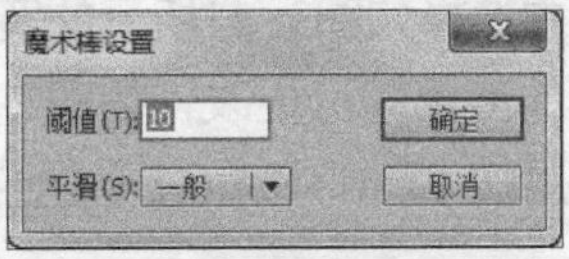

图3-7　"魔术棒设置"对话框

◎ "多边形模式"按钮 🔽：单击该按钮，可较为精确地选取不规则图形。

3.1.4 课堂案例1——调整花朵颜色

利用前面学过的知识调整花朵的颜色，主要使用选取工具选择需要更改颜色的部分来调整，效果如图3-8所示。

图3-8　"花朵"图像调整前后的对比效果

素材所在位置	光盘:\素材文件\第3章\课堂案例1\花朵.fla
效果所在位置	光盘:\效果文件\第3章\课堂案例1\花朵.fla
视频演示	光盘:\视频文件\第3章\调整花朵颜色.swf

（1）选择【文件】→【打开】菜单命令，在打开的"打开"对话框中选择素材文件夹中的"花朵.fla"文件，单击 [打开(O)] 按钮，将其打开，如图3-9所示。

（2）在工具面板中选择选择工具 [↖]，在舞台中单击选择一个花瓣，然后在"属性"面板中单击填充按钮右侧的色块，如图3-10所示。

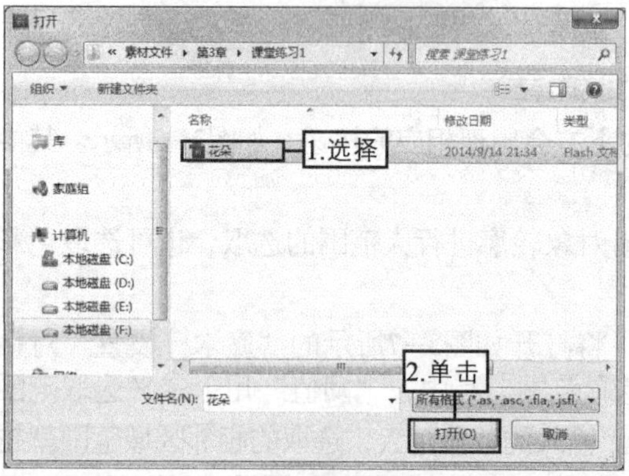

图3-9 打开"花朵"文件

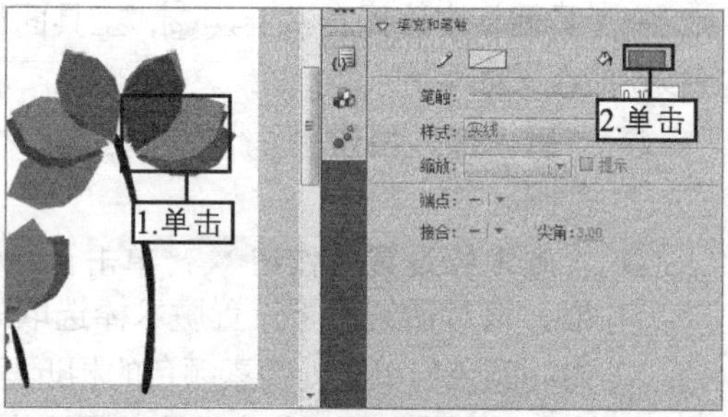

图3-10 选择花瓣

（3）在打开的面板中选择如图3-11所示的黄色，色值为#FFFF66。

（4）被选择的花瓣的颜色即可更改，如图3-12所示。使用同样的方法继续更改其他花瓣的颜色，更改完成后按【Ctrl+Shift+S】组合键，在打开的对话框中将文件存储在其他位置。

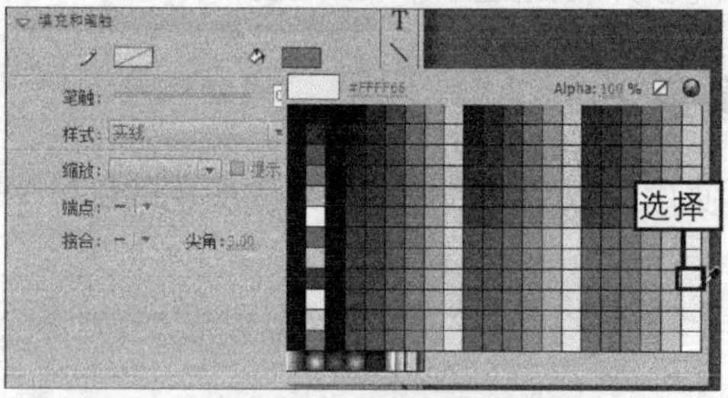

图3-11 选择颜色

图3-12 更改花瓣颜色

3.2 编辑图形

在制作Flash动画时，通常都需要编辑图形才能使动画更加生动、形象，以达到预期的动画效果。在绘制图形的过程中，可以对图形的各个组成部分进行编辑和调整，使绘制的图形达到完美的效果，而对于导入的图片文件，也可以运用工具箱中的各种工具，对其进行编辑和调整。

3.2.1 变形对象

任意变形工具 ▦ 主要用于对各种对象进行不同方式的变形处理，如拉伸、压缩、旋转、翻转、自由变形等。使用任意变形工具，可以将对象变形为需要的各种样式。

在工具面板中选择任意变形工具 ▦，并选择需要变形的对象后，将激活工具面板底部的相关按钮，除了常见的"贴紧至对象"按钮 ▦ 外，还包括"旋转与倾斜"按钮 ▦、"缩放"按钮 ▦、"扭曲"按钮 ▦、"封套"按钮 ▦，单击不同的按钮，可以执行不同的变形操作。

1. 旋转与倾斜对象

选择任意变形工具 ▦ 后，选择需要变形的对象，单击"旋转与倾斜"按钮 ▦ 或选择【修改】→【变形】→【旋转与倾斜】菜单命令，激活变形功能。使用旋转和倾斜命令，可使被选择的对象围绕其变形点旋转。变形点默认位于对象的中心，用户也可拖动该点。其具体操作如下。

（1）将鼠标光标移至四个角的控制点上，当鼠标光标变为 ↻ 形状时，按住鼠标左键不放并拖动可旋转对象，如图3-13所示。

（2）将鼠标光标移至四个边的控制点上，当鼠标光标变为 ⇌ 形状或 ↕ 形状时，按住鼠标左键不放并拖动可倾斜对象，如图3-14所示。

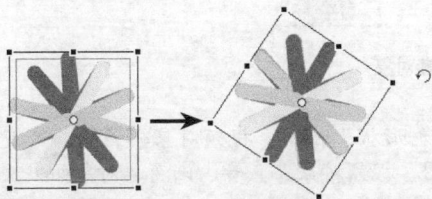

图3-13 旋转对象

图3-14 倾斜对象

操作技巧 选择一个或多个对象，选择【修改】→【变形】→【顺时针旋转90度】菜单命令可顺时针旋转，选择"逆时针旋转90度"命令可逆时针旋转。

2. 缩放对象

选择任意变形工具 ▦ 后，选择需要变形的对象，单击"缩放"按钮 ▦ 或选择【修改】→【变形】→【缩放】菜单命令，即可激活缩放功能。

缩放对象时可以沿水平方向、垂直方向或同时沿两个方向放大或缩小对象。激活缩放命令后，将鼠标光标移至四周的控制点上，当鼠标光标变为水平 ↔、垂直 ↕、倾斜的双向箭头 ↗ 时，即可按住鼠标左键不放并拖动，从而缩放对象，如图3-15所示。

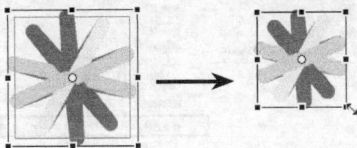

图3-15 缩放对象

3. 扭曲对象

单击"扭曲"按钮 ⟋ 或选择【修改】→【变形】→【扭曲】菜单命令，激活扭曲功能后，可以拖动对象边框上的控制点进行扭曲变形，如图3-16所示。

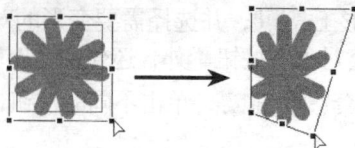

图3-16　扭曲对象

4. 封套对象

单击"封套"按钮 ◎ 或选择【修改】→【变形】→【封套】菜单命令，即可激活封套功能，此时，被选择对象的控制点四周多出来一些圆形的切线手柄，单击并拖动这些控制手柄即可弯曲或扭曲对象，如图3-17所示。

图3-17　封套对象

知识提示　　"扭曲"功能不能修改元件、图元形状、位图、视频对象、声音、渐变对象组；"封套"功能不能修改元件、位图、视频对象、声音、渐变、对象组或文本。若要修改文本，首先要将文本转换为形状对象。

3.2.2　翻转对象

使用"翻转"功能可以水平或垂直翻转选择的对象，其操作比较简单，选择对象后，选择【修改】→【变形】→【垂直翻转】或【水平翻转】菜单命令，如图3-18所示，即可对选择的对象进行相应的翻转。

图3-18　选择翻转命令

3.2.3 合并对象

使用合并对象功能可将在对象绘制模式下绘制的图形合并，在【修改】→【合并对象】菜单命令的子菜单中可选择相关的菜单命令，具体介绍如下。

◎ **联合**：选择该命令，将两个或多个图形合成单个图形。联合后的图形将删除图形之间不可见的重叠部分，保留可见部分，效果如图3-19所示。

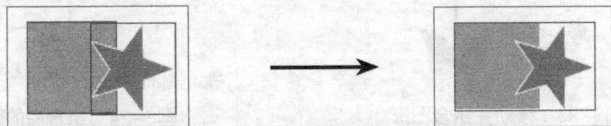

图3-19　联合对象

◎ **交集**：选择该命令，创建两个或多个图像的交集。生成的新图形由图形的重叠部分组成，并使用叠放在最上层的图形的填充和笔触，效果如图3-20所示。

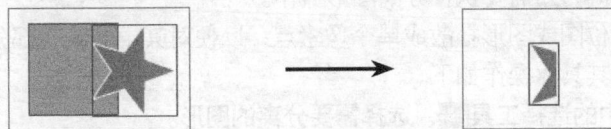

图3-20　交集对象

◎ **打孔**：选择该命令，可以在多个重叠的图形中，将被叠放在最上层的图形覆盖的部分删除。生成的图形保持为独立的对象，不会合并为单个对象，效果如图3-21所示。

图3-21　打孔对象

◎ **裁切**：选择该命令，被叠放在最上面的图形决定裁切区域的形状。最终将保留与最上面的图形重叠的任何下层图形，而删除下层图形的所有其它部分，并完全删除最上面的图形。生成的图形也保持为独立的对象，效果如图3-22所示。

图3-22　裁切对象

3.2.4 组合和分离对象

在Flash中，有时为了对有关的多个图形进行整体操作，需要将其组成一个整体。也可将一个图形分离开来，对其局部进行操作。

1. 组合图形

如果需要对多个对象进行整体的移动或变形可以先将对象组合，然后再进行下一步操作，其具体操作如下。

（1）使用选择工具 ，将花朵部分和其枝叶部分移动到合适的位置，如图3-23所示。

（2）选择【修改】→【组合】菜单命令或按【Ctrl+G】组合键，即可将图形组合成一个整体，如图3-24所示。

图3-23　移动并组合图形

图3-24　组合后的图形

2. 分离图形

使用选择工具框选图形时，会发现始终只能选择整个图形，而不能选择其中的某一部分。若要将组合的图形分离，则需要执行分离图形操作。

分离图形还可将位图或图形打散成单个像素点，以便对其中的某一部分进行编辑。下面讲解分离图形的方法，其具体操作如下。

（1）选择工具面板中的选择工具 ，选择需要分离的图形。

（2）选择【修改】→【分离】菜单命令或按【Ctrl+B】组合键即可分离图形，如图3-25所示。

（3）再次执行分离操作，将图形打散，然后使用选择工具框选图形，会发现图形已被分离为像素点，如图3-26所示。

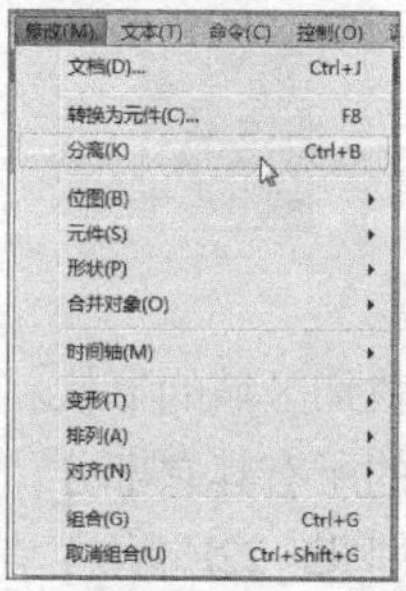

图3-25　选择"分离"菜单命令

图3-26　选择图形

3.2.5　排列和对齐对象

在Flash中，图形依照先后绘制的顺序，或先后出现在舞台中的顺序进行叠加排列，最后出现在舞台中的图形，若与之前的图形重叠，可遮挡住之前的图形。用户可根据需要，更改图形的排列顺序，并可设置两个或多个对象的对齐方式。

1. 排列图形

Flash会根据对象的创建顺序层叠对象，将最新创建的对象放在最上面。对象的层叠顺序决定了它们在重叠时的出现顺序。改变图形重叠顺序的操作很简单，具体介绍如下。

◎ **置于顶层或底层**：选择【修改】→【排列】→【置于顶层】或【置于底层】菜单命令，可以将对象或组移动到层叠顺序的最前或最后。

◎ **上移一层或下移一层**：选择【修改】→【排列】→【上移一层】或【下移一层】菜单命令，可以将对象或组在层叠顺序中向上或向下移动一个位置。

除此之外，在选择对象后，还可单击鼠标右键，在弹出的快捷菜单中选择"排列"命令，在其子菜单中选择相应的排列命令。

2. 对齐图形

使用"对齐"面板可以轻松帮助用户沿水平或垂直轴对齐所选对象。也可以指定对齐对象的边缘或中心。

选择要对齐的对象，选择【修改】→【对齐】菜单命令，或在右侧单击"对齐"面板的■按钮或按【Ctrl+K】组合键，打开对齐面板进行对齐操作，对齐面板如图3-27所示，其中各参数介绍如下。

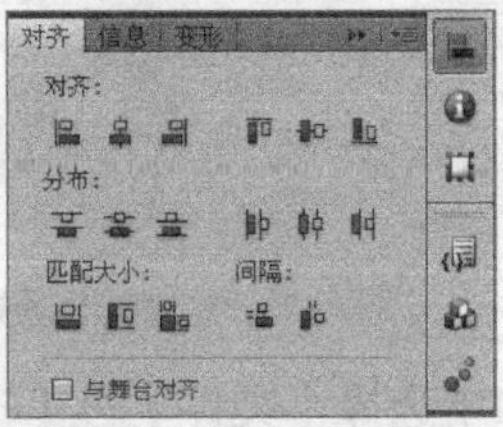

图3-27 "对齐"面板

◎ **对齐**：使选择的对象在某方向上对齐，如"左对齐"和"右对齐"等。

◎ **分布**：使选择对象在水平或垂直方向上，进行不同的对齐分布。

◎ **匹配大小**：单击"匹配宽度"按钮■，在选择的对象中，将以其中宽度最大的对象为基准，在水平方向上等尺寸变形；单击"匹配高度"按钮■，在选择的对象中，将以其中高度最大的对象为基准，在垂直方向上等尺寸变形；单击"匹配宽和高"按钮■，将以所选对象中最大的高和宽为基准，在水平和垂直方向上同时等尺寸变形。

◎ **间隔**：单击"垂直平均间隔"按钮■，所选对象将在垂直方向上间距相等，单击"水平平均间隔"按钮■，所选对象将在水平方向上间距相等。

◎ **与舞台对齐**：单击选中该复选框，表示将以整个场景为标准调整图像位置，使图像相对于舞台左对齐、右对齐或居中对齐等。如果没有选中该复选框，则对齐图形时以各图形的相对位置为标准。

3.2.6 橡皮擦

使用橡皮擦工具 ⊘ 可以擦除图形中绘制不满意的部分，以便重新绘制，可以根据实际情况设置不同的擦除模式获得特殊的图形效果。例如，可以设置为只擦除图形对象某一部分的内容或只擦除图形的外轮廓。

选择橡皮擦工具 ⊘ 后，还可以在工具面板中的选项区域设置橡皮擦模式和橡皮擦形状，如图3-28所示。各种橡皮擦模式的功能如下。

◎ **标准擦除**：系统默认的擦除方式，可同时擦除矢量色块和矢量线条。

图3-28 橡皮擦模式

◎ **擦除填色**：在此模式下，橡皮擦工具只能擦除填充的矢量色块部分。

◎ **擦除线条**：在此模式下，橡皮擦工具只能擦除矢量线条。

◎ **擦除所选填充**：在此模式下，橡皮擦工具只能擦除选择色块区域的线条和色块。

◎ **内部擦除**：在此模式下，橡皮擦工具能擦除封闭图形区域内的色块，擦除的起点必须在封闭图形内，否则不能擦除。

3.2.7　课堂案例2——制作郊外场景

利用前面学过的知识将舞台中的素材合成为一个郊外场景，主要通过任意变形工具，以及旋转、组合、排列等操作来调整，效果如图3-29所示。

素材所在位置	光盘:\素材文件\第3章\课堂案例2\郊外.fla
效果所在位置	光盘:\效果文件\第3章\课堂案例2\郊外.fla
视频演示	光盘:\视频文件\第3章\制作郊外场景.swf

图3-29　"郊外"场景

（1）选择【文件】→【打开】菜单命令，打开"打开"对话框，找到素材文件所在位置，选择素材文件"郊外.fla"，单击 打开(O) 按钮，将其打开，如图3-30所示。

（2）在工具面板中选择任意变形工具 ，选择舞台中的蓝天对象，通过四周出现的控制点，调整该对象使其遮住舞台，如图3-31所示。

图3-30　打开素材文件

图3-31　调整背景

（3）使用同样的方法调整彩虹和草坪的大小，然后将其放置在合适的位置，如图3-32所示。

（4）选择绿色的小草对象，选择【修改】→【变形】→【水平翻转】菜单命令，如图3-33所示，将其水平翻转。

图3-32　调整草坪和彩虹的位置

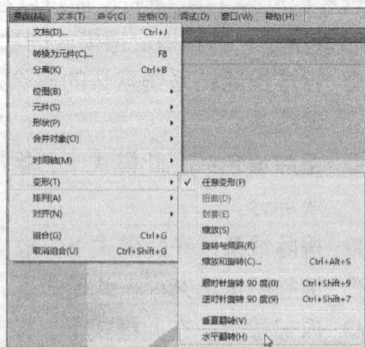

图3-33　选择"水平翻转"菜单命令

（5）将小草移动到草坪上，使用任意变形工具 ⊞ 将小草对象的中心点移动至左下角的控制点上，如图3-34所示。

（6）使用同样的方法，将草坪的中心点也移至左下角的控制点上。

（7）在工具面板中选择选择工具 ▶，按住【Shift】键不放，同时选择草坪和小草对象，在工具面板组中单击"对齐"按钮 ⬜，在打开的面板中单击"左对齐"按钮 ⬜ 和"底对齐"按钮 ⬜，如图3-35所示。

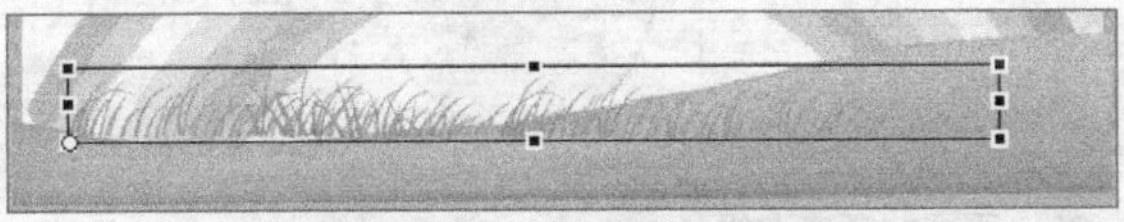

图3-34 改变小草中心点

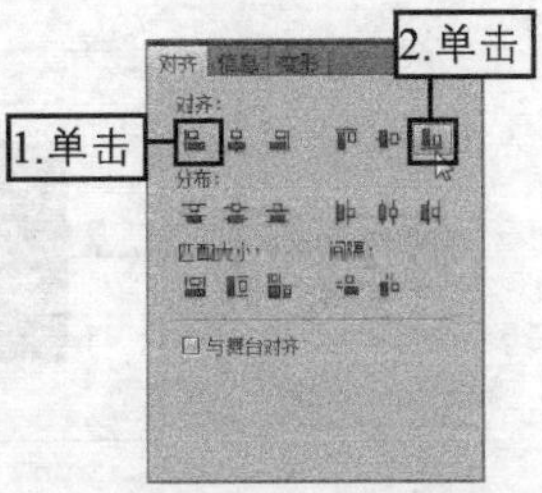

图3-35 单击对齐按钮

（8）使用任意变形工具 ⊞，调整花朵的大小，然后将其移至如图3-36所示的位置。

（9）在花朵上单击鼠标右键，在弹出的快捷菜单中选择【排列】→【下移一层】菜单命令，如图3-37所示，将花朵移至小草对象的下一层。

图3-36 移动花朵的位置

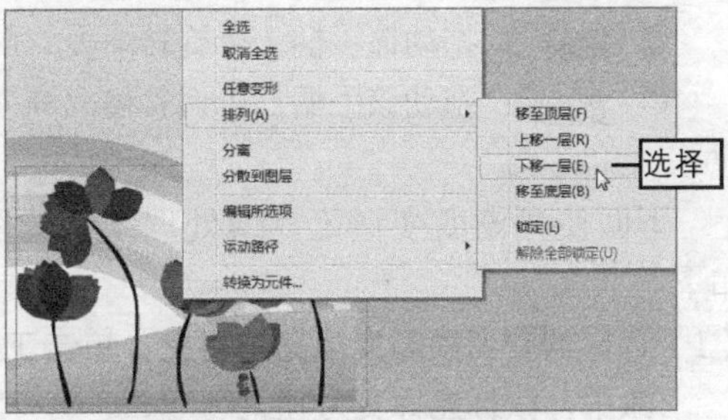

图3-37 选择"下移一层"命令

（10）选择【文件】→【另存为】菜单命令，在打开的对话框中选择保存位置保存即可。

> **行业知识** 由于视觉的关系，人眼看到的同样宽窄的道路、树木等物体，越远的越窄、越小，这是一种透视现象。因此在绘制和调整图形时，应注意图形的透视效果，遵循近大远小，近实远虚的规律，使图形看起来更自然。

3.3 修饰图形对象

除了可编辑对象的形状外，还可修饰其填充，如调整渐变填充、扩展填充和柔化填充边缘等。

3.3.1 渐变变形

渐变变形工具 ▦ 主要用于设置对象填充颜色的方向、范围、位置等，使用渐变变形工具可以将选择对象的填充颜色处理为需要的各种色彩。在任意变形工具 ▦ 上单击鼠标右键，在打开的面板中即可选择渐变变形工具 ▦。

不同类型渐变的渐变控件呈现的状态也不同，图3-38为填充不同渐变类型后，渐变控件的状态。

图3-38 不同的渐变选择

从图中可以发现，径向渐变比线性渐变多了几个控制手柄，下面介绍这些手柄的功能。

◎ **中心点和焦点** ⯐：默认情况下，中心点和焦点都在渐变控件的中心，中心点为圆形，将鼠标光标移至中心点上，当其变为 ✛ 形状时，可单击中心点并拖动，从而改变整个渐变控制点的位置；焦点显示为倒三角形，将鼠标光标移至焦点上，当其变为 ▽ 形状时，可单击焦点并在中间的水平线上拖动，改变焦点的位置。

◎ **缩放** ◦：拖动该手柄，可缩放渐变的范围。

◎ **旋转** ◦：拖动该手柄，可旋转渐变，此手柄在线性渐变中较为常用。

◎ **宽度** ⊡：拖动该手柄，可调整径向渐变的宽度。

下面使用渐变变形工具 ▦ 处理绘制的图形，介绍渐变变形工具的用法，其具体操作如下。

（1）选择需要变换渐变填充的对象，单击工具面板中的渐变变形工具 ▦，将鼠标光标移到对象中，鼠标光标变为 ▷ 形状。

（2）单击要进行填充变形处理的对象，图形的四周出现填充变形的调节柄，如图3-39所示。

（3）通过调节柄对象进行填充色的变形处理，直至达到满意的效果为止，如图3-40所示。

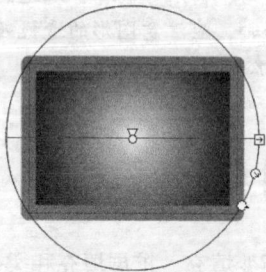

图3-39 选择图形   图3-40 对图形进行填充色的变形处理

3.3.2 将线条转换为填充

线条一般不能使用颜料桶填充，若要将线条转换为填充，选择线条后，选择【修改】→【形状】→【将线条转换为填充】菜单命令，选择的线条转换为填充形状，之后即可使用渐变来填充线条或擦除一部分线条。

3.3.3 扩展填充

要扩展填充对象的形状，在选择对象后，选择【修改】→【形状】→【扩展填充】菜单命令，打开"扩展填充"对话框，如图3-41所示，在该对话框的"距离"文本框中可输入像素值，在"方向"栏中单击选中"扩展"单选项可以放大形状，选中"插入"单选项则缩小形状。

图3-41　"扩展填充"对话框

3.3.4 柔化填充边缘

要柔化对象的边缘，需要选择【修改】→【形状】→【柔化填充边缘】菜单命令，在打开的如图3-42所示的对话框中设置参数进行柔化。

- ◎ **距离**：柔边的宽度（用像素表示）。
- ◎ **步长数**：控制用于柔边效果的曲线数。使用的步长数越大，效果就越平滑。
- ◎ **扩展或插入**：控制柔化边缘时是放大还是缩小形状。

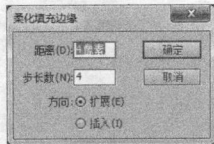

图3-42　"柔化填充边缘"对话框

3.3.5 课堂案例3——制作海滩场景

利用前面学过的知识调整海滩场景，主要通过渐变变形工具调整沙滩上的色彩变幻，效果如图3-43所示。

素材所在位置	光盘:\素材文件\第3章\课堂案例3\海滩.fla
效果所在位置	光盘:\效果文件\第3章\课堂案例3\海滩.fla
视频演示	光盘:\视频文件\第3章\制作海滩场景.swf

图3-43　"海滩"场景

（1）按【Ctrl+O】组合键，打开"打开"对话框，找到素材文件所在位置，选择素材文件，将其打开，如图3-44所示。

（2）在工具面板中选择渐变变形工具，选择蓝色海洋对象，其周围出现3个控制点，如图3-45所示。

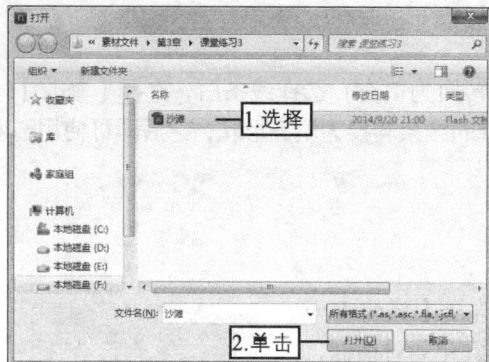

图3-44 打开素材文件

图3-45 选择海洋对象

（3）单击缩放手柄 ⊙ 不放，将其向左调整，再单击宽度手柄 ⊟，将其向下调整，从而调整图形渐变的方向和位置，调整后的效果如图3-46所示。

（4）使用选择工具，选择灰色的沙滩对象，选择【修改】→【形状】→【柔化填充边缘】菜单命令，如图3-47所示。

图3-46 调整渐变

图3-47 选择"柔化填充边缘"菜单命令

（5）打开"柔化填充边缘"对话框，将"距离"设置为6，"步长数"设置为3，然后单击 确定 按钮，如图3-48所示。

（6）按【Ctrl+Shift+S】组合键，打开"另存为"对话框，在其中选择文件保存位置，设置保存名称，然后保存即可。

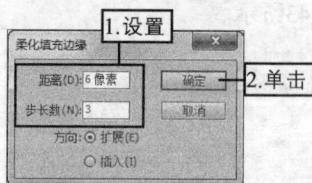

图3-48 设置"柔化填充边缘"参数

行业知识 由于不同设备上颜色的显示程度不一样，特别是渐变色，会产生一些色差。因此，在制作好动画之后，需要在不同的设备上测试，再调整，以减小这种误差。

3.4 课堂练习

本课堂练习将分别制作森林场景和一幅抽象画，综合练习本章学习的知识点，包括选择对象、编辑图形、修饰图形的具体操作。

3.4.1 制作森林场景

1. 练习目标

本练习要求制作一个森林场景，整个场景里除了有树木之外，还应该有一些小动物和植物。在制作时应该注意树木远近的阴影处理，可打开光盘中提供的素材文件进行操作，参考效果如图3-49所示。

图3-49 森林场景

素材所在位置	光盘:\素材文件\第3章\课堂练习\森林.fla
效果所在位置	光盘:\效果文件\第3章\课堂练习\森林.fla
视频演示	光盘:\视频文件\第3章\制作森林场景.swf

2. 操作思路

掌握一定的选择图形和编辑图形的操作后，便可开始设计与制作场景。根据上面的练习目标，本例的操作思路如图3-50所示。

① 选择图形并调整大小和位置    ② 更改图形排列顺序

图3-50 制作森林场景的操作思路

（1）选择【文件】→【打开】菜单命令，打开"打开"对话框，在其中选择素材文件"森林.fla"，将其打开。

（2）由于背景是一张完整的图，因此只需调整背景的大小与舞台大小相符即可。

（3）使用任意变形工具 ，调整精灵和小灌丛木的大小，并将其移动到合适的位置。

（4）选择粉红色的小精灵，单击鼠标右键，在弹出的快捷菜单中选择【排列】→【下移一层】菜单命令，下移一层。

（5）使用同样的方法再次将粉红色的小精灵下移一层，最后保存文件即可。

3.4.2　制作抽象画

1．练习目标

本练习要求制作一个抽象画，该抽象画要求简洁、干净，并且富于变化。制作时可打开光盘中的素材文件进行操作，参考效果如图3-51所示。

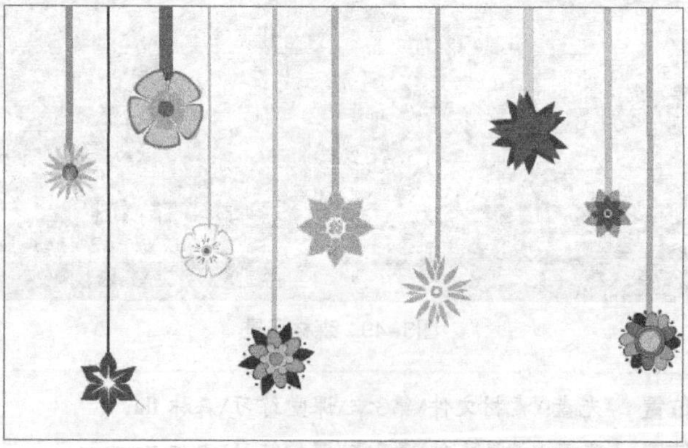

图3-51　抽象画

素材所在位置	光盘:\素材文件\第3章\课堂练习\抽象画.fla
效果所在位置	光盘:\效果文件\第3章\课堂练习\抽象画.fla
视频演示	光盘:\视频文件\第3章\制作抽象画.swf

2．操作思路

在掌握一定的编辑图形和修饰图形的操作后，根据上面的练习目标，本例的操作思路如图3-52所示。

①移动图形位置并调整图形大小　　　　　　②绘制长方形

图3-52　制作抽象画的操作思路

（1）打开素材文件夹中的素材文件"抽象画.fla"。

（2）删除多余的花朵图形对象，然后将花朵移动到舞台中合适的位置，使用任意变形工具 🔧，调整花朵的大小。

（3）使用矩形工具 🔘，禁用笔触，选择不同的颜色绘制长方形，下方与花朵图形相接。

（4）使用任意变形工具 🔧 依次调整长方形的粗细和位置，然后在长方形上单击鼠标右键，在弹出的快捷菜单中选择【排列】→【下移一层】菜单命令。

（5）按【Ctrl+S】组合键保存文件即可。

3.5 拓 展 知 识

在Flash中，选择对象的方式也有多种，并且可通过复制对象来减少工作量；在变形时，还可通过"变形"面板来精确变形。

1. 选择和复制对象

在复制之前需要选择图形，选择图形的方法有多种，具体介绍如下。

◎ **选择单个图形**：选择选择工具 🔺 后，在要选择的图形上单击，即可选择该图形。此时，在对象绘制模式下绘制的图形四周将出现框线，如图3-53所示；在合并模式下绘制的图形呈矢量图选择状态，以点的形式显示，如图3-54所示。

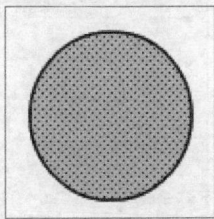

图3-53 对象绘制模式下绘制的圆形   图3-54 合并绘制模式下绘制的圆形

◎ **选择多个图形**：选择选择工具 🔺 后，按住【Shift】键，依次单击要选择的图形，可以选择多个图形，如图3-55所示。

◎ **框选图形**：选择选择工具 🔺 后，在场景中按下鼠标左键不放进行拖动，此时在场景中会出现一个虚线框，框内的图形被选中，如图3-56所示。

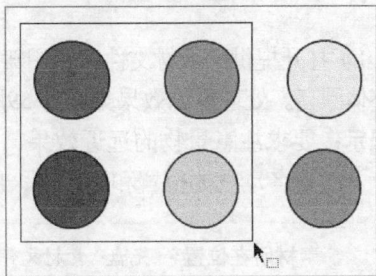

图3-55 选择多个图形   图3-56 框选图形

若一个图形在场景中需要使用多次，可通过复制来快速增加图形数量。复制图形的方法有多种，具体介绍如下。

◎ **使用菜单命令复制**：使用选择工具 ▶，选择需要复制的图形，选择【编辑】→【复制】菜单命令，即可复制，然后选择【编辑】→【粘贴】菜单命令，即可将图形复制到舞台中。

◎ **使用快捷键复制**：使用选择工具 ▶，选择需要复制的图形，按住【Alt】键不放并拖动，即可复制一个图形。

◎ **使用右键菜单复制**：选择要复制的图形，单击鼠标右键，在弹出的快捷菜单中选择"复制"命令，然后将鼠标光标移动到场景中的空白位置，单击鼠标右键，在弹出的快捷菜单中选择"粘贴"命令，也可复制图形。

2. 变形面板

在Flash中可以选择任意变形工具 ▦，对选择的图形变形，也可以通过变形面板，对选择的图形进行精确的变形。在工具组中单击"变形面板"按钮 ▦，或选择【窗口】→【变形】菜单命令，将其打开，如图3-57所示。

在变形面板中可以输入值来缩放、倾斜、旋转对象，从而让选择的图形按照输入的数值，进行精确调整。其中，单击"约束"按钮 ▦ 后，缩放会以等比例的形式进行缩放；单击下方的"重制选区和变形"按钮 ▦，再对图形进行编辑时，程序会自动复制一个图形对象，并对该对象进行编辑，如图3-58所示；单击"取消"按钮 ▦ 或选择【修改】→【变换】→【取消变换】菜单命令，即可取消对图形所做的所有变形操作，前提是保持选择被编辑的图形。

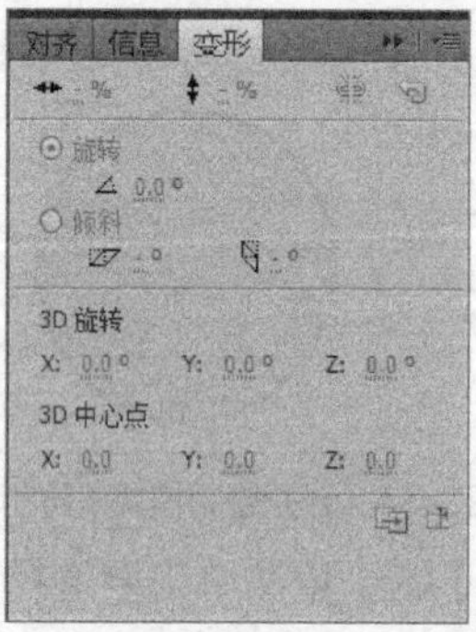

图3-57　变形面板

图3-58　重制选区和变形

3.6 课后习题

（1）打开提供的素材文件，利用舞台中的图形，自己绘制背景元素，要求颜色过渡合理，画面整体漂亮。处理后的效果如图3-59所示。

提示：要求注意景物的远近效果，天空的颜色渐变，以及各个对象的位置和大小。在设置各动物的位置和大小时，应注意各个对象之间的比例。

素材所在位置	光盘:\素材文件\第3章\课后习题\山坡.fla	
效果所在位置	光盘:\效果文件\第3章\课后习题\山坡.fla	
视频演示	光盘:\视频文件\第3章\制作山坡场景.swf	

图3-59 "山坡场景"效果

（2）打开提供的素材文件，调整图形的大小以适应场景，还需要组合和对齐图形，以及改变图形的层叠顺序。参考效果如图3-60所示。

提示： 通过矩形工具绘制背景，通过Deco工具绘制绿叶和松树，通过多角星形工具绘制五角星，并复制五角星和球形素材，然后调整对象大小比例和位置即可。

素材所在位置 光盘:\素材文件\第3章\课后习题\圣诞.fla
效果所在位置 光盘:\效果文件\第3章\课后习题\圣诞.fla
视频演示 光盘:\视频文件\第3章\制作圣诞场景.swf

图3-60 "圣诞场景"效果

（3）打开提供的"沙滩.fla"素材，结合其中的素材图形，制作如图3-61所示的"沙滩"图像效果。

提示：首先画出天空的轮廓，然后填充，再使用渐变变形工具，调整填充效果。绘制大海，然后进行填充和调整，再绘制沙滩。绘制山脉，填充不同的颜色，用以表示山脉不同的明暗变化。使用橡皮擦工具 ✏️，擦出云朵和海鸥，最后将场景中的素材图形放置到合适位置即可。

素材所在位置	光盘:\素材文件\第3章\课后习题\沙滩.fla	
效果所在位置	光盘:\效果文件\第3章\课后习题\沙滩.fla	
视频演示	光盘:\视频文件\第3章\制作沙滩场景.swf	

图3-61 "沙滩"效果

第4章

创建文本

本章将详细讲解Flash CS5创建文本的功能，包括创建不同类型的文本，输入文本以及编辑文本。读者通过学习要能够熟练应用Flash CS5的文本工具创建文本和利用属性面板编辑文本。

学习要点

◎　使用文本工具
◎　编辑文本
◎　文本的分离与变形

学习目标

◎　掌握文本工具的使用方法
◎　掌握编辑文本的操作技巧
◎　熟悉分离与变形文本的操作方法

4.1 使用文本工具

文字是传递信息的直观方式，无论载体如何，文字始终是表达思想、传递信息最简洁有效的手段。在Flash中也可以使用文本工具 T 来输入文字。

4.1.1 文本类型

Flash CS5中有两种不同的文本引擎，一种是新文本引擎——文本布局框架（TLF），另一种是老版本的文本引擎——传统文本。TLF支持更多的义本布局功能，加强了对文本属性的精细控制。与传统文本相比，TLF文本增强了许多文本控制功能。

1. TLF文本类型

TLF文本要求在FLA文件的发布设置中指定ActionScript 3.0和Flash Player 10或更高版本。且与传统文本不同，TLF仅支持OpenType和TrueType字体，不支持PostScript Type 1字体。

Flash CS5默认的文本引擎为TLF，使用TLF文本可创建3种类型的文本块，如图4-1所示。

◎ **只读**：当作为SWF文件发布时，文本无法选择或编辑。

◎ **可选**：当作为SWF文件发布时，文本可以选择并可复制到剪贴板，但不可以编辑。在TLF文本中，此为默认设置。

◎ **可编辑**：当作为SWF文件发布时，文本可以选择和编辑。

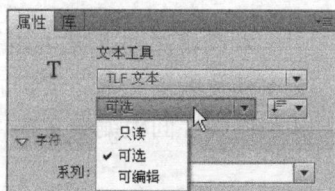

图4-1 TLF文本类型

2. 传统文本类型

使用传统文本也可创建三种类型的文本块，如图4-2所示。

◎ **静态文本**：在舞台中输入的文字是静态的，可以对文本格式执行各种操作。

◎ **动态文本**：可链接显示外部来源的文本，通过程序从文件、数据库中加载文本内容，或者让其在动画播放的过程中改变，如载入条上显示百分比的数字。

◎ **输入文本**：用户可以在文本字段中键入内容，如登录框，可输入用户名和密码。

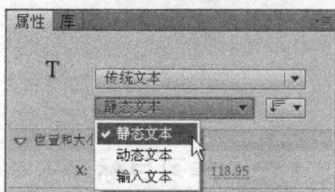

图4-2 传统文本类型

4.1.2 输入文本

在输入中文文本之前需要先选择"显示亚洲文本选项"选项和"显示从右至左选项"选项，其操作方法为：在工具面板中选择文本工具 T ，在"属性"面板的标题栏上，单击右上角的"快捷菜单"按钮 ，在打开的下拉列表中选择需要显示的选项，使选项前出现勾标记即可，如图4-3所示。

使用文本工具输入文本的具体操作如下。

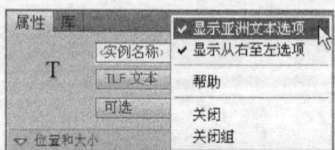

图4-3 显示亚洲文本和从右至左选项

（1）在工具面板中选择文本工具 T，在其属性面板的"文本引擎"列表中选择一种文本引擎，这里选择"传统文本"选项。

（2）在其下的文本类型列表框中选择一种文本类型，这里选择"静态文本"选项。

（3）单击其右侧的"改变文本方向"按钮，在打开的列表中选择一种文本方向，这里保持选择默认的"水平"选项，如图4-4所示。

（4）在舞台上需要输入文本的起始位置单击，即可创建文本输入框，在其中输入文本即可，如图4-5所示。

图4-4　设置文本类型和方向　　　　图4-5　输入文本

创建文本后，选择文本容器中的文本，在其相应的属性面板的"段落"栏中可设置文本的对齐方式、上下边距、缩进、行距，如图4-6所示。其中，对齐方式包括左对齐、右对齐、居中对齐、两端对齐。

图4-6　"段落"栏

知识提示　要创建定宽（对于水平文本）或定高（对于垂直文本）的文本字段，将文本插入点定位到文本的起始位置，然后拖到所需的宽度或高度。

4.1.3　滚动文本

在Flash中可创建能在文本容器中滚动的文字，在不改变文本容器占位的情况下，可输入更多的文本。可拖动文本容器侧面的滚动条来显示未显示完全的文字内容。在 Flash 中创建滚动文本有以下几种方法。

◎ **使用菜单命令：** 使用选择工具，选择动态文本字段，然后选择【文本】→【可滚动】菜单命令。文本容器右下角的控制手柄将从空心方形变为实心方形，如图4-7所示，此时文本从不可滚动状态转换为可滚动状态。

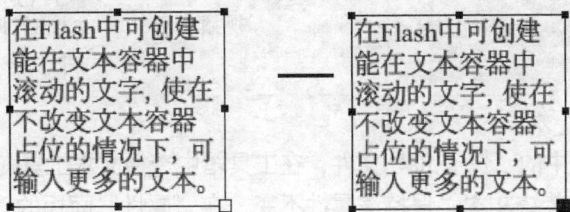

图4-7　使用菜单命令更改滚动

◎ **使用组件**：向文本字段添加ActionScript 3.0的UIScrollbar组件以使其滚动（将在第11章讲解）。

◎ **使用ActionScript 3.0脚本**：在ActionScript 3.0中，使用TextField类的scrollH和scrollV属性（将在第10章讲解）。

4.1.4 溢流文本

使用不同的文本引擎输入的文本，其编辑方式也有不同。与传统文本不同，在TLF中随着文本的增多，文本框并不会随之改变。若出现溢流文本，即文本框已无法装下文字的情况，其文本框右下角会出现田符号，如图4-8所示。

单击该符号，当鼠标光标变为形状时，将鼠标光标移至空白位置，按住鼠标左键不放并拖动鼠标可绘制一个TLF文本框，这两个文本框将自动链接起来，且第一个文本框中的溢流文本将自动排列到第二个文本框中，如图4-9所示。

若已存在一个空白的TLF文本框，单击田符号后，将鼠标光标移至该空白文本框中，当鼠标光标变为形状时，单击鼠标左键，即可链接这两个文本框。

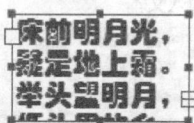

图4-8　有溢流文本的TLF文本框　　　　　图4-9　链接TLF文本框

知识提示　　　　在被链接的文本框上，双击其左上角的按钮，可取消两个TLF文本框之间的链接。

4.1.5 课堂案例1——制作贺卡

根据前面所讲的知识，制作新年贺卡。图像的背景已经绘制完成，只需使用文本工具在文件中输入文字，并设置相应的格式即可，效果如图4-10所示。

素材所在位置	光盘:\素材文件\第4章\课堂案例1\贺卡.fla
效果所在位置	光盘:\效果文件\第4章\课堂案例1\贺卡.fla
视频演示	光盘:\视频文件\第4章\制作贺卡.swf

图4-10　"贺卡"效果

（1）打开素材文件夹中的"贺卡.fla"文件，在工具箱中选择文本工具T。

（2）文本工具默认为传统文本，保持该属性不变，在"属性"面板的"字符"栏中，设置文本的格式。其中，字体为"楷体"，字号为"37点"，文字颜色为"#FF0000"，如图

4-11所示。

（3）将鼠标光标移至舞台中，当鼠标光标变为┼形状时，在舞台中按住鼠标左键不放并拖动绘制文本框，在文本框中输入文本"祝："，如图4-12所示。

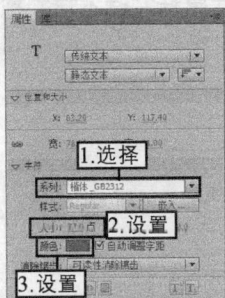

图4-11 设置文本格式

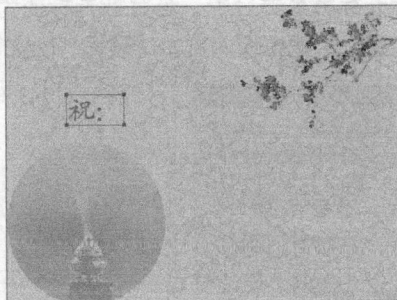

图4-12 绘制文本框并输入文本

（4）将鼠标光标移至其他位置，当鼠标光标再次变为┼形状时，按住鼠标左键不放并拖动，继续绘制文本框，输入文本"新年快乐，大吉大利！"，如图4-13所示。

（5）将鼠标光标移至文本框右下角的控制柄上，当鼠标光标变为↔形状时，按住鼠标左键不放并向右拖动，调整文本框形状，使文字显示在一行内，如图4-14所示。

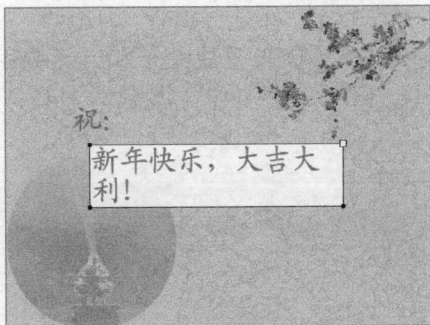

图4-13 继续输入文本

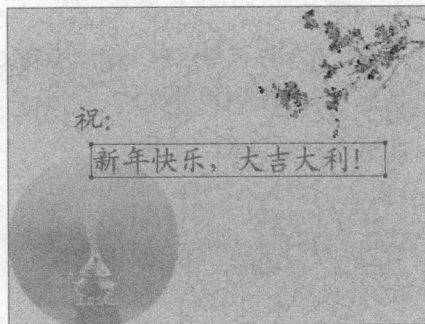

图4-14 调整文本框形状

（6）在工具面板中选择选择工具，单击输入的文本框，调整文本框位置。最后选择【文件】→【另存为】菜单命令，保存文件即可。

4.1.6 课堂案例2——制作邀请卡

根据素材文件中提供的"邀请卡.fla"素材，制作婚礼邀请卡。主要利用TLF文本输入和编辑文本，效果如图4-15所示。

图4-15 "邀请卡"效果

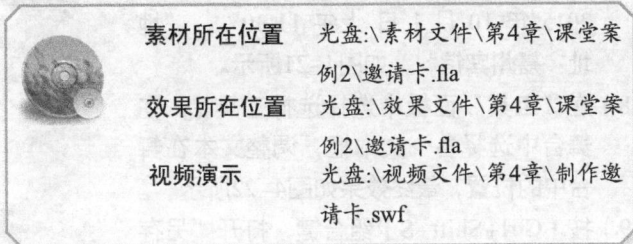

素材所在位置	光盘:\素材文件\第4章\课堂案例2\邀请卡.fla
效果所在位置	光盘:\效果文件\第4章\课堂案例2\邀请卡.fla
视频演示	光盘:\视频文件\第4章\制作邀请卡.swf

（1）打开素材文件中的"邀请卡.fla"文件，在工具箱中选择文本工具 T 。

（2）在文本工具的"属性"面板中，单击文本引擎下拉按钮 ，在打开的列表中选择"TLF文本"选项，如图4-16所示。

（3）将鼠标光标移至舞台中，当鼠标光标变为 形状时，按住鼠标左键不放并拖动，绘制文本框，在文本框中输入文本"敬邀"，如图4-17所示。

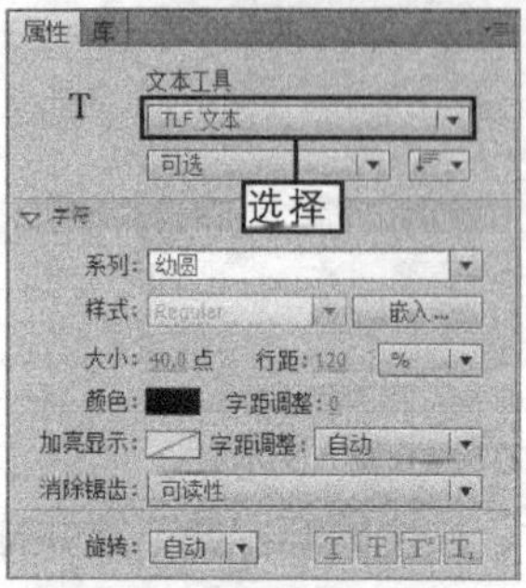

图4-16　选择文本引擎

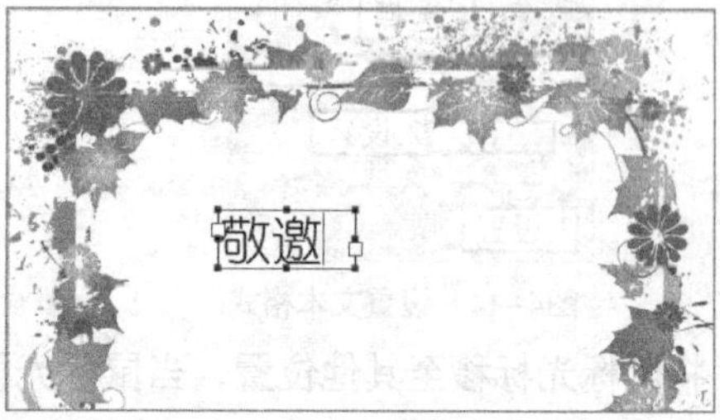

图4-17　输入文本

（4）选择输入的文本，在"属性"面板的"字符"栏的"系列"下拉列表中选择"幼圆"选项，将字体设置为"幼圆"，设置字号为"25点"，字体颜色为"#FF6600"，如图4-18所示。

（5）将鼠标光标移至舞台中，继续绘制文本框，并输入文本"参加 豆豆女士 和 毛毛先生 的婚礼"，如图4-19所示。

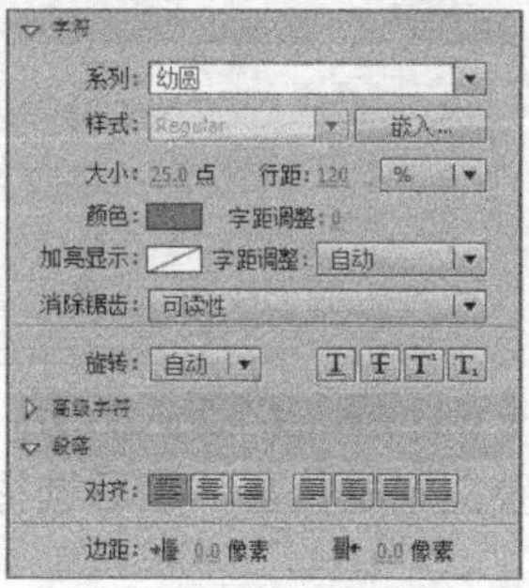

图4-18　设置文本属性

图4-19　继续输入文本

（6）选择输入的文本，在"属性"面板的"字符"栏中将文本的字号设置为"18点"。在舞台中单击文本框右下角的控制柄，调整文本框的大小，使文本框中的文字显示在一行内，效果如图4-20所示。

（7）继续在文本框中输入文本"时间：公历2015 年 10 月 1 日 上午 11:30"，"地址：嘉州宾馆"，如图4-21所示。

（8）在"工具"面板中选择选择工具 ，在舞台中选择各个文本框，调整文本在舞台中的位置，最终效果如图4-22所示。

（9）按【Ctrl+Shift+S】组合键，打开"另存为"对话框，保存文件即可。

图4-20　调整字号和文本框

图4-21　输入时间与地点　　　　　　　　图4-22　调整文本位置

4.2　编辑文本

在输入文本后，经常需要设置文本的格式，如字体、字号、颜色、段落的对齐、缩进、行间距等。除此之外，还需要进行其他一些编辑操作，如消除锯齿等，使文本最大限度地保持清晰。

4.2.1　设置文本属性

在输入文本后，通常需要设置文本的字号、字体、颜色、样式等，使文本变得美观。还可通过微调，如调整字母间距和字符位置等，使文本呈现别具一格的风格。对于大段落的文字，还需设置段落的对齐、边距、缩进、行距。

1．设置文字样式

使用选择工具选择需要设置样式的文本，在"属性"面板的"字符"栏即可设置文字的样式，如图4-23所示，常用功能介绍如下。

◎ **系列**：选择设置文字所用的字体，只要安装在计算机中的字体都可显示在该列表中，但是_sans、_serif、_typewriter、设备字体只能用于静态水平文本。

◎ **大小**：设置右侧的点值，可指定字体的大小。

◎ **样式**：可选择粗体或斜体等字体样式。

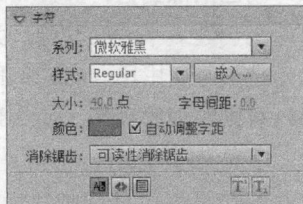

图4-23　"字符"栏

> **操作技巧**　如果所选字体不包括粗体或斜体样式，则在菜单中将不显示该样式。可以从【文本】→【样式】→【仿粗体】/【仿斜体】菜单命令中选择。

◎ **消除锯齿**：在其中可选择一种字体呈现方法以优化文本。

◎ **颜色**：单击右侧的色块，可在打开的列表中设置字体颜色。

◎ **自动调整字距**：使用字体的内置字距调整信息，自动调整字距。

◎ **上标和下标**：若要指定上标或下标字符位置，可单击"切换上标"按钮T或"切换下标"按钮T。默认位置是"正常"。

设置文本颜色时，只能使用纯色，而不能使用渐变。要对文本应用渐变，应先分离文本，将其打散为图形，再进行渐变填充。

2. 设置段落

对于大段的文本段落或句子，可设置段落的格式，以使整个版面看起来更加美观。在"属性"面板的"段落"栏中即可设置，如图4-24所示。常用的设置功能介绍如下。

◎ **格式**：可设置选择段落的整体格式，包括左对齐、居中对齐、右对齐、两端对齐。

◎ **间距**：在其左侧的"缩进"按钮 右侧输入点值，可调整段落的首行缩进；在右侧的"行距"按钮 右侧输入点值，可调段落相邻行的间距，对于垂直文本，行距将调整各个垂直列之间的距离。

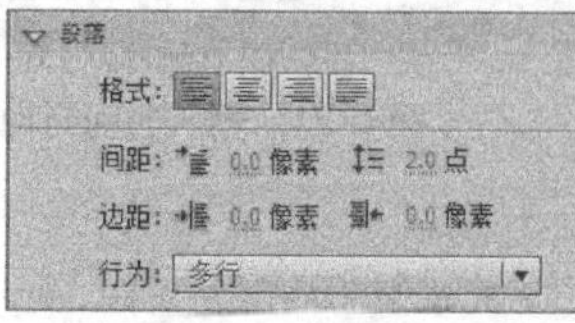

图4-24 "段落"栏

◎ **边距**：边距决定了文本字段的边框与文本的间隔，可设置左边距和右边距。

4.2.2 消除文字锯齿

使用消除锯齿功能使文本的边缘变得平滑，对于较小的字体大小尤其有效。选择文本后，在其"属性"面板的"字符"栏的"消除锯齿"下拉列表中可选择几种不同的消除文字锯齿的方式，如图4-25所示，分别介绍如下。

◎ **使用设备字体**：指定SWF文件使用本地计算机上安装的字体来显示字体。

◎ **位图文本**（无消除锯齿）：关闭消除锯齿功能，不对文本提供平滑处理。

◎ **动画消除锯齿**：通过忽略对齐方式和字距微调信息来创建更平滑的动画。为提高清晰度，应在指定此选项时使用10点或更大的字号。

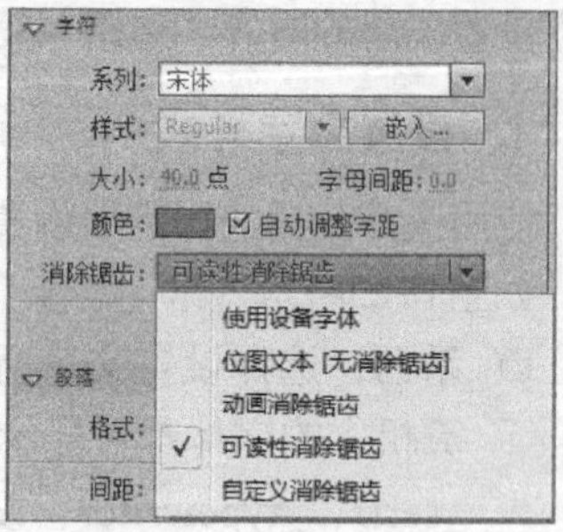

图4-25 消除锯齿选项

◎ **可读性消除锯齿**：使用Flash文本呈现引擎来改进字体的清晰度，特别是较小字体的清晰度。如果要对文本设置动画效果，则不能使用此选项，而应使用"动画消除锯齿"。

◎ **自定义消除锯齿**：可以修改字体的属性。使用"清晰度"可以指定文本边缘与背景之间过渡的平滑度；使用"粗细"可以指定字体消除锯齿转变显示的粗细。

在Flash中使用较小的文本时需注意以下几点。（1）San serif文本在小字体时要比serif文本显示得更清楚。（2）某些类型的样式（如粗体）会降低较小文本的清晰度。（3）在某些情况下，文本会比其它应用程序中相同点值的文本显得略小。

4.2.3 为文本添加超链接

使用文本工具选择需要添加超链接的文本，在"属性"面板的"选项"栏的"链接"文本框中，输入文本字段要链接到的URL地址即可。

在"链接"地址栏下方的"目标"下拉列表中有4种链接选项，如图4-26所示，具体介绍如下。

◎ _blank：在新窗口中打开网页。

◎ _self：在本窗口或本框架中打开网页。

◎ _parent：在父窗口中打开网页，常在有框架的网页中应用。

◎ _top：在整个浏览器窗口中打开链接网页，并删除所有的框架结构。

图4-26 "选项"栏

4.2.4 滤镜的基本操作

输入文本后，可为文本添加滤镜，对象每添加一个新的滤镜，在"属性"面板中，就会将其添加到该对象所应用滤镜的列表中。

在Flash中可以对一个对象应用多个滤镜，也可以删除以前应用的滤镜。除了文本，还能将滤镜应用到按钮和影片剪辑对象上。

1. 应用或删除滤镜

应用和删除滤镜的方法比较简单，选择需要应用滤镜的文本，执行以下操作即可。

◎ **应用滤镜**：单击"添加滤镜"按钮，然后在打开的列表中选择一种滤镜，如图4-27所示。

◎ **删除滤镜**：从已应用滤镜的列表中选择要删除的滤镜，然后单击"删除滤镜"按钮，如图4-28所示。

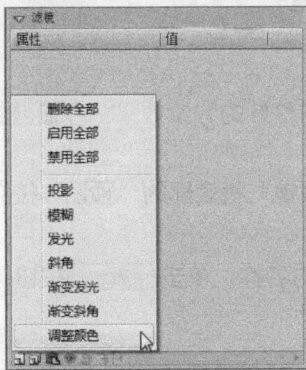

图4-27 添加滤镜   图4-28 删除滤镜

2. 复制和粘贴滤镜

若要对多个对象应用同一种设置好的滤镜，可直接复制并粘贴滤镜，从而提高工作效率，复制和粘贴滤镜的方法介绍如下。

◎ **复制滤镜**：选择要复制滤镜的对象，然后在其"属性"面板的"滤镜"栏中，选择要复制的滤镜，并单击该栏底部的"剪贴板"按钮，从打开的列表中选择"复制所选"选项，如图4-29所示。若要复制所有滤镜，可选择"复制全部"命令。

◎ **粘贴滤镜**：选择要应用滤镜的对象，单击"滤镜"栏底部的"剪贴板"按钮 ，然后从打开的列表中选择"粘贴"选项即可，如图4-30所示。

图4-29　复制滤镜

图4-30　粘贴滤镜

3. 启用或禁用滤镜

在"滤镜"栏的列表中，选择滤镜后，单击该栏底部的"启用或禁用滤镜"按钮 ，单击相应滤镜名称旁的启用或禁用图标，如图4-31所示。

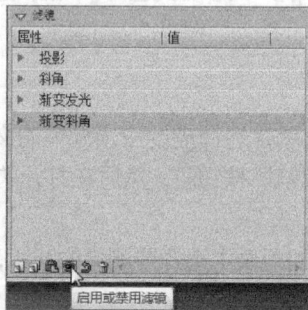

图4-31　启用或禁用滤镜

4. 为对象应用存储滤镜

在为对象应用存储的滤镜前，需要在Flash中存入调整好的滤镜效果。存储滤镜的操作步骤如下。

（1）选择需要将滤镜效果存储为预设的文字，单击"滤镜"栏底部的"预设"按钮 ，在打开的列表中选择"另存为"命令，如图4-32所示。

（2）打开"将预设另存为"对话框，在其中输入预设的名称，单击 确定 按钮，如图4-33所示。

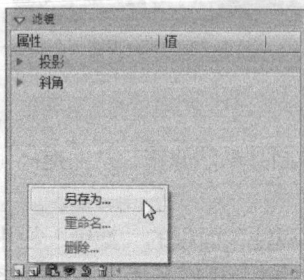

图4-32　选择"另存为"命令

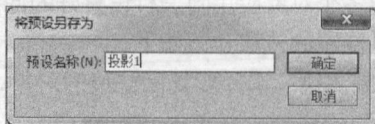

图4-33　存储滤镜

存储好滤镜之后，即可对其他对象应用存储好的滤镜。选择要应用滤镜预设的对象，在"滤镜"栏底部单击"预设"按钮，在打开的列表中选择存储的滤镜即可，如图4-34所示。

图4-34 应用预设滤镜

将滤镜预设应用于对象时，Flash 会将当前应用于所选对象的所有滤镜替换为该预设中使用的滤镜。

4.2.5 设置滤镜效果

为对象添加滤镜之后，还需要调整滤镜的参数，以使滤镜效果符合制作要求。Flash的滤镜包括投影、模糊、发光、斜角、渐变发光、渐变斜角、调整颜色等，下面对各个滤镜进行介绍。

1. 应用投影滤镜

投影滤镜模拟对象投影到一个表面的效果。选择要应用投影的对象，在"属性"面板的"滤镜"栏中，单击"添加滤镜"按钮，在打开的列表中选择"投影"选项，即可添加投影滤镜，其参数如图4-35所示。其中各参数介绍如下。

◎ "模糊X"和"模糊Y"：设置投影的宽度和高度。

◎ 强度：设置阴影暗度，数值越大，阴影越暗。

◎ 品质：设置投影的质量级别。设置为"高"则近似于高斯模糊，设置为"低"可以实现最佳回放性能。

◎ 角度：设置阴影的角度，输入数值调整阴影方向。

◎ 距离：设置阴影与对象之间的距离。

◎ 挖空：挖空源对象，并在挖空图像上只显示投影。

◎ 内阴影：在对象边界内应用阴影。

◎ 隐藏对象：隐藏对象并只显示其阴影，可以更轻松地创建逼真的阴影。

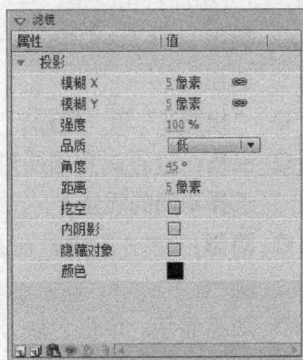

图4-35 投影滤镜

◎ 颜色：可打开颜色选择器设置阴影颜色。

2. 应用模糊滤镜

模糊滤镜可以柔化对象的边缘和细节，选择要应用模糊的对象，在"属性"面板的"滤

镜"栏中单击"添加滤镜"按钮，在打开的列表中
选择"模糊"选项，即可添加模糊滤镜，其参数如图
4-36所示。其中各参数介绍如下。

◎ "模糊X"和"模糊Y"：设置模糊的宽度和高
度。

◎ 品质：选择模糊的质量级别。设置为"高"则
近似于高斯模糊，设置为"低"可以实现最佳
的回放性能。

图4-36 模糊滤镜

3. 应用发光滤镜

使用发光滤镜，可以为对象的周边应用颜色。选择要应用发光的对象，在"属性"面板的
"滤镜"栏中单击"添加滤镜"按钮，在打开的列表中选择"发光"选项，即可添加发光滤
镜，其参数如图4-37所示。其中各参数介绍如下。

◎ "模糊X"和"模糊Y"：设置发光的宽度和高度。

◎ 颜色：打开颜色选择器设置发光颜色。

◎ 强度：设置发光的清晰度。

◎ 挖空：挖空源对象并在挖空图像上只显示发光。

◎ 内发光：在对象边界内应用发光。

◎ 品质：选择发光的质量级别。设置为"高"则近似
于高斯模糊，设置为"低"可以实现最佳的回放
性能。

图4-37 发光滤镜

4. 应用斜角滤镜

应用斜角就是向对象应用加亮效果，使其看起来凸出于背景表面。选择要应用斜角的对
象，在"属性"面板的"滤镜"栏中单击"添加滤镜"按钮，在打开的列表中选择"斜角"
选项，即可添加斜角滤镜，其参数如图4-38所示。其中各参数介绍如下。

◎ 类型：设置斜角的类型，在右侧的列表中可选择"内侧""外侧""全部"3个
选项。

◎ "模糊X"和"模糊Y"：设置斜角的宽度和高度。

◎ 品质：设置斜角的质量级别，针对不同的对象可
选择不同的级别。

◎ 阴影：单击色块，在打开的列表中可选择阴影
颜色。

◎ 加亮显示：单击色块，从打开的调色板中可选择
斜角的加亮颜色。

◎ 强度：设置斜角的不透明度而不影响其宽度。

◎ 角度：更改斜边投下的阴影角度。

◎ 距离：定义斜角的宽度。

◎ 挖空：挖空源对象并在挖空图像上只显示斜角。

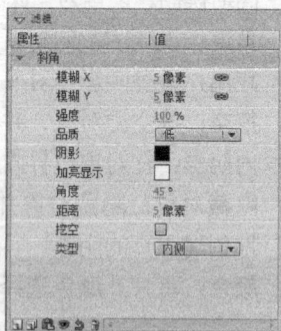

图4-38 斜角滤镜

5. 应用渐变发光滤镜

应用渐变发光，可以在发光表面产生带渐变颜色的发光效果。渐变发光要求渐变开始处颜色的Alpha值为0，即透明度为0。不能移动此颜色的位置，但可以改变该颜色。

选择要应用渐变发光滤镜的对象，在"属性"面板的"滤镜"栏中单击"添加滤镜"按钮 ，在打开的列表中选择"渐变发光"选项，即可添加渐变发光滤镜，其参数如图4-39所示。其中各参数介绍如下。

◎ **类型**：在其列表中选择要为对象应用的发光类型。

◎ **"模糊X"和"模糊Y"**：设置发光的宽度和高度。

◎ **强度**：设置发光的不透明度而不影响其宽度。

◎ **角度**：更改发光投下的阴影角度。

◎ **距离**：设置阴影与对象之间的距离。

◎ **挖空**：挖空源对象并在挖空图像上只显示渐变发光。

◎ **渐变**：指定发光的渐变颜色。渐变包含两种或多种可相互淡入或混合的颜色，选择的渐变开始颜色称为Alpha颜色。

◎ **品质**：选择渐变发光的质量级别。设置为"高"则近似于高斯模糊，设置为"低"可以实现最佳的回放性能。

要更改渐变中的颜色，可单击"渐变"右侧的色块，打开渐变定义栏，单击颜色滑块，在打开的颜色列表中选择一种颜色，如图4-40所示。滑动这些颜色色块，可以调整该颜色在渐变中的级别和位置。

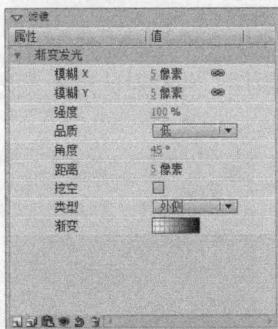

图4-39　渐变发光滤镜　　　　　图4-40　更改渐变颜色

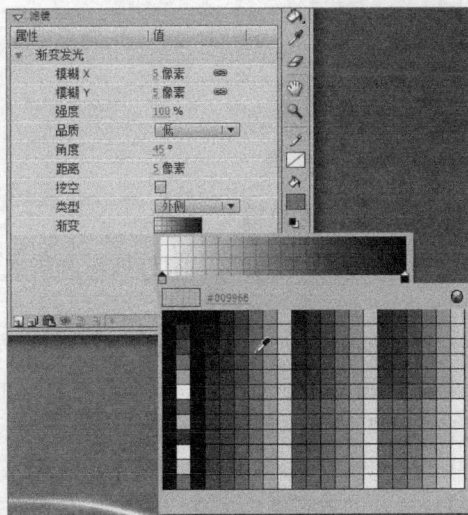

操作技巧　　要向渐变中添加颜色滑块，可将鼠标光标移至渐变栏中，当鼠标光标变为 形状时，单击即可。要创建多达15种颜色的渐变，需添加15个颜色滑块。若要删除颜色滑块，可将其向下拖离渐变定义栏。

6. 应用渐变斜角滤镜

应用渐变斜角可以产生一种凸起效果，使得对象看起来好像从背景上凸起，且斜角表面有渐变颜色。渐变斜角要求渐变的中间有一种颜色的Alpha值为0，即透明度为0。

选择要应用渐变斜角滤镜的对象，在"属性"面板的"滤镜"栏中单击"添加滤镜"按钮，在打开的列表中选择"渐变斜角"选项，即可添加渐变斜角滤镜，其参数如图4-41所示。其中各参数介绍如下。

◎ **类型**：选择要为对象应用的斜角类型。

◎ **"模糊X"和"模糊Y"**：设置斜角的宽度和高度。

◎ **强度**：影响斜角的平滑度而不影响其宽度。

◎ **角度**：设置光源的角度。

◎ **挖空**：挖空源对象并在挖空图像上只显示渐变斜角。

◎ **渐变**：斜角的渐变颜色。渐变包含两种或多种可相互淡入或混合的颜色。中间的滑块控制渐变的Alpha颜色，如图4-42所示。可以更改Alpha的颜色，但是无法更改该颜色在渐变中的位置。

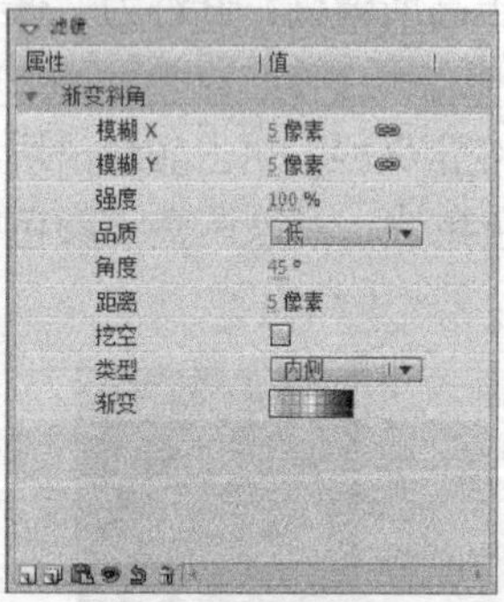

图4-41　渐变斜角滤镜

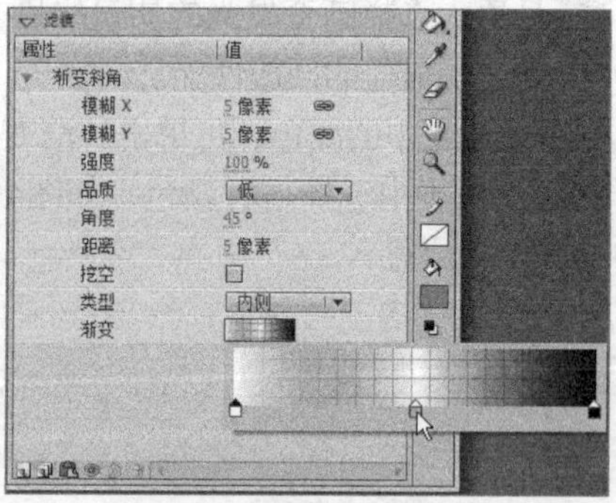

图4-42　更改渐变颜色

7. 应用调整颜色滤镜

使用"调整颜色"滤镜可以很好地控制所选对象的颜色属性，包括对比度、亮度、饱和度、色相。

选择要应用调整颜色滤镜的对象，在"属性"面板的"滤镜"栏中单击"添加滤镜"按钮，在打开的列表中选择"调整颜色"选项，即可添加调整颜色滤镜，其参数如图4-43所示。其中各参数介绍如下。

◎ **对比度**：调整图像的加亮、阴影及中调。

◎ **亮度**：调整图像的亮度。

◎ **饱和度**：调整颜色的强度。

◎ **色相**：调整颜色的深浅。

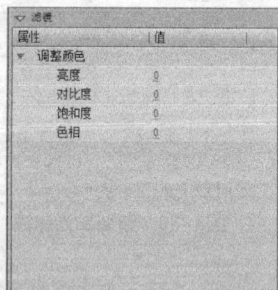

图4-43　调整颜色滤镜

操作技巧　　要使滤镜中的参数恢复到原始状态，可单击"滤镜"栏底部的"重置滤镜"按钮。

4.2.6　课堂案例3——制作公益广告

根据本节学习的设置文本属性，设置段落超链接，以及添加文本超链接等知识，制作"光盘"公益广告，效果如图4-44所示。

素材所在位置	光盘:\素材文件\第4章\课堂案例3\公益广告.fla
效果所在位置	光盘:\效果文件\第4章\课堂案例3\公益广告.fla
视频演示	光盘:\视频文件\第4章\制作公益广告.swf

图4-44　制作公益广告

（1）选择【文件】→【打开】菜单命令，打开"打开"对话框，在其中选择素材文件夹中的"公益广告.fla"，将其打开。

（2）在工具面板中选择文本工具 T，在属性面板中，将文本引擎设置为TLF文本，在舞台中盘子的上方绘制文本框，并输入文本"谁知盘中餐，粒粒皆辛苦。"

（3）拖动鼠标选择输入的文本，在属性面板中展开"字符"栏，在"系列"下拉列表框中设置字体为"方正特雅宋_GBK"，文字大小为"28.0点"，颜色为"白色"，如图4-45所示。

（4）在舞台中的文本框右下角的控制柄上按住鼠标右键不放并拖动，使文字全部显示在一行内，然后释放鼠标，效果如图4-46所示。

图4-45　设置文本属性

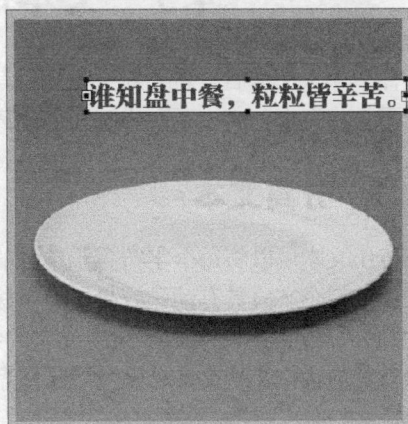

图4-46　调整文本框

（5）在空白处单击，取消选中文本框。在盘子的下方绘制文本框，输入文本"光盘行动，从我做起。"。

（6）选择文本，在"字符"栏中将文字大小设置为"17.0"，在舞台中单击文本框右下角的控制柄，使文本显示在一行内，然后在空白处单击取消选择文本框，效果如图4-47所示。

（7）在舞台中刚输入的文字下方继续绘制文本框，并输入文本"慈善活动"。选择输入的文本，将其文字大小设置为"10.0点"，颜色设置为"#FF0000"。

（8）保持文本的选中状态，在属性面板中单击"高级字符"前的三角按钮▷，将该栏展开，然后在"链接"文本框中输入链接地址"www.cishanhuodong.com"，在"目标"下拉列表框中选择"_self"选项，如图4-48所示。

（9）在工具面板中选择选择工具，调整舞台中文本的位置，最终效果如图4-49所示。

（10）选择【文件】→【另存为】菜单命令，在打开的对话框中保存文件即可。

图4-47　继续输入文本　　　　图4-48　设置超链接　　　　图4-49　调整文本的位置

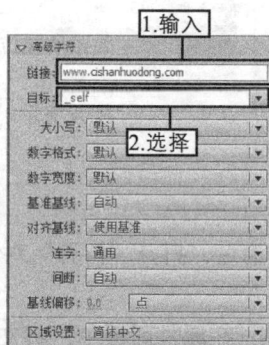

> **行业知识**　文字的位置和大小应当符合整体的需求，分清画面主次，不能有视觉上的冲突，若不是网页地址等内容，就不要将文字放在画面的边角上。

4.3　文本的分离与变形

在文件中输入文本后，若要对文本进行其他操作，如为文本添加边框，或者在文本中填充图案等，可先将文本分离。下面讲解如何分离与变形文本。

4.3.1　分离文本

分离传统文本可以将每个字符置于单独的文本字段中，并且可以快速将文本字段分布到不同的图层，使每个字段具有动画效果。但可滚动传统文本字段中的文本不能分离。

除此之外，还可将文本转换为组成它的线条和填充，以将文本作为图形对其执行改变形状、擦除及其他操作。将文本转换为图形线条和填充后，无法再编辑该文本。分离文本的具体操作如下。

（1）使用选择工具单击选择需要分离的文本字段。选择【修改】→【分离】菜单命令，选择文本中的每个字符都会放入一个单独的文本字段中。文本在舞台上的位置保持不变，如图4-50所示。

（2）再次选择【修改】→【分离】菜单命令，可将舞台上的字符转换为形状，如图4-51

所示。

图4-50 一次分离文本　　　　　　　　　　图4-51 二次分离文本

> **操作技巧**　　按【Ctrl+B】组合键可执行一次分离操作，再次按【Ctrl+B】组合键，可继续执行分离操作。使用该组合键也可将文本分离为单个文本字段，或者分离为形状。

4.3.2　文本变形

Flash文字的变形方法与图像对象的变形方法相同，可使用任意变形工具进行变形，也可选择【窗口】→【变形】菜单命令，在打开的"变形"面板中进行变形操作。这里不再赘述。

> **操作技巧**　　对文本局部变形的操作很简单，分离文本后，再选择分离后的单个文本，对其执行变形操作即可。

4.3.3　课堂案例4——制作DM单

将提供的"小孩.jpg"和"鼠标.jpg"图像合成为一个新图像。合成图像时主要通过创建选区，然后编辑选区完成图像的合成操作，效果如图4-52所示。

图 4-52　"DM单"效果

素材所在位置	光盘:\素材文件\第4章\课堂案案\DM单.fla
效果所在位置	光盘:\效果文件\第4章\课堂案案\DM单.fla
视频演示	光盘:\视频文件\第4章\制作DM单.swf

（1）按【Ctrl+O】组合键，打开"打开"对话框，在其中选择需要打开的素材文件"DM单.fla"，将其打开。

（2）在工具面板中选择文本工具 T ，在属性面板中将文本引擎设置为"传统文本"。

（3）将鼠标光标移到舞台中，但鼠标光标变为┼ᴛ形状时，在舞台上方绘制文本框，并输入文本"天天水果"，如图4-53所示。

（4）选择输入的文本，在属性面板的"字符"栏中，设置文本属性，其中系列为"文鼎POP"，大小为"67.0点"，颜色为"#3333FF"。

（5）单击文本框右下角的控制柄不放并拖动，调整文本框大小，使文字显示在一行之内，效果如图4-54所示。

图4-53　输入文本

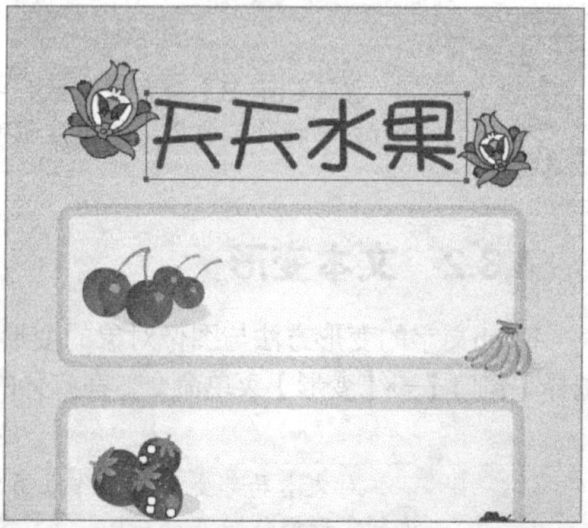

图4-54　设置文字属性

（6）继续选择文字，在属性面板的"滤镜"栏中单击下方的"添加滤镜"按钮，在打开的列表中选择"渐变发光"选项，添加效果如图4-55所示。

（7）在"滤镜"栏中将"渐变发光"的强度调整为"75%"，品质为"高"，角度为"60°"，距离为"8像素"，其他保持默认，如图4-56所示。

图4-55　添加"渐变发光"滤镜

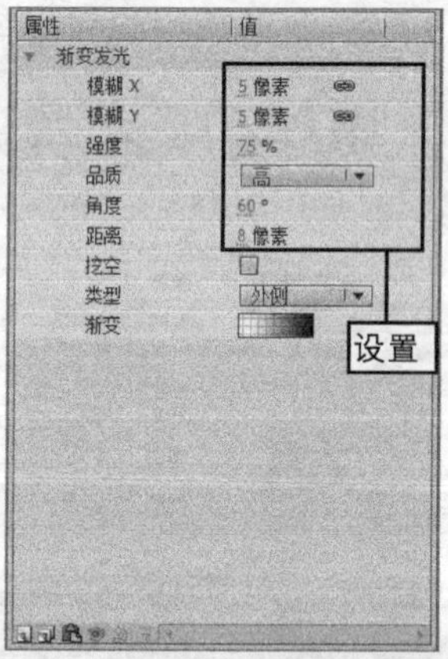

图4-56　调整"渐变发光"参数

（8）调整完成后按两次【Ctrl+B】组合键分离文本，效果如图4-57所示，在空白处单击，退出文字选择状态。

（9）选择文本工具，在属性面板的"字符"栏中将系列设置为"幼圆"，大小设置为"20.0点"，颜色为"#3333FF"，在樱桃右侧绘制文本框输入文本"樱桃：12元/斤"。

（10）按【Enter】键换行，输入"香蕉：6元/斤"，继续换行输入"香梨：10元/斤"，如图
4-58所示。

图4-57 文本设置效果

图4-58 输入价格

（11）在属性面板的"段落"栏中，将鼠标光标移至段落按钮右侧的数值上，当鼠标光标变为
形状时，按住鼠标左键不放并向右拖动，调整行距为"18.0点"，如图4-59所示。

（12）使用同样的方法，在其他白色矩形的位置输入水果的价格，并调整位置，效果如图
4-60所示。

图4-59 调整行距

图4-60 继续输入并调整文本

（13）使用文本工具在DM单左下角输入文本"网站：www.tiantianfruit.com"，然后选择文
本，在"字符"栏中将大小设置为"12.0点"，效果如图4-61所示。

（14）选择网址文本，在"选项"栏的"链接"文本框中输入"www.tiantianfruit.com"，在
"目标"下拉列表中选择"_self"选项，如图4-62所示。

（15）选择【文件】→【另存为】菜单命令，在打开的对话框中设置文件保存位置和文件保存
名称，进行保存。

图4-61　输入网址

图4-62　设置链接

> 在设计文字时，应注意避免文字杂乱无章，选择让人容易识别的字体，让受众快速了解文字所要表达的信息。

行业知识

4.4　课堂练习

本课堂练习分别制作商场活动横幅和环保宣传广告，综合练习本章学习的知识点，巩固文本工具的具体操作。

4.4.1　制作商场活动横幅

1. 练习目标

本练习制作百货商场的中秋活动横幅，主要以思念为主题，要求画面整体干净，烘托月圆人团圆的氛围。制作时可打开光盘中的素材文件进行操作，参考效果如图4-63所示。

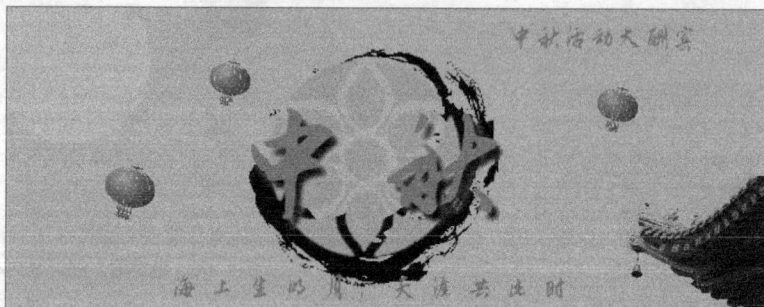

图4-63　商场活动横幅

素材所在位置	光盘:\素材文件\第4章\课堂练习\商场活动横幅.fla
效果所在位置	光盘:\效果文件\第4章\课堂练习\商场活动横幅.fla
视频演示	光盘:\视频文件\第4章\制作商场活动横幅.swf

2. 操作思路

掌握一定的文本输入和滤镜的知识后，可开始设计与制作商场活动横幅，根据上面的练习目标，本例的操作思路如图4-64所示。

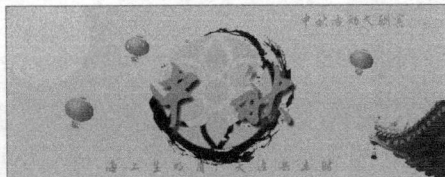

① 输入文字并设置字体和滤镜   ② 添加其他文字

图4-64　制作商场活动横幅的操作思路

在不同类型的文件中，应使用符合主题风格的字体，清晰的字体更能表达诉求。此外，多行文字的行间距不能大于文字的高度，否则看起来会很松散。

行业知识

（1）打开素材文件夹中的"商场活动横幅.fla"文件，在"工具"面板中选择文本工具。

（2）在文档中央输入文本"中秋"，并将文本格式设置为"钟齐志莽行书，120，#FF6600"。

（3）设置文本字母间距为"9.0像素"，并添加"渐变发光"滤镜，设置角度为"50°"，距离为"9像素"。

（4）将文本大小设置为"23.0点"，继续在文件中输入文本"海上生明月，天涯共此时"。

（5）调整文本字母间距为"0像素"，继续输入文本"中秋活动大酬宾"。结束后保存文件。

4.4.2　制作环保宣传广告

1. 练习目标

本练习要求制作环保宣传广告，主要面向大众提倡爱护环境，保护绿色的环保理念。制作时可打开光盘中的素材文件进行操作，参考效果如图4-65所示。

图4-65　环保宣传广告

素材所在位置　光盘:\素材文件\第4章\课堂练习\环保宣传广告.fla
效果所在位置　光盘:\效果文件\第4章\课堂练习\环保宣传广告.fla
视频演示　　　光盘:\视频文件\第4章\制作环保宣传广告.swf

2. 操作思路

掌握文本工具的变形与分离操作后，便可开始设计与制作环保宣传广告，根据上面的练习目标，本例的操作思路如图4-66所示。

① 输入文本并分离　　　　　　　　　　② 变形分离后的文字

图4-66　制作环保宣传广告的操作思路

（1）打开素材文件"环保宣传广告.fla"，在工具面板中选择文本工具 T 。

（2）在属性面板的"字符"面板中将字体设置为"方正特雅宋_GBK"，字号为"40.0点"，颜色为"#000099"。

（3）在舞台以外绘制文本框，输入文本"保护环境"和"人人有责"，并按两次【Ctrl+B】组合键将其分离。

（4）拖动鼠标框选择"保"字，单击鼠标右键，在弹出的快捷菜单中选择"任意变形"命令，然后按住【Ctrl】键不放，单击控制柄并拖动，变形文字。

（5）使用同样的方法调整其他几个文字的变形效果，然后选择"保护环境"，按【Ctrl+G】组合键，组合文字。并使用同样的方法组合"人人有责"。

（6）将文字移动到舞台中，保存文件。

4.5　拓　展　知　识

分辨率是指单位面积显示像素的数量，单位长度上的像素越多，分辨率越高，图像相对就比较清晰。分辨率有多种，常见的有显示器分辨率、图像分辨率、打印分辨率。

像素由英文单词pixel翻译而来，它是构成位图图像的最小单位，在位图中以小方点的形式存在。如果将一幅位图看成是由无数个小方点组成的，那么每个小方点就是像素。同样大小的一幅图像，像素越多的图像越清晰，效果也越逼真。

1. 显示器分辨率

显示器分辨率是指显示器上每单位长度显示的点的数目，常用"点/英寸"（dpi）为单位来表示，如72dpi表示显示器上每英寸显示72个像素或点。

液晶显示器的物理分辨率是固定不变的，对于CRT显示器而言，只要调整电子束的偏转电压，就可以改变不同的分辨率。当液晶显示器使用在非标准分辨率时，文本显示效果会变差，文字的边缘会被虚化。

2. 图像分辨率

图像分辨率是指图像中每单位长度所包含的像素数目，常以"像素/英寸"（ppi）为单位来表示，如96ppi表示图像中每英寸包含96个像素或点。分辨率越高，图像越清晰，但图像文件所占的磁盘空间就越多，编辑和处理所需的时间也越长。

PC显示器的典型分辨率约为96dpi；苹果机显示器的典型分辨率约为72dpi。当图像分辨率高于显示器的分辨率时，图像在显示器屏幕上显示的尺寸会比指定的打印尺寸大。图像分辨率可以更改，但显示器分辨率是固定的。

3. 打印分辨率

打印分辨率是指激光打印机、照排机或绘图仪等输出设备在输出图像时每英寸所产生的油墨点数。想要产生较好的输出效果，就要使用与图像分辨率成正比的打印分辨率。大多数扫描仪所带的文档都把每英寸样本数称为dpi，即每英寸所含的点，它是常用输出分辨率的单位。

4.6 课后习题

（1）打开提供的素材文件，利用文本工具输入名片的背景文字，以及名片中的文字内容。要求名片上信息详实，名片整体颜色过渡合理，画面干净。

提示：设计名片首先必须了解名片的尺寸。由于在Flash中绘制的是矢量图形，因此只需比例正确即可。了解名片设计的相关专业知识后便可开始设计与制作名片。制作后的效果如图4-67所示。

素材所在位置	光盘:\素材文件\第4章\课后习题\名片.fla
效果所在位置	光盘:\效果文件\第4章\课后习题\名片.fla
视频演示	光盘:\视频文件\第4章\制作名片.swf

（2）新建ActionScript 3.0文件，利用文本工具和滤镜的相关操作输入文字制作文字片头。参考效果如图4-68所示。

提示：使用矩形工具绘制与舞台大小相同的矩形，并调整填充颜色为灰色径向渐变。使用文本工具T绘制两个TLF文本，分别输入"BLUERAIN"和"ANIMATION"，设置第一个文字属性，为其添加"阴影"和"发光"滤镜，保存滤镜，将其应用到第二个文字上。

效果所在位置	光盘:\效果文件\第4章\课后习题\文字片头.fla
视频演示	光盘:\视频文件\第4章\制作文字片头.swf

图4-67 名片

图4-68 文字片头

（3）打开提供的素材文件，利用钢笔工具和填充工具制作背景，然后使用文本工具输入文字并进行设置。

提示：在制作贺卡时，首先需要输入文本，然后在属性面板中设置字体、字号和颜色等，并为年份等数字添加滤镜效果。制作后的效果如图4-69所示。

素材所在位置	光盘:\素材文件\第4章\课后习题\新年贺卡.fla
效果所在位置	光盘:\效果文件\第4章\课后习题\新年贺卡.fla
视频演示	光盘:\视频文件\第4章\制作新年贺卡.swf

图4-69　新年贺卡

第5章

使用元件和素材

本章将详细讲解Flash CS5中元件和素材的使用方法，具体包括元件的创建、"库"面板的使用、常用格式的图片导入。读者通过学习要能够熟练应用Flash CS5的"库"面板，熟练掌握元件与素材的操作技巧。

学习要点

◎ 使用元件
◎ "库"面板
◎ 导入图片素材

学习目标

◎ 熟练掌握元件的创建、"库"面板中素材的管理和使用等操作
◎ 掌握图片素材和分层文件的导入

5.1 使 用 元 件

在Flash中，经常需要将对象转换为元件。将对象转换为元件的好处很多，如可以在同一个场景中多次使用同一个元件，而不用多次制作多个对象，提高工作效率。下面对元件进行具体讲解。

5.1.1 认识元件

在Flash中，可以将一些需要重复使用的元素转换为元件，以便调用，被调用的元素称为实例。元件是由多个独立的元素和动画合并而成的整体，每个元件都有一个唯一的时间轴和舞台，以及几个图层。在文件中使用元件可以显著减小文件的大小，而且可以加快SWF文件的播放速度。

实例是指位于舞台上或嵌套在另一个元件内的元件副本。Flash允许更改实例的颜色、大小、功能，且对实例的更改不会影响其父元件，但编辑元件会更新它的所有实例。在Flash CS5中可创建影片剪辑、图形、按钮3种类型的元件，具体介绍如下。

◎ **影片剪辑元件**：影片剪辑元件拥有独立于主时间轴的多帧时间轴，在其中可包含交互组件、图形、声音或其他影片剪辑实例。当播放主动画时，影片剪辑元件也会随着主动画循环播放。使用影片剪辑可创建和重用动画片段，也可以将影片剪辑实例放在按钮元件的时间轴内，以创建动画按钮。

◎ **图形元件**：图形元件是制作动画的基本元素之一，用于创建可反复使用的图形或连接到主时间轴的动画片段，可以是静止的图片或由多个帧组成的动画。图形元件与主时间轴同步运行，且交互式控件和声音在图形元件的动画序列中不起作用。

◎ **按钮元件**：在按钮元件中可创建用于响应鼠标单击、滑过、其他动作的交互式按钮，包含弹起、指针经过、按下、点击4种状态。在这几种状态的时间轴中都可以插入影片剪辑来创建动态按钮，也可给按钮添加事件的交互行为，使按钮具有交互功能。

5.1.2 创建元件

在Flash中可将舞台中的图形转换为元件，也可先创建一个元件，并在元件中绘制对象。

1. 将图形转换为元件

若在舞台中已绘制有需要转换为元件的图形对象或图片，则需先选择该对象，然后执行转换操作，其具体操作如下。

（1）选择绘制的图形，然后选择【修改】→【转换为元件】菜单命令，如图5-1所示。

（2）打开"转换为元件"对话框，在"名称"文本框中输入元件名称，在"类型"列表中选择元件类型。

（3）在"对齐"右侧单击9个点中间的点，使其变为实心，然后单击 确定 按钮，如图5-2所示。

（4）在"库"面板中可查看新建的元件。

图5-1 选择菜单命令

图5-2 设置元件名称和类型

操作技巧　在场景中选择需要转换为元件的图形，按【F8】键，可以快速打开"转换为元件"对话框进行转换。

2. 直接创建元件

除了可将已存在的对象创建为元件外，还可新建空白的元件，然后在其中绘制元件的内容。直接创建元件的方法比较简单，不选择舞台中的任何对象，选择【插入】→【新建元件】菜单命令或按【Ctrl+F8】组合键，如图5-3所示，在打开的对话框中输入元件名和类型，进行创建即可。

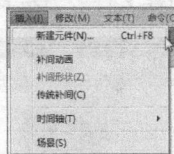

图5-3 新建元件

5.1.3 更改元件属性

在Flash中创建元件时定义了元件的类型，若要更改元件的类型，可单击"库"面板标题，切换到"库"面板，然后在其中选择需要转换元件的名称，在该面板的底部单击"属性"按钮，如图5-4所示，打开"元件属性"对话框，在"类型"列表中更改元件的类型即可，如图5-5所示。

图5-4 单击"属性"按钮

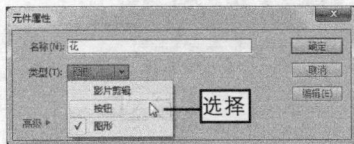

图5-5 更改元件属性

5.1.4 编辑元件

元件的编辑方法与舞台中对象的编辑方法相同，使用工具栏中的工具和菜单栏中的各菜单命令即可编辑。不同之处在于，在编辑元件时，不能直接编辑舞台中的元件实例，而要进入元件的编辑窗口，即元件编辑模式中编辑。进入元件编辑窗口的方式很多，具体介绍如下。

◎ **菜单命令**：在舞台中选择需要编辑的元件的实例，然后选择【编辑】→【编辑元件】菜单命令。

◎ **鼠标右键**：在舞台中的元件实例上单击鼠标右键，在弹出的快捷菜单中选择"编辑"命令。

◎ **"库"面板**：在舞台中选择元件的实例，切换到"库"面板，在其下的项目列表中双击元件名称，即可进入元件编辑窗口。

> **知识提示** 在"库"面板的元件名称上，单击鼠标右键，在弹出的快捷菜单中选择"编辑"命令，也可进入元件的编辑窗口。

5.1.5 课堂案例1——制作小球元件

新建文件，并绘制一个小球，并将小球转换为影片剪辑元件，效果如图5-6所示。

效果所在位置	光盘:\效果文件\第5章\课堂案例1\小球元件.fla
视频演示	光盘:\视频文件\第5章\制作小球元件.swf

图5-6 小球元件

（1）在桌面上双击Flash CS5的快捷方式图标█，启动该软件。在启动界面的"新建"栏中选择"ActionScript 3.0"选项，新建文件。

（2）在工具面板中选择椭圆工具█，在属性面板中设置笔触颜色为"#66FF66"，填充颜色为"#339900"，笔触粗细为"6.0"，其他保持默认，如图5-7所示。

（3）按住【Shift】键不放，在舞台中绘制一个正圆，选择【修改】→【转换为元件】菜单命令，如图5-8所示。

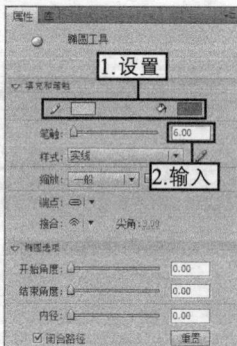

图5-7 设置椭圆工具属性

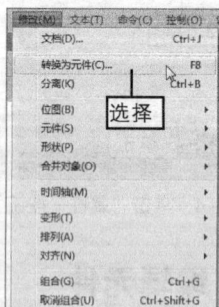

图5-8 选择"转换为元件"菜单命令

（4）打开"转换为元件"对话框，在"名称"文本框中输入"小球"，在"类型"下拉列表中选择"影片剪辑"选项，设置对齐的位置在中心点处，单击 确定 按钮，如图5-9所示。

（5）单击库面板名称，切换到库面板，即可查看转换为影片剪辑元件的小球，如图5-10所示。

图5-9　设置元件属性

图5-10　查看创建的元件

（6）选择【文件】→【保存】菜单命令，在打开的对话框中将文件以"小球"为名保存即可。

5.2　"库"面板

前面一直提到"库"面板，这一节将具体介绍"库"面板的作用和相关功能的操作，包括"库"面板的组成、创建库元素、调用库文件、使用公用库等。

5.2.1　"库"面板的组成

在Flash CS5中，"库"面板主要用于存放从外部导入的素材和管理储存元件，当需要某个素材或元件时，可直接从"库"面板中调用。选择【窗口】→【库】菜单命令，按【Ctrl+L】组合键或按【F11】键均可打开"库"面板，如图5-11所示。

"库"面板中的参数介绍如下。

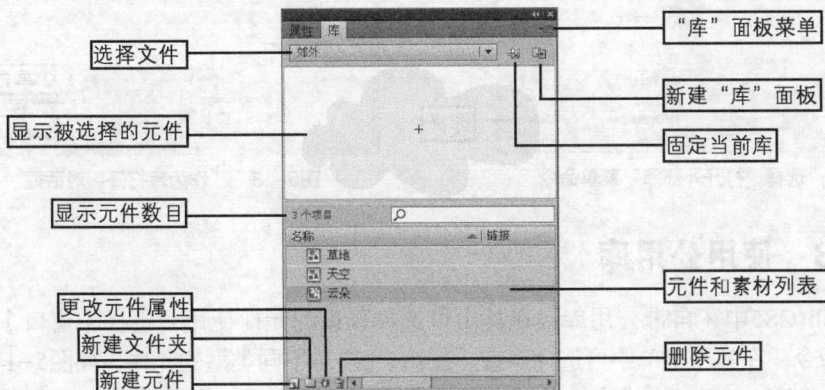

图5-11　"库"面板

◎ 选择文件：若在Flash中打开了多个文件，在"库"面板中可选择这些文件，在其下的列表框中可显示不同文件中的元件和素材。

◎ **"新建元件"按钮** ：单击可新建元件。

◎ **"新建文件夹"按钮** ：当"库"面板中存在很多素材和元件时，可单击该按钮，在"库"面板中新建文件夹，将同一类型的元素和元件放置在同一文件夹中，从而管理素材和元件。

◎ **"属性"按钮** ：在"库"面板中选择需要更改属性的元件，然后单击该按钮打开"元件属性"对话框，在其中可更改元件的名称和类型等属性。

◎ **"删除"按钮** ：在"库"面板中选择需要删除的元件，单击该按钮，或按【Delete】键即可将所选元件删除。

◎ **"固定当前库"按钮** ：固定当前库后，可切换到其他文件，然后将固定库中的元件引用到其他文件中。单击该按钮后，按钮会变为 形状。

◎ **"新建库面板"按钮** ：单击该按钮可新建一个"库"面板，且该新建的面板中将包含当前"库"面板中的所有素材和元件。

5.2.2 调用库文件

一般情况下，在"库"面板中显示的文件都为当前文件中创建的元件，除此之外，还可调用其他文件中的元件，将其他文件中的库文件，导入现有的文件中使用，其具体操作如下。

（1）选择【文件】→【导入】→【打开外部库】菜单命令，如图5-12所示。

（2）在打开的"作为库打开"对话框中选择需要的文件，可将该文件中的元件导入当前文件的"库"面板中，如图5-13所示。

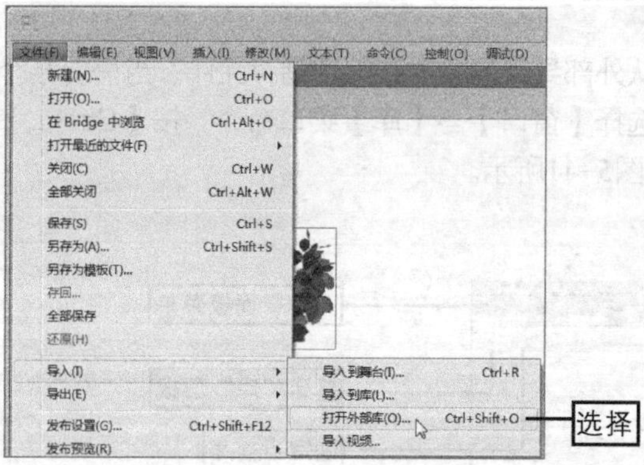

图5-12　选择"打开外部库"菜单命令

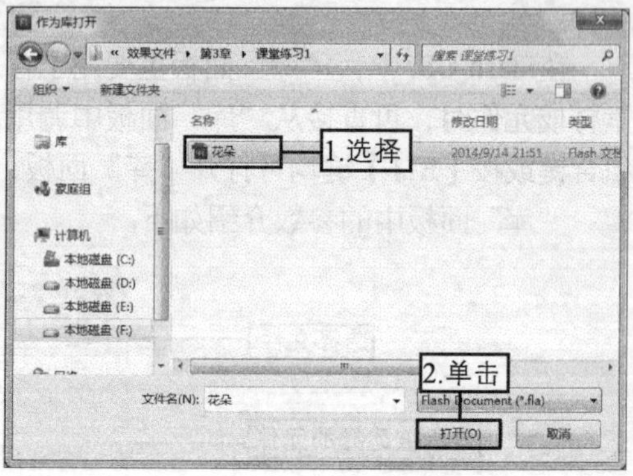

图5-13　"作为库打开"对话框

5.2.3 使用公用库

在Flash CS5中还自带公用库，在其中可选择预设的元件使用，选择【窗口】→【公用库】菜单命令，在其子菜单中可选择声音、按钮、类3种不同类型的元件，如图5-14所示。选择其中的一个菜单命令，可打开一个单独的公用库面板，图5-15所示为按钮库的面板。

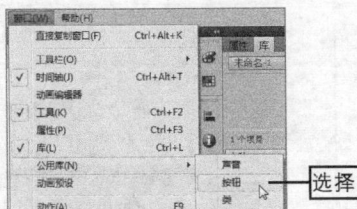

图5-14 选择公用库

图5-15 "按钮库"面板

5.2.4 课堂案例2——制作花树

新建一个Flash文件,并调用素材文件中的库文件合成一棵花树,效果如图5-16所示。

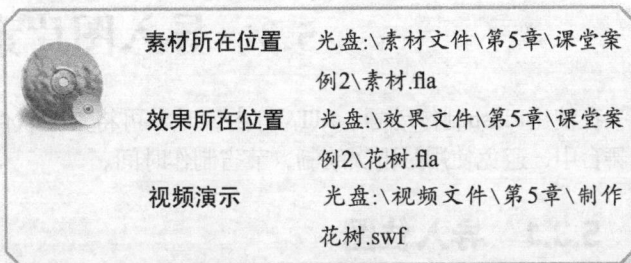

图5-16 制作花树

素材所在位置	光盘:\素材文件\第5章\课堂案例2\素材.fla	
效果所在位置	光盘:\效果文件\第5章\课堂案例2\花树.fla	
视频演示	光盘:\视频文件\第5章\制作花树.swf	

(1)启动Flash CS5,选择【文件】→【新建】菜单命令,在打开的"新建文档"对话框中选择"ActionScript 3.0"选项,单击 确定 按钮,新建文件。

(2)选择【文件】→【导入】→【打开外部库】菜单命令,打开"作为库打开"对话框,在其中选择素材文件夹中的"素材.fla"文件,如图5-17所示,单击 打开(O) 按钮。

(3)此时打开一个新的"库"面板,并以"库-素材"为名,如图5-18所示。

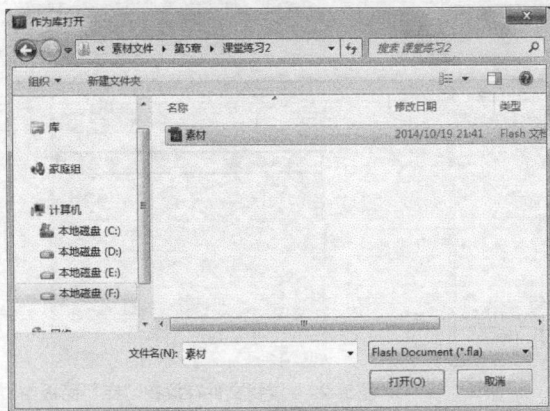

图5-17 选择外部库文件

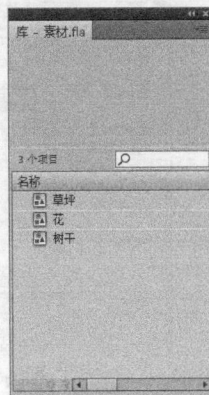

图5-18 打开新的"库"面板

（4）在打开的新"库"面板中，将"草坪"图形元件拖动至舞台，其位置如图5-19所示。

（5）使用同样的方法，先将"树干"图形元件拖动到舞台中，再将"花"图形元件拖动到舞台中，其位置如图5-20所示。

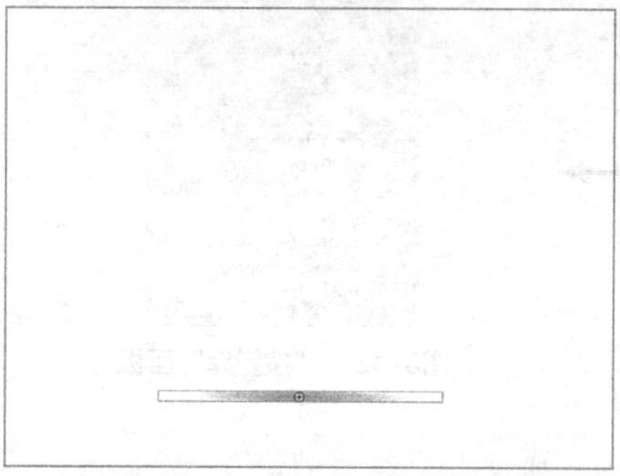

图5-19　拖动"草坪"图形元件到舞台中

图5-20　拖动其他两个元件到舞台中

（6）单击"库-素材"面板右上角的"关闭"按钮 ▣⚫，关闭该库面板。

（7）按【Ctrl+S】组合键，在打开的对话框中以"花树"为名保存文件即可。

5.3　导入图片素材

在使用Flash制作动画、MTV等内容时，可将其他软件中制作好的素材，导入"库"面板或舞台中，避免使用时再次绘制，节省制作时间。

5.3.1　导入位图

在Flash CS5中可导入外部的图片文件，下面讲解如何在Flash中导入和使用位图，其具体操作如下。

（1）选择【文件】→【导入】→【导入到舞台】菜单命令，打开"导入"对话框，找到文件所在位置，选择需要打开的文件，单击 打开(O) 按钮，如图5-21所示。

（2）此时在舞台和"库"面板中均出现了导入的位图素材，如图5-22所示。

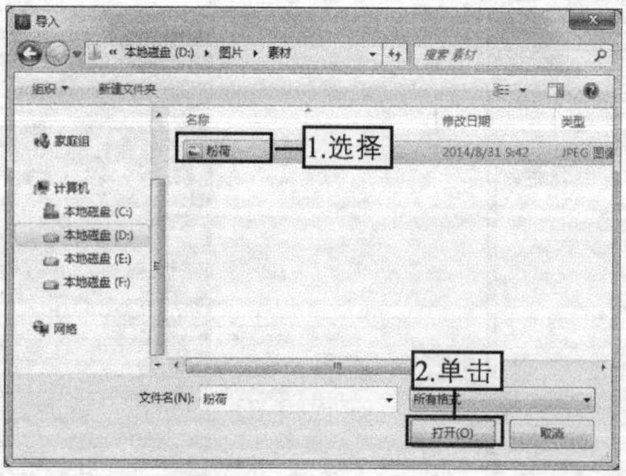

图5-21　导入位图文件

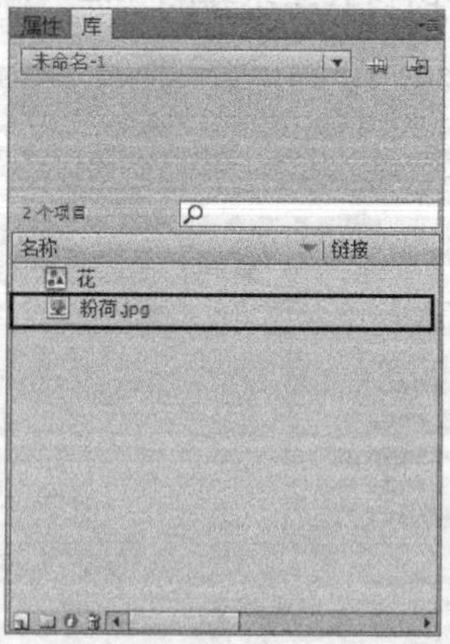

图5-22　素材文件存放在"库"面板中

5.3.2　导PSD文件

PSD文件是指使用Photoshop制作的文件，Flash CS5可以导入这类文件，并保留大部分图片数据。

1.　首选参数

选择【编辑】→【首选参数】菜单命令，打开"首选参数"对话框，在"类别"列表框中选择"PSD文件导入器"选项，在其右侧的面板中可设置PSD文件导入Flash的方式，包括指定导入的PSD文件中的对象，或将文件转换为影片剪辑元件等，如图5-23所示。

图5-23　"首选参数"对话框

2.　导入文件

下面在Flash中导入已制作好的PSD文件，其具体操作如下。

(1) 选择【文件】→【导入】→【导入到库】菜单命令，打开"导入到库"对话框，选择要导入的素材文件，单击 打开(O) 按钮，如图5-24所示，打开相应的导入对话框。

(2) 在对话框的"检查要导入的Photoshop图层"列表框中选择要导入的图层，单击 确定 按钮，如图5-25所示。

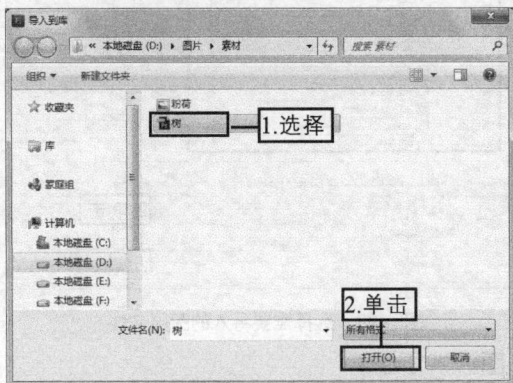

图5-24　选择PSD文件

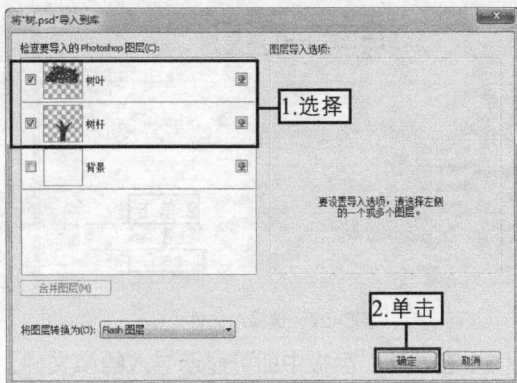

图5-25　选择需要导入的图层文件

（3）在"库"面板中自动生成一个以导入文件名命名的文件夹和图形元件，如图5-26所示，
单击文件夹，在展开的子列表中可看到分层的图片。

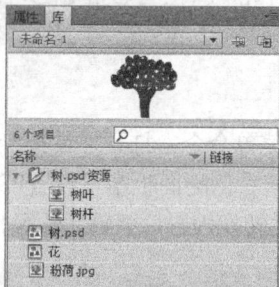

图5-26　"库"面板中导入的PSD文件

> 为了将PSD或AI中的高斯模糊、内发光等特效保留为可编辑的Flash滤镜，应将
> 这些特效的对象导入为影片剪辑元件，否则Flash会显示不兼容性警告，并建议将该
> 对象导入为影片剪辑元件。
>
> 行业知识

5.3.3　导入AI文件

在Flash中除了可导入PSD文件外，还可导入AI文件。在Flash CS5的首选参数中不仅包含
"PSD文件导入器"，还包含"AI文件导入器"，其作用同PSD的导入器相同，用于指定AI文
件导入Flash中的方式。下面在文档中导入AI素材文件，其具体操作如下。

（1）选择【文件】→【导入】→【导入到库】菜单命令，打开"导入到库"对话框，选择素
材文件夹中的AI文件，单击 打开(O) 按钮，如图5-27所示，打开相应的导入对话框。

（2）在"检查要导入的Illustrator图层"列表框中，选中需要导入的图层前的复选框，其他保
持默认，单击 确定 按钮，如图5-28所示。

图5-27　选择AI文件

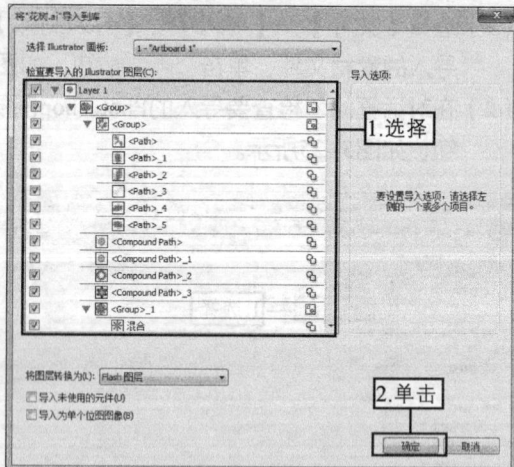

图5-28　选择需要导入的图层文件

（3）在"库"面板中即可显示导入的AI文件，如图5-29所示。

图5-29　导入的AI文件

　　　在"检查要导入的Illustrator图层"列表框中选择某个图层后，在右侧的导入选项面板中会出现相应的导入选项，在其中可选择创建"影片剪辑"，并设置实例名称和中心点。以此种方式导入的AI文件，还会新建一个文件夹。

5.3.4　将位图转换为矢量图

有些位图导入Flash后，对其进行大幅度的放大操作将出现锯齿现象，影响文件的整体效果。Flash提供了将位图转换为矢量图的功能，方便更改图形。

将位图文件导入舞台中，或从"库"面板拖动到舞台中后，选择该位图文件，再选择【修改】→【位图】→【转换位图为矢量图】菜单命令，如图5-30所示。打开"转换位图为矢量图"对话框，在其中设置相关参数，单击　确定　按钮，进行转换，如图5-31所示。

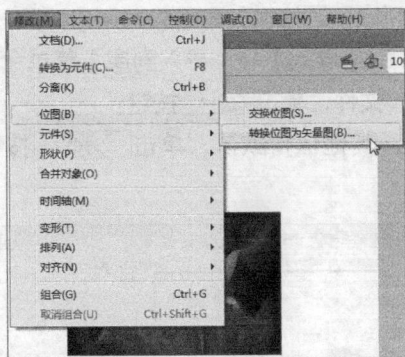

图5-30　选择"转换位图为矢量图"菜单命令　　　图5-31　"转换位图为矢量图"对话框

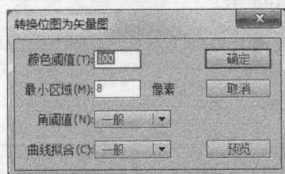

一般情况下，位图转换为矢量图形后，可减小文件的大小，但若导入的位图包含复杂的形状和许多颜色，则转换后的矢量图形的文件可能比原始的位图文件大，用户可调整对话框中的各个参数，找到文件大小和图像品质之间的平衡点。

"转换位图为矢量图"对话框中各参数介绍如下。

◎ **颜色阈值**：当两个像素进行比较后，如果它们在RGB颜色值上的差异低于该颜色阈值，则认为这两个像素颜色相同。如果增大该阈值，则意味着降低了颜色的数量。

◎ **最小区域**：可设置为某个像素指定颜色时需要考虑的周围像素的数量。

◎ **角阈值**：确定保留锐边还是进行平滑处理。

◎ **曲线拟合**：确定绘制轮廓的平滑程度。

将"颜色阈值"设置为"10","最小区域"设置为"1像素","角阈值"设置为"较多转角","曲线拟合"设置为"像素",可创建最接近原始位图的矢量图形。转换为矢量图后的图形将不再链接到"库"面板中的位图元件。

5.3.5 课堂案例3——合成秋色场景

将提供的"秋日素材.ai"和"秋日场景.psd"图像导入Flash中,合成一个新的图像。合成图像时主要通过导入文件,并将文件合理地组合在一起,效果如图5-32所示。

素材所在位置	光盘:\素材文件\第5章\课堂案例3\秋日素材.ai、秋日场景.psd、背景.jpg
效果所在位置	光盘:\效果文件\第5章\课堂案例3\秋色场景.fla
视频演示	光盘:\视频文件\第5章\合成秋色场景.swf

图5-32 合成秋色场景

（1）在Flash中新建Action Script 3.0文件,选择【文件】→【导入】→【导入到舞台】菜单命令,打开"导入"对话框。

（2）选择素材文件夹中的"背景.jpg"图像,单击 打开(O) 按钮,如图5-33所示。

（3）背景文件正好贴合在舞台中。选择【文件】→【导入】→【导入到库】菜单命令,打开"导入到库"对话框,选择"秋日场景.psd"文件,单击 打开(O) 按钮。

（4）在打开的对话框中取消选中"背景"图层,其他保持默认,单击 确定 按钮,如图5-54所示。

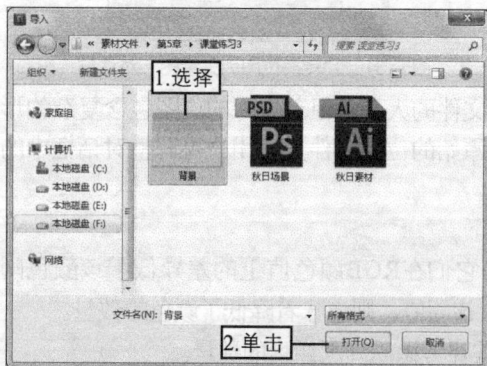

图5-33 打开位图

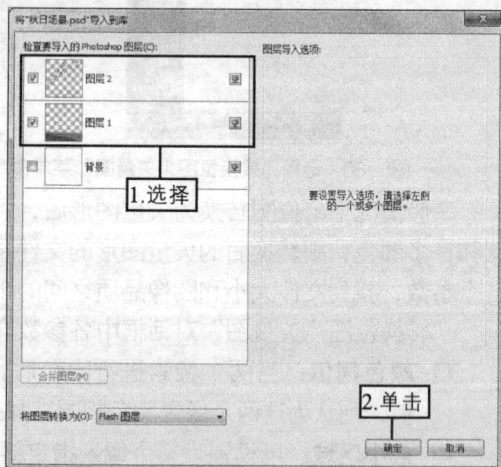

图5-34 选择要导入的psd图层

（5）切换到"库"面板,单击"秋日场景.psd资源"文件夹,将"图层1"拖动到舞台中,然后使用任意变形工具对其进行变形，使之适合舞台大小，如图5-35所示。

（6）使用同样的方法拖入图层2，并调整拖入的枫叶图像的大小，效果如图5-36所示。

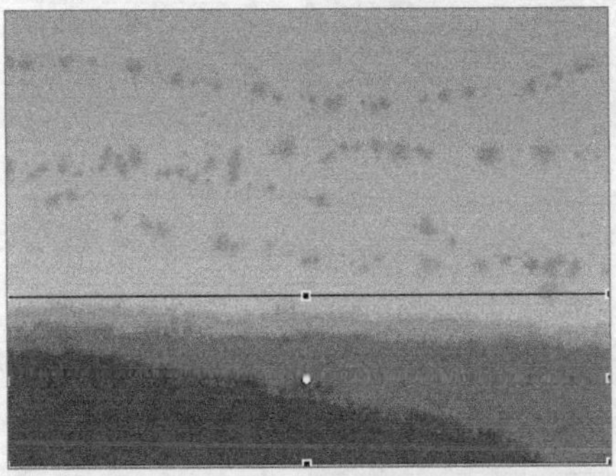

图5-35　导入psd文件并拖入图层1

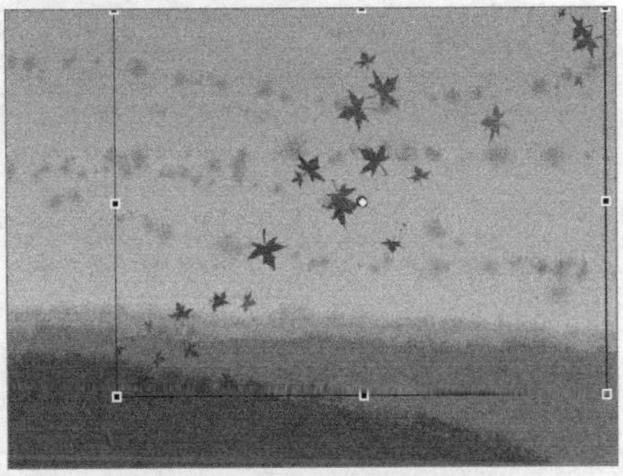

图5-36　拖入枫叶并调整大小

（7）选择【文件】→【导入】→【导入到库】菜单命令，打开"导入到库"对话框，选择
"秋日素材.ai"文件，单击 打开(O) 按钮。

（8）在打开的对话框中保持默认选项，单击 确定 按钮，导入AI素材。切换到"库"面板，
将导入的"秋日素材.ai"图形元件拖动到场景中。在打开的提示对话框中保持默认选
项，单击 确定 按钮，如图5-37所示。

（9）调整舞台中导入的元件实例的大小和位置，然后保持实例被选中，单击鼠标右键，在弹
出的快捷菜单中选择【排列】→【下移一层】命令，效果如图5-38所示。

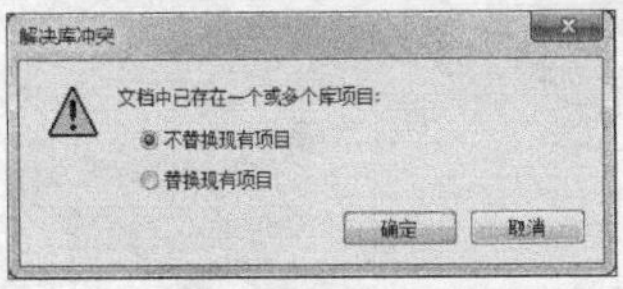

图5-37　确认不替换

图5-38　调整实例大小和顺序

（10）按【Ctrl+S】组合键，在打开的对话框中以"秋色场景"为名保存即可。

5.4　课堂练习

本课堂练习将分别制作"荷塘"场景和"卡通"场景，综合练习本章学习的知识点，巩固
使用外部库和导入素材的具体操作。

5.4.1　制作"荷塘"场景

1. 练习目标

本练习要求根据提供的素材文件"荷塘.png"和"蜻蜓.fla"，制作一幅荷塘的场景，并

为场景配上合适的诗句。参考效果如图5-39所示。

图5-39　荷塘场景

素材所在位置	光盘:\素材文件\第5章\课堂练习\荷花.png、蜻蜓.fla
效果所在位置	光盘:\效果文件\第5章\课堂练习\荷塘.fla
视频演示	光盘:\视频文件\第5章\制作"荷塘"场景.swf

2. 操作思路

掌握一定的转换元件和使用外部库中文件的方法后,根据上面的练习目标,本例的操作思路如图5-40所示。

①导入外部文件

②输入诗句

图5-40　制作"荷塘"场景的操作思路

由于Flash只支持RGB颜色,若导入的文件使用CMYK颜色,则会出现 不兼容性报告① 按钮,在此状态下导入的文件将以RGB颜色显示,也可以在Illustrator 中将文件的颜色更改为RGB后再导入。

行业知识

（1）新建ActionScript.0文件,选择矩形工具，在舞台中绘制一个与舞台大小相同的矩形。

（2）在"颜色"面板中将填充颜色设置为径向渐变填充,并将渐变的中心设置为白色,四周设置为蓝色。

（3）将素材文件"荷花.png"导入舞台中,调整其大小和位置,将其转换为图形元件。

（4）选择文本工具，将其设置为垂直输入,然后输入诗句。选择椭圆工具，只设置笔触，禁用填充，在左下的位置绘制涟漪。

（5）选择【文件】→【导入】→【打开外部库】菜单命令，打开"作为库打开"对话框，在其中选择素材文件夹中的"蜻蜓.fla"文件。

（6）在打开的外部库面板中，将蜻蜓素材拖动到舞台中。最后保存文件即可。

5.4.2　制作卡通场景

1. 练习目标

本练习要求根据提供的素材文件"猫咪.psd"，合成一个卡通场景，并绘制一些场景，将这些场景元素转换为元件。参考效果如图5-41所示。

图5-41　猫咪

素材所在位置	光盘:\素材文件\第5章\课堂练习\猫咪.psd
效果所在位置	光盘:\效果文件\第5章\课堂练习\猫咪.fla
视频演示	光盘:\视频文件\第5章\制作卡通场景.swf

2. 操作思路

掌握一定的绘制方法和导入素材文件的方法后，根据上面的练习目标，本例的操作思路如图5-42所示。

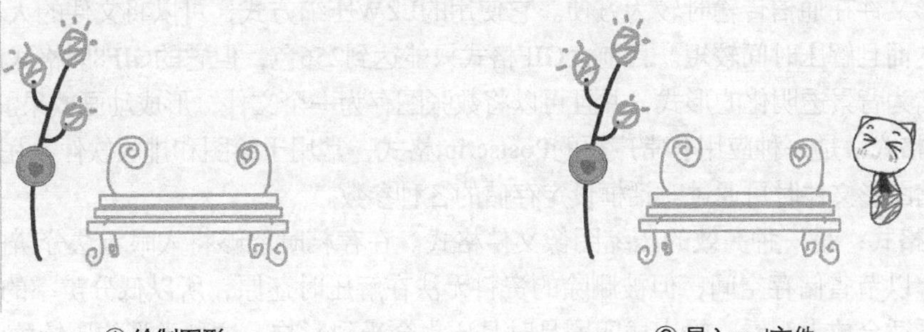

① 绘制图形　　　　　　　　　② 导入psd文件

图5-42　制作卡通场景的操作思路

（1）新建AS 3.0文件，并以"猫咪"为名保存。

（2）利用铅笔工具、矩形工具和椭圆工具，在舞台中绘制长椅和路灯，并分别组合这两个图形，然后将这两个图形转换为元件。

（3）选择【文件】→【导入】→【导入到库】菜单命令，将素材文件"猫咪.psd"导入库文件中。

（4）展开库文件中导入的素材文件夹，将其子列表中的元素一个一个移至舞台中，并调整猫咪各个部分的大小和位置，必要时可利用任意选择工具对图形对象进行旋转或变形。

（5）调整完成后按【Ctrl+S】组合键保存文件即可。

5.5 拓 展 知 识

不同的应用程序创建的文件格式不同，不同的文件格式通过不同的扩展名来区分，如BMP、TIFF、JPG、EPS等，这些扩展名会在文件以相应格式存储时自动出现在文件名后。Flash中常用的文件格式有如下几种。

◎ **FLA格式**：该格式为Flash默认生成的文件格式，并且只能在Flash中打开。Flash经过长期的发展，版本性能不断提升，越高版本的Flash保存的FLA文件，在低版本的Flash中越不易被打开。

◎ **SWF格式**：使用Flash制作的动画就是SWF格式。SWF格式的动画图像能够用比较小的文件来表现丰富的多媒体形式。由于SWF动画支持边下载边播放，因此特别适合网络传输，且其在矢量技术的基础上制作，画质也不会因画面的放大而受损。它因其高清晰度的画质和小巧的文件，已成为网页动画和网页设计的主流。

◎ **PSD格式**：是Photoshop生成的文件格式，也是唯一可以存储Photoshop特有文件信息，以及所有色彩模式的格式。PSD格式可以将不同的对象以图层分离储存，便于修改和制作各种特效。

◎ **AI格式**：是Illustrator生成的文件格式，目前AI和PSD格式的图像都已得到了Flash的支持，可以导入Flash中编辑。

◎ **BMP格式**：是Microsoft公司Windows操作系统下专用的图像格式，可以选择Windows或OS/2两种格式。

◎ **GIF格式**：是Compuserve公司制定的一种图形交换格式。这种经过压缩的格式可以使图形文件在通信传输时较为方便。它使用的LZW压缩方式，可以将文件的大小压缩一半，而且解压时间较短。目前，GIF格式只能达到256色，但它的GIF89a格式能将图像存储为背景透明化的形式，并且可以将数张图存为一个文件，形成动画效果。

◎ **EPS格式**：是一种应用非常广泛的Postscript格式，常用于绘图和排版软件。用EPS格式存储图形文件时可通过对话框设定存储的各种参数。

◎ **JPG格式**：是一种高效的压缩图像文件格式。在存档时能够将人眼无法分辨的资料删除，以节省储存空间，但被删除的资料无法在解压时还原，所以低分辨率的JPG文件并不适合放大观看，输出成印刷品时品质也会受到影响。这种类型的压缩称为"失真压缩"或"破坏性压缩"。

◎ **PNG格式**：PNG是一种新兴的网络图像格式，是目前最不失真的格式。它吸取了GIF和JPG二者的优点，兼有GIF和JPG的色彩模式，不仅能把图像文件压缩到极限，以利于网络传输，还能保留所有与图像品质有关的信息，这一点与牺牲品质换取高压缩率的JPG格式不同。PNG支持透明图像的制作，但不支持动画。

5.6 课后习题

（1）利用提供的素材文件，在Flash的库面板中导入文件，从而合成"春游"场景，要求画面整洁，风格清新，色彩搭配合理。

提示： 由于需要导入的素材文件较多，可以逐步导入，根据层叠关系，先绘制云朵和绿色草地，然后依次导入"房子.ai"、"太阳.psd"、"树.psd"，以及花和蝴蝶等素材元件，并将这些文件移至舞台中，进行调整，如调整大小、旋转、更改排列顺序等。处理后的效果如图5-43所示。

素材所在位置	光盘:\素材文件\第5章\课后习题\蝴蝶.jpg、花.png、花2.png、房子.ai、树.psd、太阳.psd、幸运草.psd
效果所在位置	光盘:\效果文件\第5章\课后习题\春游.fla
视频演示	光盘:\视频文件\第5章\制作春游场景.swf

图5-43 春游场景

（2）打开提供的"夏日沙滩.ai"素材文件，利用选择工具与任意变形工具，将素材移动到场景中，组合成一幅夏日沙滩的场景图。参考效果如图5-44所示。

提示： 参考效果图已经给出，因此可以利用提供的素材文件快速合成要求的图形。任意变形工具的功能不限于调整大小，也可以用于翻转图像，除此之外，用户还可根据自己的想法来合成场景或图形，不必拘泥于一种。

素材所在位置	光盘:\素材文件\第5章\课后习题\夏日沙滩.ai
效果所在位置	光盘:\效果文件\第5章\课后习题\夏日沙滩.fla
视频演示	光盘:\视频文件\第5章\制作夏日沙滩场景.swf

图5-44　夏日沙滩场景

第**6**章

制作基础动画

　　本章将详细讲解Flash CS5制作基础动画的功能。对动画面板的组成、图层的功能和作用、帧的功能和作用，以及不同的补间动画进行了细致的说明。读者通过学习要能够熟练应用Flash CS5帧和补间动画制作一些基础动画，并能熟练掌握动画面板中图层、帧和补间动画的操作技巧。

✳ 学习要点

◎　认识时间轴
◎　使用图层
◎　制作补间动画

✳ 学习目标

◎　熟悉时间轴，掌握帧的种类和操作方法
◎　掌握编辑图层的操作技巧
◎　掌握制作动作补间、形状补间、传统补间的操作方法

6.1 认识时间轴

Flash动画的播放原理与电影的播放原理相同，将一秒分为若干帧，然后在每一帧中绘制图案，将这些连贯的图案在一秒之内播放完，就成了一秒的动画。帧是Flash动画中最基本的组成单位，每一个动画都是由不同的帧组合而成的。

6.1.1 帧的基本类型

在认识帧之前需要认识时间轴，时间轴主要包括帧和图层两部分。帧是组成Flash动画最基本的单位，在不同的帧中放置相应的动画元素，并编辑动画元素，然后连续播放帧，即可实现Flash动画效果。

1. 帧区域

在时间轴的帧区域中，包含编辑帧的按钮，如图6-1所示。使用这些按钮，可以使舞台中的对象以不同的形式显示。

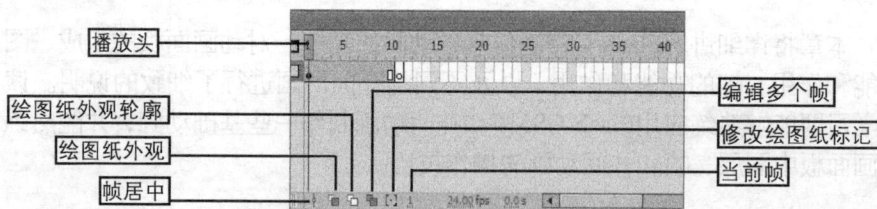

图6-1 帧区域

◎ "帧居中"按钮：单击此按钮，播放头所在帧显示在时间轴的中间位置。

◎ "绘图纸外观"按钮：单击此按钮，时间轴标尺上显示绘图纸标记，在标记范围内的帧上的对象将同时显示在舞台中。

◎ "绘图纸外观轮廓"按钮：单击此按钮，时间轴标尺上显示绘图纸标记，在标记范围内的帧上的对象将以轮廓线的形式同时显示在舞台中。

◎ "编辑多个帧"按钮：单击此按钮，绘图纸标记范围内的帧上的对象将同时显示在舞台中，可以同时编辑所有的对象。

◎ "修改绘图纸标记"按钮：单击此按钮，在打开的下拉列表中可修改绘图纸标记。

2. 帧的类型

在Flash CS5中根据帧的不同显示状态可以将帧分为普通帧、空白关键帧、关键帧3种，如图6-2所示，不同的帧的含义也各不相同。

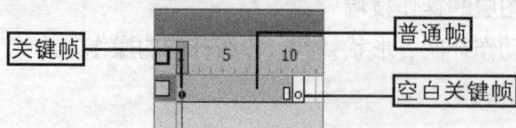

图6-2 帧的类型

◎ 普通帧：在时间轴中以一个灰色方块表示，其通常处于关键帧的后方，作为关键帧之间的过渡，或用于延长关键帧中动画的播放时间。一个关键帧后的普通帧越多，该关键帧的播放时间越长。

◎ **空白关键帧**：在时间轴中以一个空心圆表示，该关键帧中没有任何内容，主要用于结束前一个关键帧的内容或分隔两个相连的补间动画，常用于制作物体消失的动画。

◎ **关键帧**：在时间轴中以一个黑色实心圆表示，用于放置动画中发生了运动或产生了变化的对象物体。关键帧有开始和结束，用以表现一个动画对象从开始动作到结束动作的变化。

6.1.2 编辑帧

在Flash中除了可编辑舞台中的对象外，还可编辑帧。灵活操作帧可以节省制作动画的很多时间，而且一些特定效果也可以用编辑帧的方法来完成。

1. 选择帧

在编辑帧之前，必须先选择需要编辑的帧，在Flash CS5中选择帧的方法主要有以下3种。

◎ **选择单个帧**：将鼠标光标移动到时间轴中需要选择的帧上方，单击即可选择该帧，如图6-3所示。

◎ **选择不相邻的多个帧**：选择一帧后，按住【Ctrl】键的同时，单击要选择的帧，即可选择不连续的多个帧，如图6-4所示。

◎ **选择连续帧**：选择一帧后，按住【Shift】键的同时，单击要选择连续帧的最后帧，即可选择两帧之间的所有帧，如图6-5所示。

图6-3 选择单个帧　　　图6-4 选择不相邻的帧　　　图6-5 选择连续的帧

2. 插入帧

在编辑动画的过程中，根据动画制作的需要，经常需要在已有帧的基础上插入新的帧，根据帧类型的不同插入帧的方法也有所不同，下面分别介绍不同帧的插入方法。

（1）**插入普通帧**

在Flash CS5中插入普通帧的方法主要有3种。

◎ **使用菜单命令**：将鼠标光标定位在帧区域中需要插入普通帧处，选择【插入】→【时间轴】→【帧】菜单命令，即可在该位置插入普通帧，如图6-6所示。

◎ **使用右键快捷菜单**：将鼠标光标定位在需要插入普通帧的上方，单击鼠标右键，在弹出的快捷菜单中选择"插入帧"命令，即可在该位置插入普通帧，如图6-7所示。

◎ **使用快捷键**：将鼠标光标定位在需要插入普通帧的上方，按【F5】键即可在该位置上创建普通帧。

图6-6　用菜单命令添加

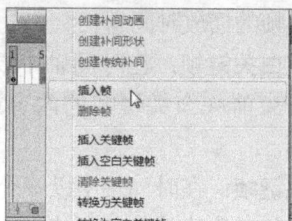

图6-7　用快捷菜单添加

（2）插入关键帧

在Flash CS5中插入关键帧的方法主要有3种。

◎ **菜单命令**：将鼠标光标定位在需要插入关键帧的位置，选择【插入】→【时间轴】→【关键帧】菜单命令，即可插入关键帧。

◎ **右键快捷菜单**：选择需要创建关键帧的帧，单击鼠标右键，在弹出的快捷菜单中选择"插入关键帧"命令即可。

◎ **快捷键**：按【F6】键即可在选择的帧上创建关键帧。

（3）插入空白关键帧

在Flash CS5中插入空白关键帧的方法主要有3种。

◎ **菜单命令**：当需要插入空白关键帧时，如果插入帧的前一个关键帧为空白关键帧，那么直接选择【插入】→【时间轴】→【关键帧】菜单命令。

◎ **右键快捷菜单**：当插入帧时，如果插入帧的前一个关键帧为空白关键帧，就需要在插入空白关键帧的位置单击鼠标右键，在弹出的快捷菜单中选择【插入】→【空白关键帧】菜单命令。

◎ **快捷键**：将鼠标光标定位在需要插入空白关键帧的上方，按【F7】键即可在选择的帧上创建空白关键帧。

（4）移动帧

在制作Flash动画的过程中，需要经常移动帧的位置，在Flash CS5中移动帧的方法主要有以下两种。

◎ **直接拖动**：选择需要移动的帧，按住鼠标左键将其拖到需要放置的位置即可，如图6-8所示。

◎ **右键快捷菜单**：选择需要移动的帧，单击鼠标右键，在弹出的快捷菜单中选择"剪切帧"命令，然后将鼠标光标移动到需要的位置，再次单击鼠标右键，在弹出的快捷菜单中选择"粘贴帧"命令即可，如图6-9所示。

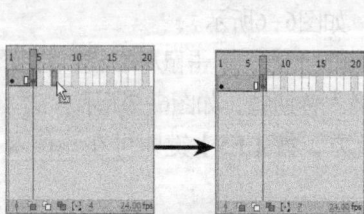

图6-8　直接移动帧

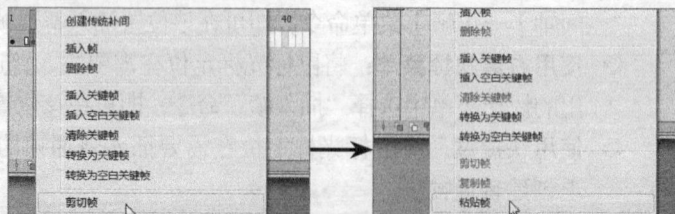

图6-9　用快捷菜单移动帧

（5）复制帧

复制帧的方法是：选择需要复制的帧，单击鼠标右键，在弹出的快捷菜单中选择"复制帧"命令，然后将鼠标光标移动到需要粘贴帧的位置，单击鼠标右键，在弹出的快捷菜单中选择"粘贴帧"命令，即可粘贴复制的帧，如图6-10所示。

图6-10 复制、粘贴帧

（6）删除帧

在创建动画的过程中，如果发现文件中某几帧是错误的，那么可将其删除。删除帧的方法是：选择需要删除的帧，单击鼠标右键，在弹出的快捷菜单中选择"删除帧"命令即可，如图6-11所示。

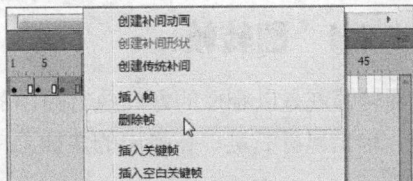

图6-11 删除帧

（7）清除帧

清除帧就是删除关键帧中的内容，在Flash CS5中清除帧的方法是：选择要清除的帧，单击鼠标右键，在弹出的快捷菜单中选择"清除帧"命令。执行清除帧命令以后，关键帧将变为空白关键帧，如图6-12所示。

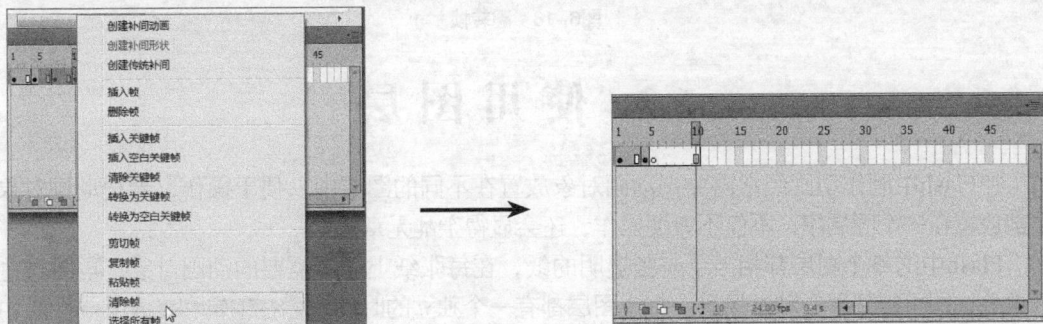

图6-12 清除帧

6.1.3 设置帧的显示状态

在Flash CS5的时间轴区域中可以设置帧的显示状态，其方法是：单击时间轴右上角的 ▤ 按钮，在打开的下拉列表中选择相应的选项，如图6-13所示，即可执行相应操作。其常用选项的含义如下。

◎ **显示状态**："很小""小""标准""大""中"选项用来设置帧的显示状态，其中系统默认的是标准。

◎ **预览**：选择"预览"选项以后，关键帧中的图形将以缩略图的形式显示在帧中，便于制作者查看帧中的对象，如图6-14所示。

◎ **关联预览**：选择"关联预览"选项以后，帧中将显示对象在舞台中的位置，以便于制作者查看对象在整个动画过程中位置的变化，如图6-15所示。

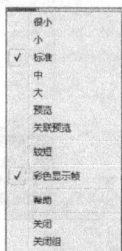

图6-13　设置帧的显示状态　　图6-14　执行"预览"选项　　图6-15　执行"关联预览"选项

6.1.4　翻转帧

翻转帧就是以相反的方向执行帧中的动作，其操作方法为：选择需要翻转动作的多个连续帧，单击鼠标右键，在弹出的快捷菜单中选择"翻转帧"命令，即可将选择帧翻转，如图6-16所示。

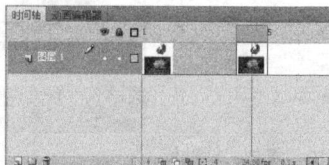

图6-16　翻转帧

6.2　使用图层

在Flash中制作动画经常需要把动画对象放置在不同的图层中以便于操作，若把动画对象全部放置在一个图层中，不仅不方便操作，还会显得杂乱无章。

Flash中的每个图层都相当于一张透明的纸，在每张纸上放置需要的动画对象，再将这些纸重叠，即可得到整个动画场景。每个图层都有一个独立的时间轴，在编辑和修改某一图层中的内容时，其他图层不会受到影响。

6.2.1　图层类型

在Flash CS5中，根据图层的功能和用途，可将图层分为普通图层、引导层、遮罩层、被遮罩层4种，如图6-17所示。下面分别进行介绍。

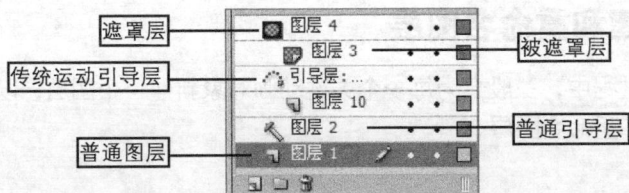

图6-17 图层的分类

◎ **普通图层**：普通图层是Flash CS5中最常见的图层，主要用于放置动画中所需的动画元素。

◎ **引导层**：在引导层中可绘制动画对象的运动路径，然后在引导层与普通图层建立链接关系，使普通图层中的动画对象可沿着路径运动。在导出动画时，引导层中的对象不会显示。

◎ **遮罩层**：遮罩层是Flash中的一种特殊图层，用户可在遮罩层中绘制任意形状的图形或创建动画，实现特定的遮罩效果。

◎ **被遮罩层**：被遮罩层通常位于遮罩层下方，主要用于放置需要被遮罩层遮罩的图形或动画。

6.2.2 图层模式

把动画元素分散到不同的图层中，然后对各个图层中的元素进行编辑和管理，可有效地提高工作效率。Flash CS5中的图层区如图6-18所示。

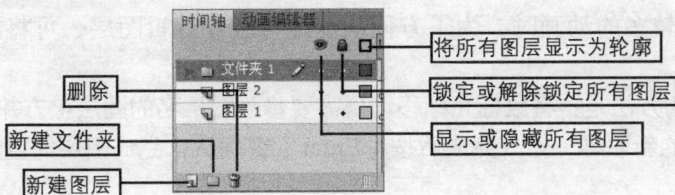

图6-18 图层区

图层区中各功能按钮的作用如下。

◎ **"显示或隐藏所有图层"按钮**：该按钮用于隐藏或显示所有图层，单击按钮可在隐藏和显示状态之间切换。单击该按钮下方的.图标可隐藏对应的图层，图层隐藏后该位置上的图标变为×图标。

◎ **"锁定或解除锁定所有图层"按钮**：该按钮用于锁定所有图层，防止用户误操作图层中的对象，再次单击该按钮可解锁图层。单击该按钮下方的.图标可锁定对应的图层，锁定后.图标变为图标。

◎ **"将所有图层显示为轮廓"按钮**：单击该按钮可用图层的线框模式显示所有图层中的内容，单击该按钮下方的图标，将以线框模式显示该图标对应图层中的内容。

◎ **"新建图层"按钮**：单击该按钮可新建一个普通图层。

◎ **"新建文件夹"按钮**：单击该按钮可新建图层文件夹，常用于管理图层。

◎ **"删除"按钮**：单击该按钮可删除选择的图层。

6.2.3 创建和重命名图层

在制作动画的过程中，一般会为每一个关键动画对象新建一个图层，以避免重复和混淆，下面讲解如何创建和重命名图层。

1. 创建图层

在制作动画的过程中，时常需要新建图层，新建图层的方法主要有以下几种。

◎ **使用按钮**：单击图层区域中的"新建图层"按钮 ，即可新建一个图层。

◎ **使用右键快捷菜单**：将鼠标光标移动到需要创建图层的上方，单击鼠标右键，在弹出的快捷菜单中选择"插入图层"命令，如图6-19所示。

◎ **使用菜单命令**：选择【插入】→【时间轴】→【图层】菜单命令，即可新建一个图层。

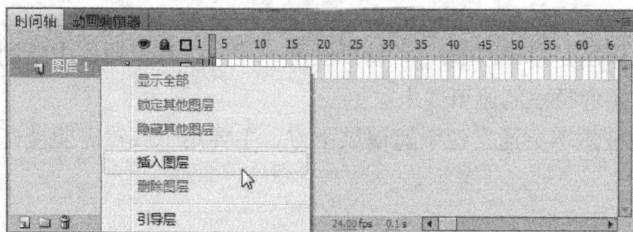

图6-19 插入图层

2. 重命名图层

在Flash CS5系统默认的情况下，新建的图层将以图层1、图层2、图层3的序列依次排列，在制作图层较多的动画时，为了方便快捷地查找和编辑图层，可将图层按其内容重命名。

重命名图层的方法是：将鼠标光标移动到需要修改图层名的图层上方并双击，进入编辑状态，输入图层的新名称，输入完成后按【Enter】键确认，完成图层的重命名，如图6-20所示。

图6-20 重命名图层

6.2.4 删除图层

在制作动画过程中，如果发现某个图层中的内容在动画中不显示，那么可将该图层删除，在Flash CS5中删除图层的方法主要有以下3种。

◎ **按钮**：选择不需要的图层，然后单击图层区域中的"删除"按钮 ，即可删除图层。

◎ **拖动删除**：将鼠标光标移动到需要删除图层的上方，按住鼠标左键不放，将其拖动到

"删除"按钮🗑上，释放鼠标，即可将选择的图层删除。

◎ **右键快捷菜单**：选择需要删除的图层，单击鼠标右键，在弹出的快捷菜单中选择"删除图层"命令，即可删除选择的图层。

6.2.5 调整图层的顺序

在制作动画过程中，如果需要将动画中某个处于底层的对象移动到前台中，最快捷的方法就是移动图层。移动图层的方法是：选择要移动的图层，按住鼠标左键不放将其拖动到需要的位置释放鼠标，即可完成图层的移动，如图6-21所示。

图6-21 移动图层

6.2.6 设置图层的属性

在Flash CS5中，除了能在图层区中通过右键快捷菜单设置图层的属性外，在"图层属性"对话框中也能设置图层的属性。在"图层属性"对话框中设置图层属性的方法为：选择要设置的图层，单击鼠标右键，在弹出的快捷菜单中选择"属性"命令，打开"图层属性"对话框，如图6-22所示。在此对话框中可设置图层的名称、类型、图层高度等参数，其中各功能项的含义如下。

◎ **"名称"文本框**：在此文本框中可修改图层的名称。

◎ **"显示"复选框**：单击选中，该复选框图层将显示，撤销选中，该复选框图层将隐藏。

◎ **"锁定"复选框**：选中该复选框图层将被锁定，撤销选中该复选框图层恢复正常状态。

◎ **"一般"单选项**：选中该单选项，图层将变为普通图层。

◎ **"引导层"单选项**：选中该单选项，图层将变为引导层。

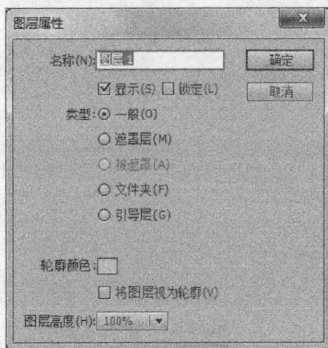

图6-22 设置图层属性

◎ **"遮罩层"单选项**：选中该单选项，将该图层变为遮罩层。

◎ **"被遮罩"单选项**：只有在选择图层上方的图层为遮罩层时，该单选项才会被激活，选中该单选项后，图层将变为被引遮罩层。

◎ **"文件夹"单选项**：选中该单选项，图层将变为文件夹。

◎ **"轮廓颜色"**：单击该颜色色块，在打开的颜色列表框中可选择线框颜色。

◎ **"将图层视为轮廓"复选框**：选中该复选框后，图层中的对象将以线框的形式显示。

◎ **"图层高度"下拉列表框**：用于调整图层的显示高度，在此列表框中有100%、200%、300% 3个选项。

6.2.7　课堂案例1——制作花灯

根据本节所讲的知识，在不同的图层中绘制图形，并重命名图层，以区分不同图层包含的对象。制作主要涉及新建图层、锁定图层、重命名图层等操作，效果如图6-23所示。

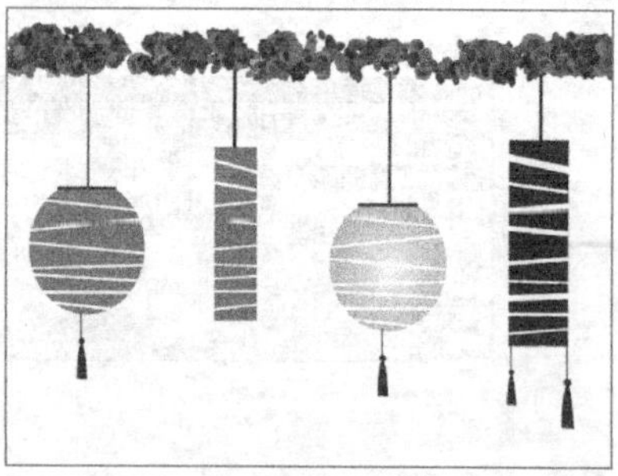

素材所在位置	光盘:\素材文件\第6章\课堂案例1\花灯1.png、花灯2.png……
效果所在位置	光盘:\效果文件\第6章\课堂案例1\花灯.fla
视频演示	光盘:\视频文件\第6章\制作花灯.swf

图6-23　花灯效果

（1）新建ActionScript 3.0文件，并以"花灯"为名保存。

（2）在时间轴中，双击图层1的名称，使其呈可编辑状态，然后输入"吊顶"文本，如图6-24所示，按【Enter】键确认输入。

（3）使用Deco工具，设置其绘制效果为"花刷子"中的"玫瑰"，将花大小和树叶大小都设置为80%，然后绘制如图6-25所示的图案作为吊顶。

图6-24　重命名图层

图6-25　绘制吊顶

（4）在时间轴中单击"新建图层"按钮，在"吊顶"图层上新建一个图层，双击新建图层的名称，使其呈可编辑状态，然后输入"花灯1"。

（5）使用同样的方法新建3个图层，并依次重命名为"花灯2""花灯3""花灯4"，如图6-26所示。

（6）选择【文件】→【导入】→【导入到库】菜单命令，在打开的对话框中选择素材文件夹中的4张素材图片，单击 打开(O) 按钮，如图6-27所示，将其导入库中。

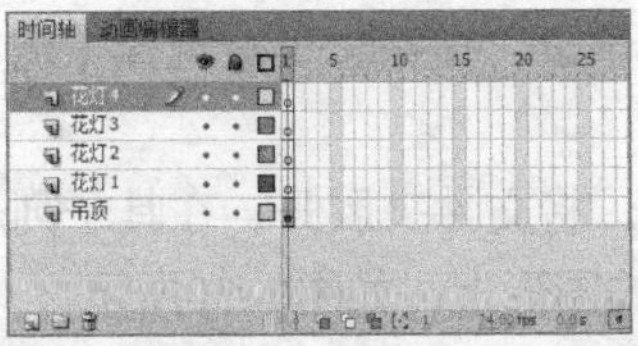

图6-26　新建图层

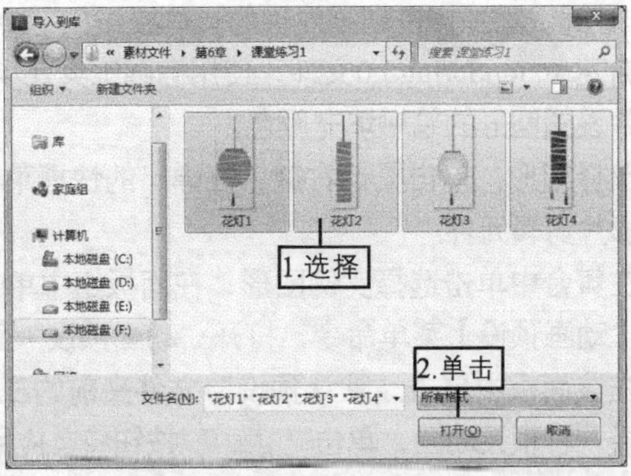

图6-27　导入图片

（7）切换到库面板，系统将自动创建对应的4个图形元件。单击选择"花灯1"图层的第1帧，然后将库面板中的"元件1"拖动到如图6-28所示的位置。

（8）使用同样的方法，依次在对应图层的第1帧中拖入相应的元件，如在"花灯2"图层的第1帧中放入"元件2"，以此类推，最后时间轴如图6-29所示。

（9）按【Ctrl+S】组合键保存文件即可。

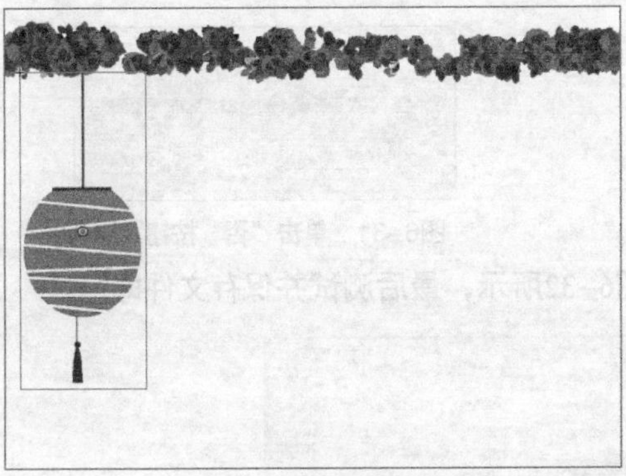

图6-28　拖入花灯

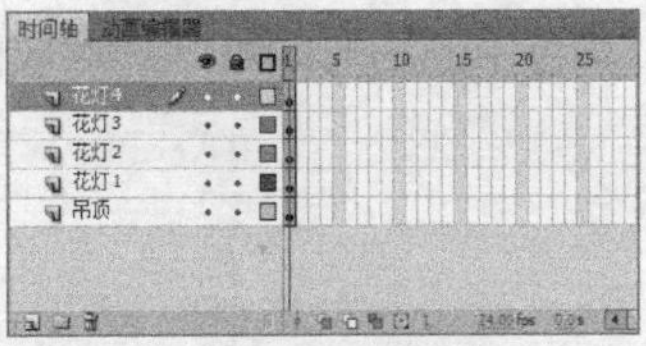

图6-29　时间轴效果

> **行业知识**
> 不同的动画对象最好放置在不同的图层中设置，以免编辑混乱。动画的制作不是一蹴而就，需要长期地观察和积累，在制作的过程中往往需要往复不断地进行测试。

6.3　制作补间动画

补间动画是Flash中最基础的动画类型，包括动作补间、形状补间、传统补间3种，本节将介绍制作补间动画、使用预设动画和创建逐帧动画的方法。

6.3.1　使用"动画预设"面板

前面介绍了Flash中基础动画的制作，掌握这些基础动画的制作方法，可制作出千变万化的动画效果。在Flash中还预设了一些常用的动画效果，帮助用户快速制作出理想的动画，节约制作时间。添加预设动画效果的具体操作如下。

（1）新建ActionScript 3.0文件，使用椭圆工具在场景中按住【Shift】键不放，绘制一个圆形，并设置圆形的笔触填充颜色。

（2）选择圆形，单击鼠标右键，在弹出的快捷菜单中选择"转换为元件"命令，将其转换为影片剪辑元件。

（3）在舞台中单击选择实例图形，在面板组中单击"动画预设"按钮 ，或选择【窗口】→【动画预设】菜单命令，打开"动画预设"面板。

（4）在该面板中单击"默认预设"文件夹前的三角按钮 ，将文件夹展开，在其子列表中选择一种预设动画，单击 应用 按钮将其应用到选择的图形上，如图6-30所示。

（5）在打开的提示对话框中单击 否 按钮，如图6-31所示。

图6-30 添加预设动画

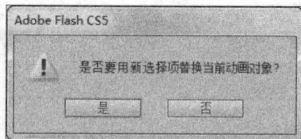

图6-31 单击"否"按钮

（6）舞台中的图形即可添加对应的动画，如图6-32所示，最后测试并保存文件即可。

图6-32 添加动画的效果

6.3.2 制作动作补间动画

动作补间动画可以使对象发生位置移动、缩放、旋转、颜色渐变等变化。这种动画只适用于文字、位图、实例，被打散的对象不能产生动作渐变，除非将它们转换为元件或组合。

1. 制作动画

动作补间动画的制作比较简单，其具体操作如下。

（1）新建ActionScript 3.0文件，选择椭圆工具 ，按住【Shift】键不放，在舞台中绘制一个正圆，并在属性面板中设置该正圆的笔触和填充颜色。

（2）使用选择工具选择绘制的圆形，单击鼠标右键，在弹出的快捷菜单中选择"转换为元件"命令，打开"转换为元件"对话框。

（3）设置元件的名称，在"类型"下拉列表中选择"影片剪辑"选项，单击 确定 按钮，如图6-33所示。

（4）将小球移动到舞台左侧，单击选择"图层1"图层的第25帧，选择【插入】→【时间轴】→【空白关键帧】菜单命令，插入一个空白关键帧，如图6-34所示。

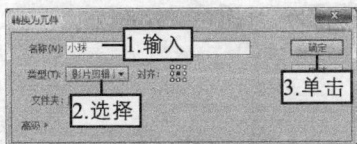

图6-33　将图形转换为元件　　　　　　图6-34　插入空白关键帧

（5）单击选择"小球"图层的第24帧，选择【插入】→【补间动画】菜单命令，其时间轴如图6-35所示。

（6）使用选择工具选择小球图形，将其拖动到舞台右侧，拖动完毕后，在舞台中出现一条动作路径，如图6-36所示，在时间轴中拖动播放头即可查看运动效果。

图6-35　插入空白关键帧和创建补间动画　　　　图6-36　拖动图形创建动画

> 知识提示　创建补间动画后，其动作路径可在舞台中直接显示，创建了多少个帧的补间动画，动作路径上就会显示多少个控制点。

2. 编辑动作补间动画

由于动作补间动画在舞台中可显示动画的动作轨迹，因此可通过编辑运动轨迹来编辑动作，其具体操作如下。

（1）选择"图层1"图层中的第12帧，将鼠标光标移至小球中心点上，当其变为形状时，将第12帧的控制点往下拖动，如图6-37所示。

（2）选择【插入】→【时间轴】→【关键帧】菜单命令，在第12帧上插入一个关键帧。

（3）选择"图层1"图层的第6帧，在舞台中将鼠标光标移至第6帧的控制点上，当其变为形状时，按住鼠标左键不放并拖动，更改运动路径，如图6-38所示。

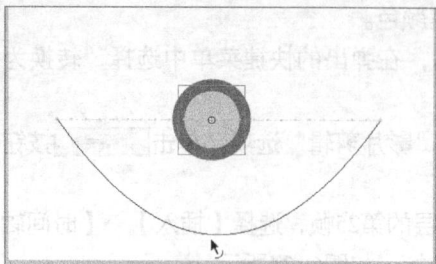

图6-37 调整第12帧的路径

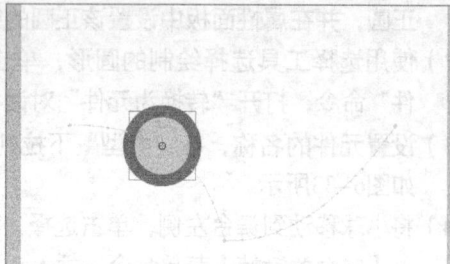

图6-38 调整第6帧的路径

（4）使用同样的方法更改第18帧中的运动路径，最终效果如图6-39所示。

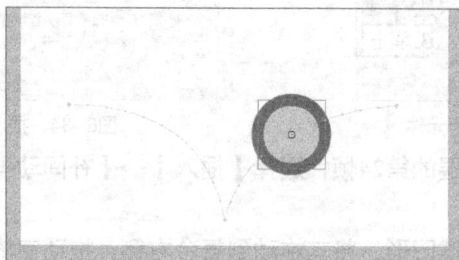

图6-39 调整第18帧的路径

6.3.3 制作形状补间动画

形状补间动画是指动画对象的形状逐渐发生变化的动画。在Flash中制作图形的变形较为简单，只需确定变形前的形状和变形后的形状，再添加形状补间动画即可。

1. 形状补间动画

Flash可以根据前后的动画对象形状，对形状的变化制作过度效果，其具体操作如下。

（1）新建ActionScript 3.0文件，保持默认设置。选择椭圆工具 ，按住【Shift】键不放在舞台绘制一个正圆。

（2）在时间轴中选择第20帧，按【F7】键插入一个空白关键帧。选择矩形工具 ，在舞台中绘制一个矩形，如图6-40所示。

（3）在第1帧和第20帧之间的任意一帧上单击鼠标右键，在弹出的快捷菜单中选择"创建补间形状"命令，在第1帧和第20帧之间生成一个绿底右向的箭头，表示成功创建形状补间动画，如图6-41所示。

图6-40 插入帧并绘制矩形

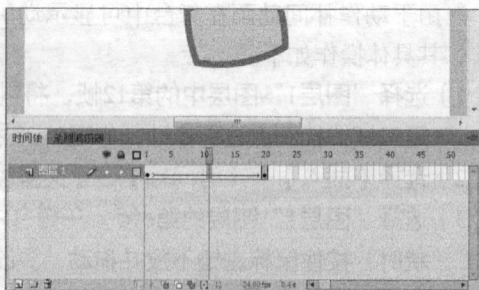

图6-41 创建形状补间动画

（4）在时间轴中拖动播放头，即可查看形状补间动画的效果。

知识提示　　在Flash中只有将文本或图形打散后，才能创建形状补间动画。

2. 添加形状提示

在Flash中，还可通过添加形状提示的方式，使发生形状补间动画的对象，根据提示点所在位置变换。添加形状提示的形状补间动画的具体操作如下。

（1）新建ActionScript 3.0文件，使用文本工具在舞台中输入文本"Flash"，调整文本属性，字体为"Arial Black"，字号为"62"，颜色色值为"#0033FF"。

（2）保持文本框被选中，按两次【Ctrl+B】组合键将其打散，如图6-42所示。

（3）在时间轴中选择第20帧，按【F7】键插入空白关键帧。使用文本工具在舞台中相同的位置输入文本"Flash"，调整文本属性，字体为"Broadway"，字号为"62"，颜色色值为"#FF99FF"。

（4）保持文本框被选中，按两次【Ctrl+B】组合键将其打散，如图6-43所示。

图6-42　在第1帧输入文本　　　　　　　　　图6-43　在第20帧输入文本

（5）在第1帧和第20帧之间的任意一帧上单击鼠标右键，在弹出的快捷菜单中选择"创建补间形状"命令，如图6-44所示。

（6）选择第1帧，选择【修改】→【形状】→【添加形状提示】菜单命令，在舞台中出现一个带有字母"a"的红色圆圈提示点，在该提示点上按住鼠标左键不放，当鼠标指针变为形状时，将其拖动到字母"F"的左上角，如图6-45所示。

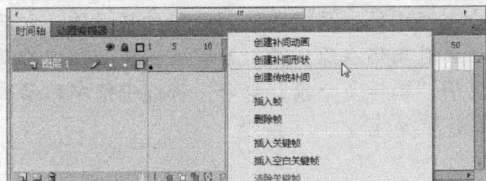

图6-44　选择"添加形状提示"命令　　　　　图6-45　调整第1帧中的提示点

（7）选择第20帧，文本上出现一个与第1帧对应的形状提示点，将其拖动到字母"F"的左上角，此时提示点变为绿色，如图6-46所示，返回第24帧可看到该帧文本上的提示点已变为黄色。

（8）使用相同的方法为其他字母添加提示点，并调整提示点，直到达到满意的形状变化为止，最终效果如图6-47所示。

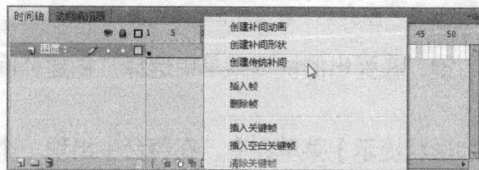

图6-46　调整第20帧中的提示点　　　　　图6-47　为其他字母添加提示点

6.3.4　制作传统补间动画

传统补间与补间动画的区别在于：传统补间只需在开始帧和结束帧中放入同一动画对象，即可选择插入传统补间的命令；"补间动画"只需在开始帧中放入动画对象，并定义结束帧，即可选择插入补间动画的命令，且在补间动画中还可控制对象的动作路径。下面在Flash中制作传统补间动画，其具体操作如下。

（1）新建ActionScript 3.0文件，选择椭圆工具，按住【Shift】键不放，在舞台中绘制一个正圆，并将其移动到舞台左侧。

（2）在时间轴中选择第20帧，按【F6】键插入一个关键帧，然后在舞台中按住【Shift】键不放，将正圆水平移动到舞台右侧。

（3）在第1帧到第20帧之间的任意一帧上单击鼠标右键，在弹出的快捷菜单中选择"创建传统补间"命令，如图6-48所示。

（4）在第1帧和第20帧之间生成一个紫色底的右向的箭头，表示成功创建传统补间动画，如图6-49所示。拖动播放头，可观看创建的圆形从左移动至右的动画效果。

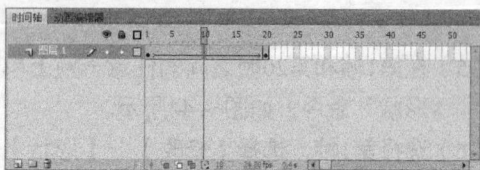

图6-48　选择"创建传统补间"命令　　　　　图6-49　创建传统补间

操作技巧　在创建动画后，若只调整其中一帧中的动画对象，如进行位移操作，之后再单击其他帧，则会发现其他帧中的动画对象仍在原位置，只有被调整的帧中的动画对象的位置发生了变化。因此需要使用"编辑多个帧"命令，将选中帧中的动画对象全部显示在舞台中，再对其进行位移等操作。

6.3.5　创建逐帧动画

在时间轴上逐帧具有变化图像的动画称为逐帧动画，它由一帧一帧的图像组合而成的，可以灵活地表现丰富多变的动画效果，但逐帧动画需要一帧一帧地制作，因此需要相当长的制作时间。逐帧动画中的每一帧都是关键帧。下面在Flash中导入图像序列素材制作逐帧动画，其具体操作如下。

（1）启动Flash CS5，新建ActionScript 3.0文件，选择【文件】→【导入】→【导入到舞台】菜单命令，打开"导入"对话框，打开素材所在位置，选择素材序列文件的第一个文件，单击 打开(O) 按钮，如图6-50所示。

（2）在打开的提示对话框中，单击 是 按钮，如图6-51所示，即可将图片序列导入Flash中。

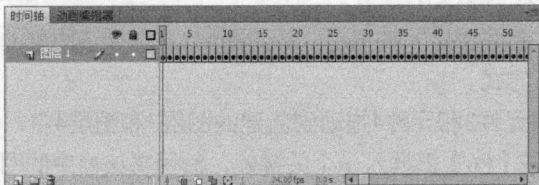

图6-50　导入序列图片到舞台中

图6-51　自动导入图像序列

（3）在时间轴中可查看导入舞台后帧区域中的变化，如图6-52所示。

图6-52　时间轴中帧的变化

知识提示　也可先将图片序列导入库面板之后，再逐一将图片拖到时间轴中的不同帧上，但此方法会使工作量变得非常庞大，只有在图片序列很少等特殊情况下才使用。

6.3.6　课堂案例2——制作"相册放映"动画

将提供的4张图片按照一定的顺序排列好，然后移动制作相册放映的动画。该动画主要通过改变图片位置进行切换，效果如图6-53所示。

图6-53　"相册放映"动画效果

素材所在位置	光盘:\素材文件\第6章\课堂案例2\小孩.jpg、鼠标.jpg
效果所在位置	光盘:\效果文件\第6章\课堂案例2\鼠标小人物.psd
视频演示	光盘:\视频文件\第6章\制作"相册放映"动画.swf

（1）新建ActionScript 3.0文件，选择【文件】→【导入】→【导入到库】菜单命令，在打开

的对话框中选择素材文件夹中的风景1¯4片，单击 打开(O) 按钮将其导入，如图6-54所示。

（2）切换到库面板，将"元件1"拖动到舞台中，保持舞台中的元件实例被选中，单击面板组中的"对齐"按钮▣打开对齐面板。

（3）选中"与舞台对齐"复选框，然后单击"水平中齐"按钮▣和"垂直中齐"按钮▣，如图6-55所示。

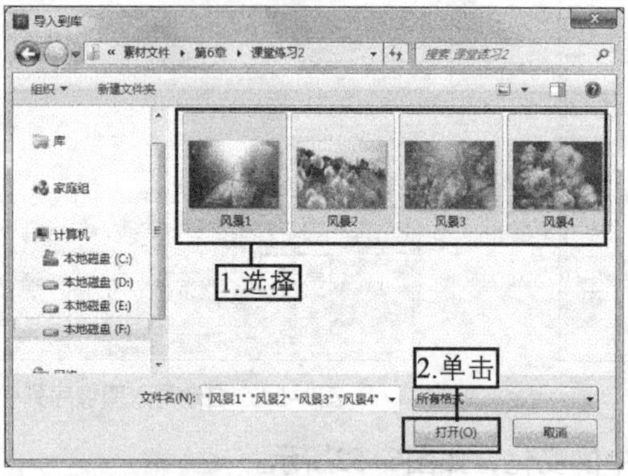

图6-54　导入文件

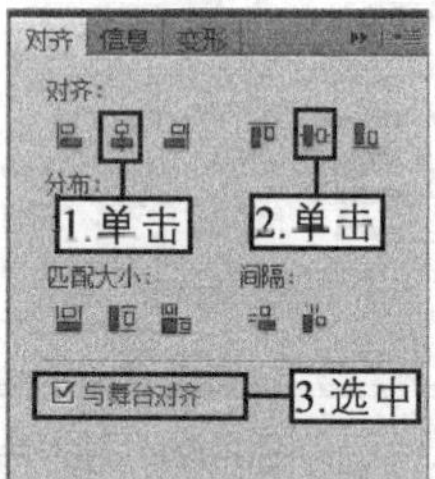

图6-55　设置对齐方式

（4）在时间轴中单击"新建图层"按钮▣，新建图层2，选择该图层的第1帧，将元件2拖动到舞台中并设置对齐方式。

（5）使用同样的方法将元件3和元件4拖动到新建的图层3和图层4中，并设置对齐方式。选择图层4的第15帧，按【F6】键插入一个关键帧，然后将该帧中的图片向右移出舞台。

（6）在图层4中的第1¯第15帧中的任意位置单击鼠标右键，在弹出的快捷菜单中选择"创建传统补间"命令，添加传统补间，如图6-56所示。

（7）在图层3的第15帧和第30帧中分别插入关键帧，选择第30帧，将该层中的图片向左水平移出舞台。

（8）在图层3第15帧和第30帧间选择任意一帧，选择【插入】→【传统补间】菜单命令，插入传统补间，如图6-57所示。

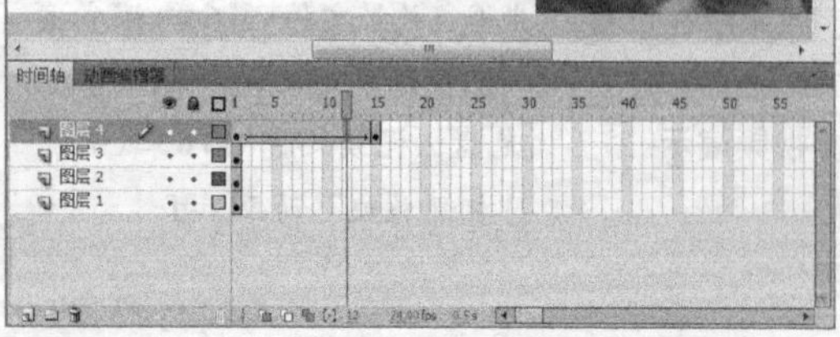

图6-56　为图层4中的对象制作移动动画

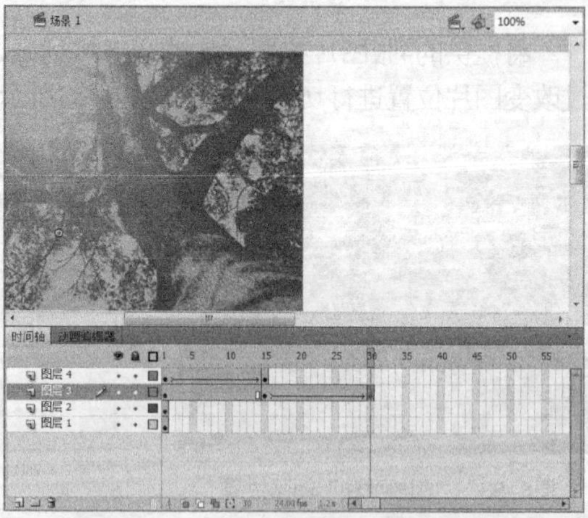

图6-57　为图层3中的对象制作移动动画

（9）在图层2的第30帧和第45帧中分别插入关键帧，选择第45帧，将该层中的图片向上垂直移出舞台。

（10）在图层3第30帧和第45帧间选择任意一帧，选择【插入】→【传统补间】菜单命令，插
入传统补间，如图6-58所示。

（11）选择图层1的第45帧，按【F6】键插入关键帧，完成动画的制作，如图6-59所示。

图6-58　为图层3中的对象制作移动动画　　　　图6-59　延长图层1中图像的显示时长

（12）按【Ctrl+Enter】组合键，即可预览动画，如图6-60所示。

图6-60　预览动画

（13）选择【文件】→【保存】菜单命令，在打开的对话框中将文件以"相册放映"为名保存
在效果文件中即可。

> 制作物体运动的动画时，应注意物体的运动规律，从时间、空间、速度，以
> 及动画对象彼此之间的关系来考虑动画的制作，从而处理好动画中对象的动作和
> 节奏。
>
> 行业知识

6.4　课堂练习

本课堂练习分别制作"路灯下的小孩"动画和"变形"动画，综合练习本章学习的知识
点，巩固传统补间、动作补间、形状补间动画的制作方法。

6.4.1 制作"路灯下的小孩"动画

1. 练习目标

本练习要求制作"路灯下的小孩"动画，素材文件中已经提供了背景图片，只要把小孩的逐帧动画导入文件中即可。参考效果如图6-61所示。

图6-61 路灯下的小孩

素材所在位置	光盘:\素材文件\第6章\课堂练习\路灯下的小孩.fla、小狗文件夹
效果所在位置	光盘:\效果文件\第6章\课堂练习\路灯下的小孩.fla
视频演示	光盘:\视频文件\第6章\制作"路灯下的小孩"动画.swf

2. 操作思路

掌握导入图片和制作逐帧动画的相关操作后，根据上面的练习目标，本例的操作思路如图6-62所示。

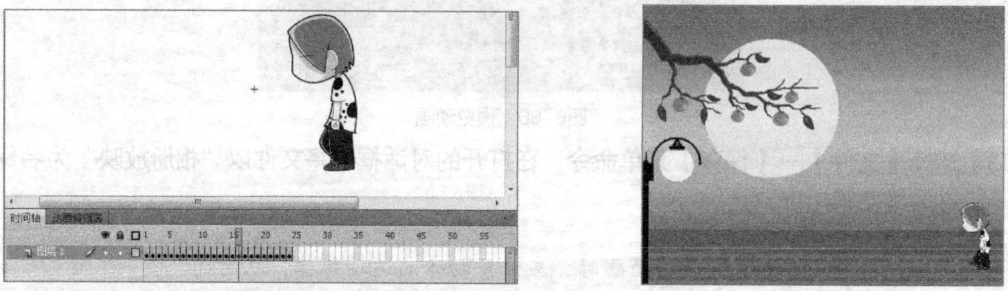

① 制作逐帧动画　　　　　　　　　　② 合成动画场景

图6-62 制作"路灯下的小孩"动画的操作思路

行业知识 无论何种形式的动画，在制作时都要注意使动画连贯，计算好物体在运动时的距离，以免出现违背常理的动画效果。

（1）打开素材文件"路灯下的小孩.fla"，选择【文件】→【导入】→【导入到库】菜单命令，在"小孩"文件夹中选择所有图片，单击 ┌打开(O)┐ 按钮，将这些图片导入"库"面板中。

（2）按【Ctrl+F8】组合键，打开"创建新元件"对话框，创建一个以"小孩"为名的影片剪辑元件。

（3）在该元件的编辑模式下，将"小孩1.png"图片拖动到舞台中，并在对齐面板中，设置与舞台水平中齐和垂直中齐。

（4）在该元件编辑模式下，继续选择图层1的第2帧，按【F7】键插入空白关键帧，将"小孩2.png"拖动到舞台中，并设置对齐方式。然后依照上述的方法，将之后的第3~第7张图片也分别拖动到对应的帧中，并设置对齐方式。

（5）选择这8帧，复制帧，并在第9帧开始粘贴。按照此方法再复制粘贴一次帧。

（6）在舞台上方单击 ▤ 场景 1 按钮，切换到场景中，新建图层2，选择图层2的第1帧，将"小孩"影片剪辑元件拖动到场景中。

（7）按【Shift】键选择图层1和图层2的第50帧，按【F6】键同时在这两帧中插入关键帧。

（8）选择图层2中的第50帧，将舞台中的小孩元件实例水平向左移动一段距离，然后在第1至第50帧添加传统补间。按【Ctrl+Enter】组合键预览动画。

（9）保存文件即可。

6.4.2 制作"变形"动画

1. 练习目标

本练习要求制作一个变形动画。制作时可打开光盘中提供的素材文件进行操作，参考效果如图6-63所示。

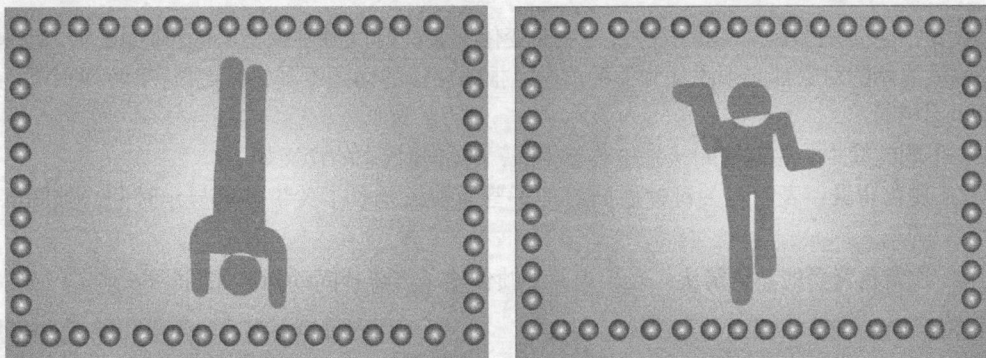

图6-63 "变形"动画

素材所在位置　光盘:\素材文件\第6章\课堂练习\1.ai、2.ai
效果所在位置　光盘:\效果文件\第6章\课堂练习\变形.fla
视频演示　　　光盘:\视频文件\第6章\制作"变形"动画.swf

2. 操作思路

掌握一定的创建变形补间动画的操作后，根据上面的练习目标，本例的操作思路如图6-64所示。

① 制作背景　　　　　　　　　　② 导入素材文件

图6-64　制作"变形"动画的操作思路

（1）新建ActionScript 3.0文件，绘制矩形背景，并设置背景为橙色径向渐变填充。

（2）绘制圆形并填充灰色径向渐变，然后复制绘制圆形进行排列。

（3）在图层1中选择第25帧，按【F5】键插入普通帧，将素材文件中的"1.ai"和"2.ai"图形导入"库"面板中。

（4）新建图层2，在第1帧中放入"1.ai"图形，在第25帧中按【F7】键插入空白关键帧，放入"2.ai"图形。

（5）在图层2中创建形状补间，为补间动画添加形状提示，控制动画的变化。

（6）按【Ctrl+S】组合键，在打开的对话框中保存即可。

6.5　拓 展 知 识

关键帧主要用于定义动画中对象的主要变化，它在时间轴中以实心的小圆■表示，动画中所有需要显示的对象都必须添加到关键帧中。根据创建的动画不同，关键帧在时间轴中的显示效果也不相同。

在不同的帧中，关键帧的状态也各不相同，各种帧状态的含义如下。

◎ **灰色背景**：表示在关键帧后面添加了普通帧，延长了关键帧的显示时间，如图6-65所示。

◎ **浅紫色背景的黑色箭头**：表示为关键帧创建了传统补间动画，如图6-66所示。

图6-65　插入普通帧

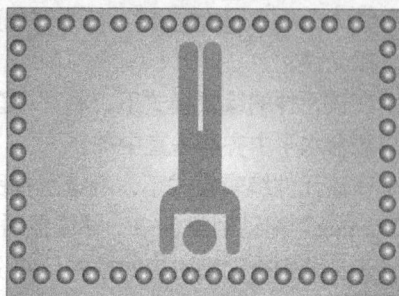

图6-66　创建传统补间动画

◎ **浅绿色背景的黑色箭头**：表示为关键帧创建了形状补间动画，如图6-67所示。

◎ **虚线**：表示创建动画不成功，关键帧中的对象有误或图形格式不正确，如图6-68所示。

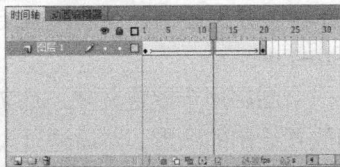

图6-67　创建形状补间动画

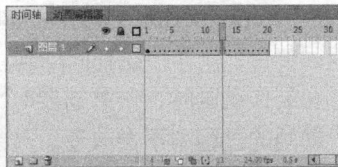

图6-68　未创建动画

◎ **关键帧上有"α"符号**：表示给该关键帧添加了特定的语句，如图6-69所示。

◎ **关键帧上有"小红旗"图标**：表示在该关键帧上设定了标签或注释，如图6-70所示。

图6-69　添加了语句的关键帧

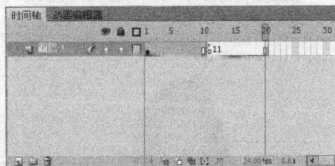

图6-70　设定了标签的关键帧

◎ **菱形关键帧**：创建了动作补间的动画，在移动的关键点对应的帧上，其关键帧为菱形，如图6-71所示。

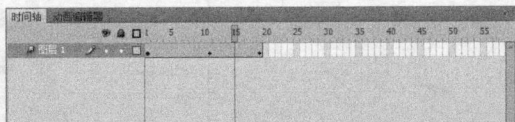

图6-71　创建动作补间动画

6.6　课后习题

（1）新建文件，并在文件中新建图形元件，进入元件编辑模式，在其中绘制一个时尚女孩，然后返回舞台制作动画。

提示：要求使用两个图层，图层1放置绘制的女孩对象，图层2制作形状变化动画，从将女孩遮住，到将女孩显示出来，效果如图6-72所示。

效果所在位置　　光盘:\效果文件\第6章\课后习题\回忆.fla

视频演示　　　　光盘:\视频文件\第6章\制作"回忆"动画.swf

图6-72　"回忆"动画

（2）新建ActionScript 3.0文件，新建3个元件，在其中分别绘制几个展示服装的模特图形，然后返回舞台，制作传统补间动画。参考效果如图6-73所示。

提示： 在制作动画时，一共需要4个图层。其中，一个图层用于放置文字，且文字在整个动画的过程中不会改变。其余3个图层分别放置绘制的图形，然后通过改变透明度来制作补间动画。

效果所在位置	光盘:\效果文件\第6章\课后习题\新品上市.fla
视频演示	光盘:\视频文件\第6章\制作"新品上市"动画.swf

图6-73　"新品上市"动画

第 **7** 章

制作高级动画（一）

上章讲解了Flash基础动画的相关知识，本章将详细讲解使用Flash CS5制作高级动画的知识。对遮罩动画、引导动画，以及3D动画等进行介绍。读者通过学习要能够熟练应用Flash CS5的时间轴和相关工具制作高级动画的操作。

学习要点

- ◎ 制作遮罩动画
- ◎ 制作引导动画
- ◎ 制作3D动画
- ◎ 制作骨骼动画

学习目标

- ◎ 掌握遮罩动画的原理和制作方法
- ◎ 掌握引导动画的制作方法
- ◎ 熟悉3D动画的制作方法
- ◎ 熟悉骨骼工具的制作和应用方法

7.1　制作遮罩动画

在一些Flash动画中经常会看到水波纹效果、百叶窗效果、放大镜效果等，这些效果均通过Flash的遮罩功能来实现。为动画对象创建遮罩动画，可以在创建的遮罩图形区域内显示动画对象，改变遮罩图形的大小和位置，还可以控制动画对象的显示范围。

7.1.1　制作遮罩

在制作遮罩前需要先创建遮罩层，利用遮罩层可以决定被遮罩层中对象的显示情况，如被遮罩层中哪些地方显示，哪些地方不显示。在Flash中没有专门用来创建遮罩层的按钮，遮罩层是由普通图层转换来的。在Flash CS5中创建遮罩层的常用方法主要有以下两种。

◎ **通过右键快捷菜单：** 在要作为遮罩层的图层上单击鼠标右键，在弹出的快捷菜单中选择"遮罩层"命令，如图7-1所示，将图层转换遮罩层，遮罩层用一个遮罩层图标 ⊗ 来表示。紧贴它下面的层将链接到遮罩层，其内容会透过遮罩层上的填充区域显示出来。被遮罩的层的名称以缩进形式显示，其图标更改为一个被遮罩的层的图标 ⬚ ，如图7-2所示。

图7-1　选择"遮罩层"命令　　　　　　　　　图7-2　遮罩层与被遮罩层

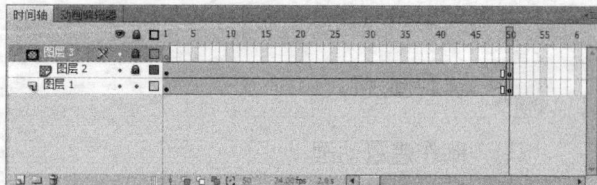

◎ **双击图层图标：** 在图层区域中双击要转换为遮罩层的图层上的图标 ，在打开的"图层属性"对话框的"类型"栏中选中"遮罩层"单选项，再单击 确定 按钮，如图7-3所示，即可将该图层转换为遮罩层。创建遮罩层后，双击遮罩层下方图层上的图标 ，在打开的"图层属性"对话框的"类型"栏中选中"被遮罩"单选项，再单击 确定 按钮将该图层转换为被遮罩层，如图7-4所示。这样才能使遮罩层和被遮罩层之间建立链接关系。

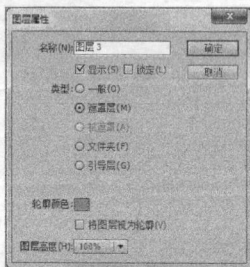

图7-3　将图层设置为遮罩层　　　　　　　　图7-4　将图层设置为被遮罩层

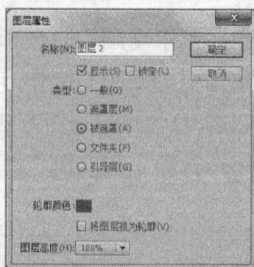

> 在遮罩层中有对象的地方就是"透明"的，可以看到被遮罩层中的对象，而没有对象的地方就是不透明的，即被遮罩层中相应位置的对象不可见。在遮罩层上一般应放置填充形状、文字、元件的实例。

知识提示

◎ **通过菜单命令**：在时间轴中选择要更改为遮罩层的图层，然后选择【修改】→【时间轴】→【图层属性】菜单命令，在打开的"图层属性"对话框中进行设置。其设置方法与双击图层图标的设置方法相同。

7.1.2　制作多层遮罩

遮罩动画的制作方法多种多样，用户还可以根据喜好设置不同的遮罩效果。下面讲解遮罩动画的注意事项和多层遮罩的制作。

1. 制作遮罩动画的注意事项

在制作遮罩动画时运用以下技巧，可以更方便地制作出精彩的动画。

◎ 遮罩层中的对象可以是按钮、影片剪辑、图形、文字等，但不能使用线条，被遮罩层中则可以是除了动态文本之外的任意对象。在遮罩层和被遮罩层中可使用形状补间动画、动作补间动画、引导层动画等多种动画形式。

◎ 在制作遮罩动画的过程中，遮罩层可能会挡住下面图层中的元件，要编辑遮罩层中对象的形状，可以单击"时间轴"面板中的"显示图层轮廓"按钮□，使遮罩层中的对象只显示边框形状，以便调整遮罩层中对象的形状、大小、位置。

◎ 不能用一个遮罩层来遮罩另一个遮罩层。

2. 制作多层遮罩

运用一个遮罩层同时遮罩多个被遮罩层中对象的动画称为多层遮罩动画。在制作遮罩动画时，一般默认遮罩层只和其下的一个图层建立遮罩关系，如果要使遮罩层同时遮罩多个图层，可将图层拖移到遮罩层的下方或更改图层属性，使其和遮罩层之间产生一种链接的关系，从而实现被遮罩。在Flash CS5中为遮罩层添加多个被遮罩层的方法主要有以下两种。

◎ 如果需要被遮罩的图层位于遮罩层上方，可选择该图层，直接将其拖至遮罩层下方。

◎ 如果需要添加的图层位于遮罩层下方，双击该图层上的图层图标，在打开的"图层属性"对话框中选中"被遮罩"单选项，再单击 确定 按钮即可，效果如图7-5所示。

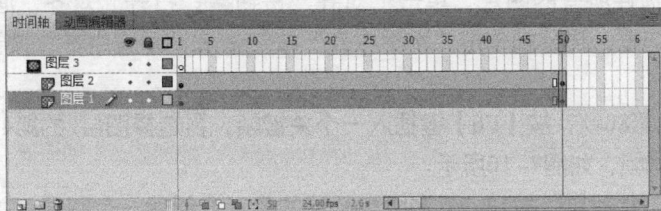

图7-5　创建多层遮罩

7.1.3 课堂案例1——创建"花海"动画

利用前面学过的知识制作"花海"动画，主要是创建遮罩，然后通过遮罩图层来完成，效果如图7-6所示。

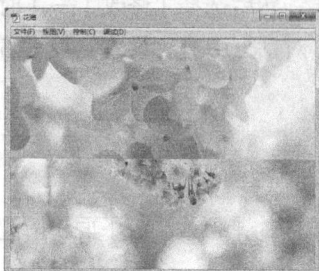

素材所在位置	光盘:\素材文件\第7章\课堂案例1\1.jpg、2.jpg
效果所在位置	光盘:\效果文件\第7章\课堂案例1\花海.fla
视频演示	光盘:\视频文件\第7章\制作"花海"动画.swf

图7-6 "花海"动画

（1）新建一个ActionScript 3.0文件，并命名为"花海"，舞台大小为550像素×400像素。

（2）选择【文件】→【导入】→【导入到库】菜单命令，打开"导入到库"对话框。选择图片"1.jpg"，按住【Shift】键不放，再单击"2.jpg"文件，如图7-7所示。

（3）单击 打开(O) 按钮，将这2张图片导入"库"面板中。在时间轴中，单击"新建图层"按钮 ，新建图层2，如图7-8所示。

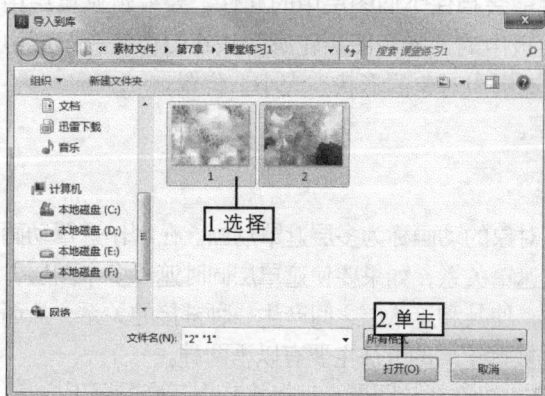

图7-7 选择要导入的图片

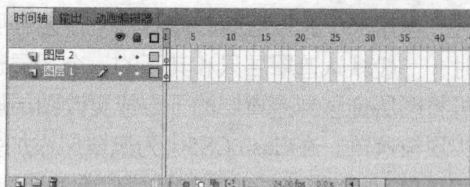

图7-8 新建图层

（4）选择图层1的第1帧，将库面板中的"1.jpg"拖动到舞台中，使用同样的方法，将"2.jpg"拖动到图层2的第1帧。

（5）在舞台中框选住所有的图片，单击"对齐"按钮 ，打开"对齐"面板，选中"与舞台对齐"复选框，再分别单击"水平中齐"按钮 和"垂直中齐"按钮 ，如图7-9所示。

（6）选择图层1的第80帧，按【F6】键插入一个关键帧，再选择图层2的第45帧，按【F6】键插入一个关键帧，如图7-10所示。

（7）再次单击"新建图层"按钮 ，在所有图层的最上方新建一个图层，并将其名称更改为"遮罩"。

（8）按【Ctrl+F8】组合键，打开"创建新元件"对话框，设置名称为"遮罩"，类型为"影片剪辑"，单击 确定 按钮，如图7-11所示。

图7-9　将图片与舞台对齐

图7-10　插入关键帧

（9）进入元件编辑状态，在对象绘制状态下，使用矩形工具在舞台中绘制一个矩形，并在属性面板中将其高设置为"402"，宽设置为"550"，颜色设置为黑色，笔触设置为"1.00"，如图7-12所示。

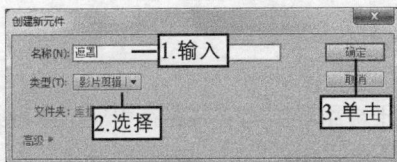

图7-11　新建影片剪辑元件

图7-12　绘制矩形

（10）选择绘制的矩形，将其转换为元件。单击"对齐"按钮，打开"对齐"面板，选中"与舞台对齐"复选框，再分别单击"水平中齐"按钮和"垂直中齐"按钮。

（11）选择图层1的第30帧，按【F6】插入关键帧。切换到属性面板中，选择该帧中的矩形，将其高度设置为1.00，如图7-13所示。

（12）在第1帧至第3帧中单击鼠标右键，在弹出的快捷菜单中选择"创建传统补间"命令，时间轴效果如图7-14所示。

图7-13　设置第30帧中矩形的高度

图7-14　创建传统补间

（13）单击舞台上方的按钮，回到场景中。选择"遮罩"层的第16帧，按【F7】键插入一个空白关键帧，然后将"遮罩"元件拖动到舞台中，并对齐舞台。

（14）在"遮罩"层的名称上单击鼠标右键，在弹出的快捷菜单中选择"遮罩层"命令，将其设置为遮罩层，如图7-15所示。

（15）按【Ctrl+Enter】组合键可观看设置的遮罩动画，如图7-16所示。按【Ctrl+S】组合键保存文件即可。

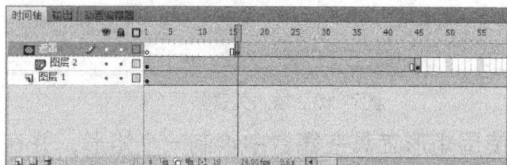

图7-15　设置遮罩层

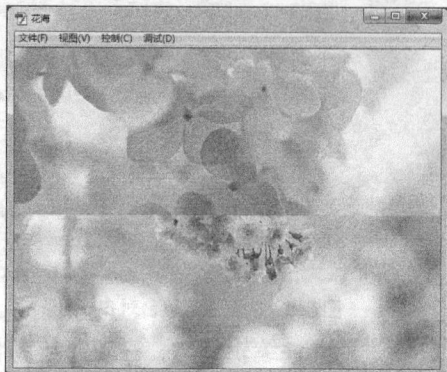

图7-16　遮罩动画

7.2　制作引导动画

引导动画是指创建一条路径引导动画对象按照一定的路径移动，使用引导动画可制作出逼真的动画效果。

7.2.1　引导动画的基本概念

引导动画由引导层和被引导层组成，引导层位于被引导层的上方，在引导层中可绘制引导线，它引导动画对象按路径运动，且在最终输出时不会显示。

1. 绘制路径注意事项

在引导层中绘制路径应注意以下几点。

◎ **流畅的引导线**：引导线应为一条流畅的从头到尾连续贯穿的线条，不能出现中断的现象。

◎ **不宜过多转折**：引导线的转折不宜过多，且转折处的线条弯转不宜过急。

◎ **准确吸附动画对象**：被引导对象其中心点必须准确吸附在引导线上，否则将无法沿引导路径运动。

◎ **不可交叉**：引导线中不能出现交叉和重叠的现象。

2. 创建引导层

引导动画需要通过创建引导层来实现，使用引导层可以在制作动画时更好地组织舞台中的对象，精确控制对象的运动路径。引导层在影片制作过程中主要起辅助作用，在发布Flash动画时不会显示在Flash影片的屏幕中。因此在创建引导动画前，需要了解引导层的相关知识。创建引导层的方法有以下两种。

◎ 选择要作为引导层的图层，单击鼠标右键，在弹出的快捷菜单中选择"引导层"命令，将该图层创建为引导层，在图层区域以 图标表示，如图7-17所示。将要作为被引导层的图层拖动至该图层下，完成引导层与被引导层的创建。

◎ 选择要作为被引导层的图层，单击鼠标右键，在弹出的快捷菜单中选择"添加传统运动引导层"命令，将该图层转换为被引导层，其上会自动添加一个引导层。被引导层上的任意对象将沿着运动引导层上的路径运动，创建的引导层在图层区域以 图标表示，如图7-18所示。

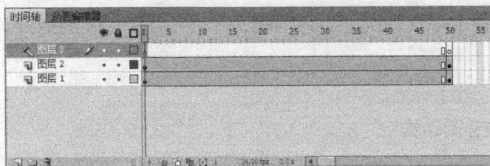

图7-17　创建引导层

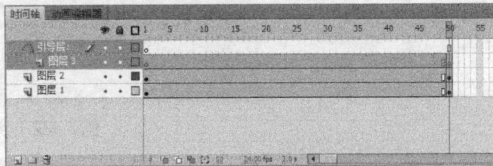

图7-18　创建引导层与被引导层

> **知识提示**
>
> 运动引导层可以根据需要与一个图层或任意多个图层相关联。

7.2.2　创建引导动画

创建引导动画的操作比较简单，其具体操作如下。

（1）设置好被引导图层的运动时间，即帧数。在其上单击鼠标右键，在弹出的快捷菜单中选择"添加传统运动引导层"命令，创建运动引导层，如图7-19所示。

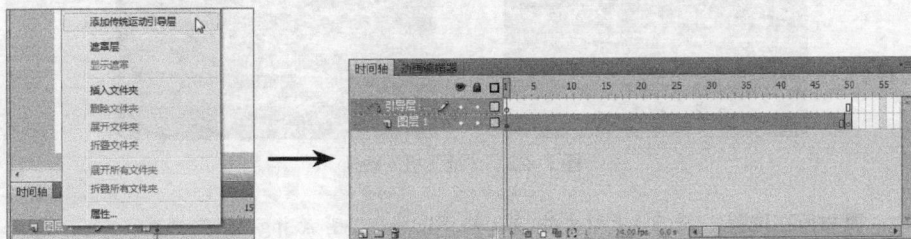

图7-19　创建引导层

（2）单击"引导层"的第1帧，使用铅笔工具在舞台中绘制运动的路径，如图7-20所示。

（3）按住【Shift】键不放，选择"引导层"和"图层1"图层中的第50帧，按【F6】键插入关键帧。

（4）单击"图层"图层的第1帧，使用任意变形工具选择"图层1"图形元件，将其拖动到引导路径的起点位置，选择该图层的第50帧，将"图层1"图形实例拖动到引导路径的终点位置，如图7-21所示。

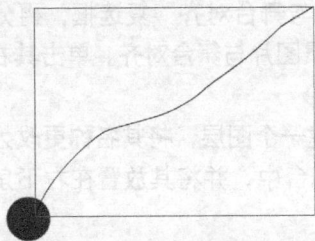

图7-20　绘制引导路径

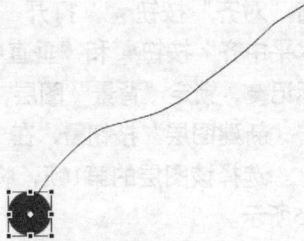

图7-21　将被引导层中的动画对象吸附到引导路径上

（5）在"图层1"的第1帧和第60帧之间的任意一帧上单击鼠标右键，在弹出的快捷菜单中选择"创建传统补间"命令，如图7-22所示。

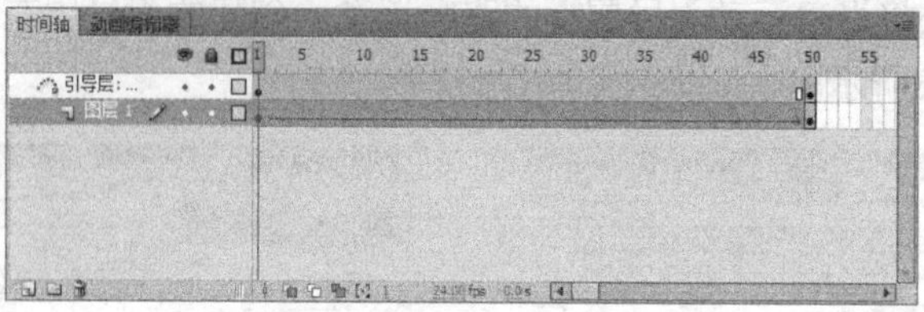

图7-22　创建传统补间动画

使用任意变形工具可让图形的中心点显示出来，方便中心点对齐路径的起点和终点。

操作技巧

7.2.3　课堂案例2——制作"纸飞机"动画

利用前面学过的知识制作"夜空"图像效果，主要是创建各种选区，然后在选区中填充颜色来完成，效果如图7-23所示。

图7-23　"纸飞机"动画

素材所在位置	光盘:\素材文件\第7章\课堂案例2\背景.jpg、纸飞机.png
效果所在位置	光盘:\效果文件\第7章\课堂案例2\纸飞机.fla
视频演示	光盘:\视频文件\第7章\制作"纸飞机"动画.swf

（1）新建一个名称为"纸飞机"的ActionScript 3.0文件，选择【文件】→【导入】→【导入到库】菜单命令，打开"导入到库"对话框，按住【Shift】键不放，选择"背景.jpg"和"纸飞机.jpg"图片，将其导入"库"面板中。

（2）导入的纸飞机图片自动生成一个元件。在时间轴中双击"图层1"的名称，将其更改为"背景"，选择该图层的第1帧，将背景图片拖动到舞台中。

（3）单击"对齐"按钮，打开"对齐"面板，选中"与舞台对齐"复选框，再分别单击"水平中齐"按钮和"垂直中齐"按钮，使背景图片与舞台对齐。单击其右侧的锁定标记，锁定"背景"图层，如图7-24所示。

（4）单击"新建图层"按钮，在"背景"图层上，新建一个图层，将其名称更改为"纸飞机"。选择该图层的第1帧，将纸飞机图片拖动到舞台中，并将其放置在右下角，如图7-25所示。

（5）按住【Ctrl】键不放，选择两个图层的第80帧，再按【F5】键插入帧。

图7-24 锁定背景图层

图7-25 置入纸飞机

（6）在"纸飞机"图层上单击鼠标右键，在弹出的快捷菜单中选择"添加传统运动引导层"命令，为"纸飞机"图层创建运动引导层，如图7-26所示。

（7）选择"引导层"的第1帧，使用铅笔工具在舞台中绘制纸飞机运动的路径。按住【Ctrl】键不放，选择"引导层"和"纸飞机"图层中的第65帧，按【F6】键插入关键帧，如图7-27所示。

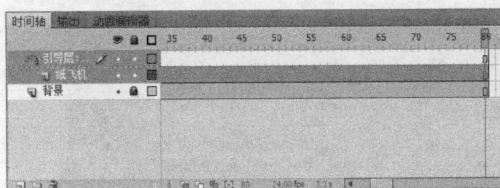

图7-26 创建运动引导层

图7-27 绘制引导路径并插入关键帧

（8）选择"纸飞机"图层的第1帧，使用任意变形工具选择"纸飞机"图形元件，将其拖动到引导路径的起点位置，选择该图层的第65帧，将"纸飞机"图形实例拖动到引导路径的终点位置，如图7-28所示。

（9）在"纸飞机"图层的第1帧和第65帧之间的任意一帧上单击鼠标右键，在弹出的快捷菜单中选择"创建传统补间"命令，如图7-29所示。

图7-28 设置起点和终点

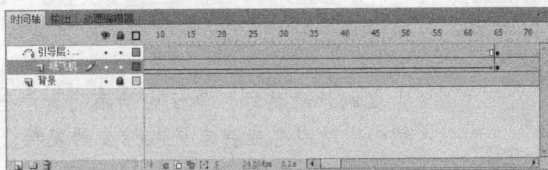

图7-29 创建补间动画

（10）在"纸飞机"图层的第65帧上将舞台中的纸飞机缩小。选择"纸飞机"图层第1至第65
帧中的任意一帧，在属性面板的"补间"栏中单击"编辑缓动"按钮，如图7-30所
示，打开"自定义缓入/缓出"对话框。

（11）单击左下角的黑色正方形控制点，出现一个与直线平行的贝塞尔控制手柄，将鼠标光标
移至该贝塞尔控制手柄上，当鼠标光标变为 形状时，按住鼠标左键不放并向下拖动，
调节曲线弧度。使用同样的方法调节右上角的黑色正方形控制点，如图7-31所示。

图7-30 单击"编辑缓动"按钮

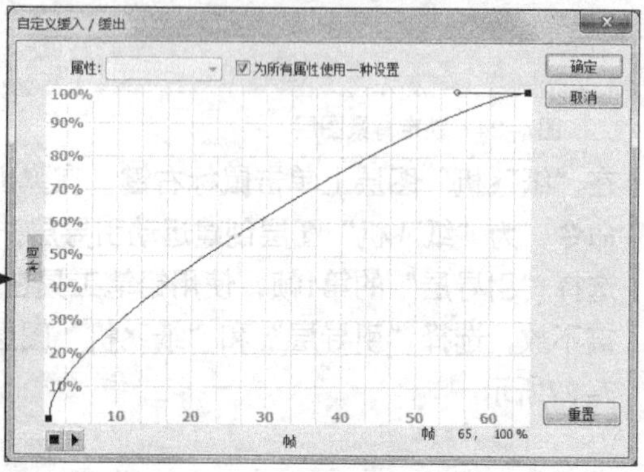

图7-31 调节顶点上的控制点

（12）单击 确定 按钮退出对话框，在属性面板的"补间"栏中选中"调整到路径"复选
框，如图7-32所示。

（13）按【Ctrl+Enter】组合键测试动画，如图7-33所示。最后保存文件即可。

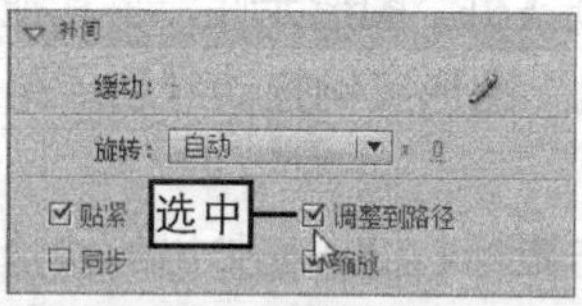

图7-32 选中"调整到路径"复选框

图7-33 测试动画

在时间轴中若要选择不连续的多个帧，可按住【Ctrl】键不放，然后依次单击需
要选择的帧即可。

知识提示

在制作动画时，要注意动画的大小远近。这里纸飞机在飞远时，在视觉上会越
来越小，所以也应在末尾做相应的变换。

行业知识

7.2.4 课堂案例3——制作"蝴蝶飞舞"动画

利用前面学过的知识制作"蝴蝶飞舞"动画，主要通过创建多层引导动画来实现，效果如图7-34所示。

图7-34 "蝴蝶飞舞"动画

素材所在位置	光盘:\素材文件\第7章\课堂案例3\背景.jpg、蝴蝶.png……
效果所在位置	光盘:\效果文件\第7章\课堂案例3\蝴蝶飞舞.fla
视频演示	光盘:\视频文件\第7章\制作"蝴蝶飞舞"动画.swf

（1）新建一个Flash文件，设置场景大小为550像素×400像素，以"蝴蝶飞舞"为名保存。

（2）将"背景.jpg"导入库中。单击"图层1"的第1帧，将库中的"背景.jpg"拖入舞台中，将其与舞台对齐，然后单击该图层右侧的锁定标记 🔒，锁定"背景"图层。

（3）将"蝴蝶.png"图片导入库中，然后创建两个影片剪辑元件，分别命名为"蝴蝶1"和"蝴蝶2"。双击"蝴蝶1"影片剪辑元件，进入元件编辑模式，将蝴蝶元件拖动到该影片剪辑元件中。

（4）在时间轴中选择图层1的第3帧，按【F6】键插入关键帧，然后使用任意变形工具将舞台中的蝴蝶左右缩小，如图7-35所示。

（5）在第5、第7和第9帧插入空白关键帧，使用右键快捷菜单复制第1帧中的内容，粘贴到第5帧和第9帧中，复制第3帧中的内容，粘贴到第7帧。然后在第2、第4、第6、第8帧中创建传统补间动画，如图7-36所示。

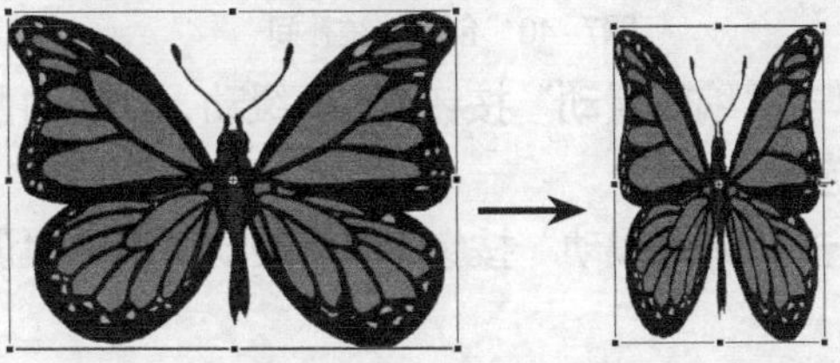

图7-35 更改图片形状

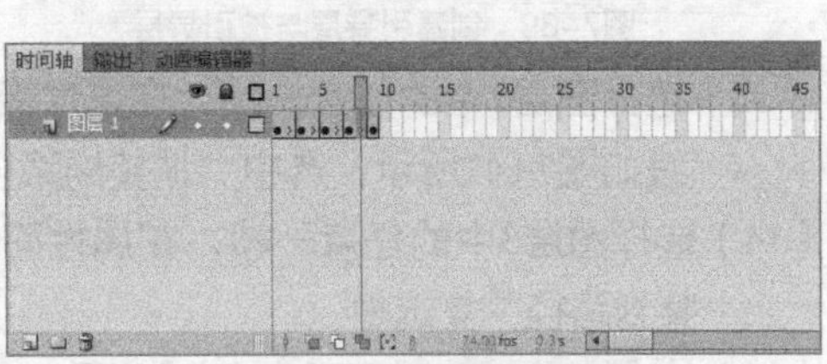

图7-36 创建蝴蝶动画

（6）按【Shift】键不放，单击第1帧和第9帧，选择这9帧并进行复制操作，双击进入"蝴蝶2"影片剪辑元件的编辑模式，再粘贴帧。

（7）单击时间轴面板中的 ⏎ 按钮返回主场景，新建图层2、图层3、图层4，选择图层4的第1帧，选择工具箱中的铅笔工具 ✏，将颜色设置为"绿色（#00FF00）"，沿着花朵的路线绘制两条未封闭的曲线条，如图7-37所示。

（8）分别在4个图层的第40帧中插入帧。选择图层2的第1帧，将"蝴蝶1"拖入场景中，缩放更改其大小，并使其中心点和较小曲线的起始点重合。

（9）选择图层2的第40帧，插入关键帧，并将"蝴蝶1"拖到曲线的末尾处，并适当旋转其角度，使元件的中心点吸附到曲线上。

（10）使用同样的方法，将"蝴蝶2"元件放入图层3中，调整其大小，并在第40帧插入关键帧，设置其起始点和末尾的蝴蝶分别吸附在较大曲线的起点和终点，如图7-38所示。

图7-37　绘制引导线

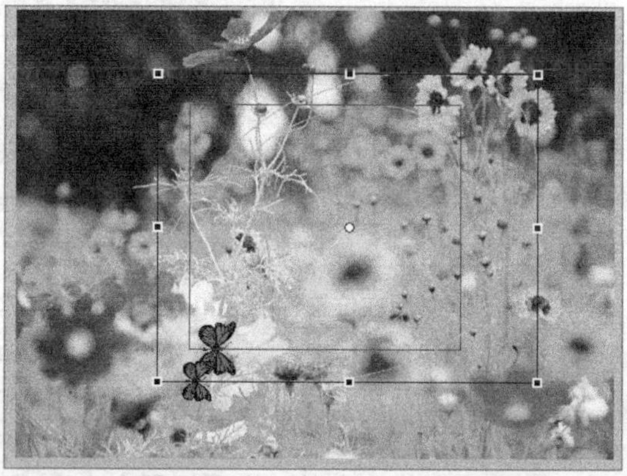

图7-38　元件中心点和曲线的起始点重合

（11）在图层4的名称上单击鼠标右键，在弹出的快捷菜单中选择"引导层"命令。选择图层3，将其拖动到图层4下方，如图7-39所示，使其成为被引导层。使用同样的方法，将图层2拖动到图层3下方，也将其更改为被引导层。

（12）在这两个图层的第1帧至第40帧的任意一帧上单击鼠标右键，在弹出的快捷菜单中选择"添加传统补间"命令，如图7-40所示。

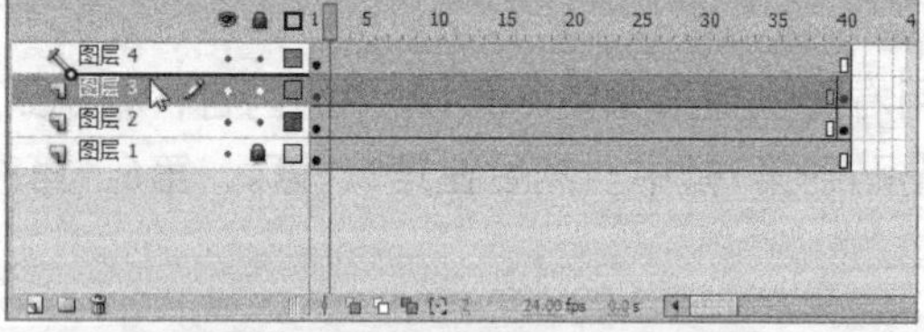

图7-39　创建引导层与被引导层

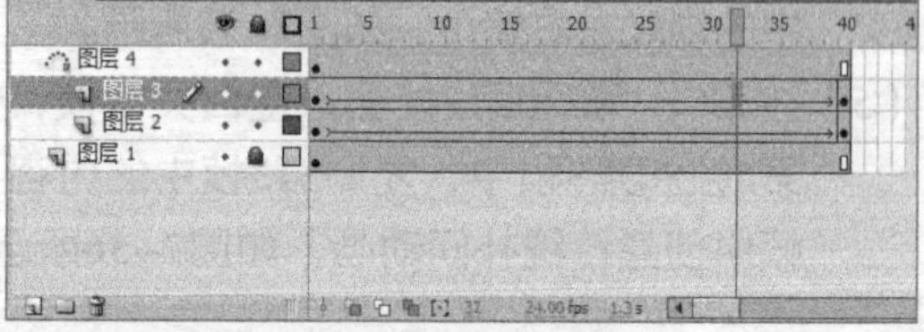

图7-40　创建传统补间

（13）选择图层2中的任意一帧，在属性面板中单击"编辑缓动"按钮 ✎ 编辑缓动，使缓动曲线如图7-41所示，选中"调整到路径"复选框。

（14）选择图层3中的任意一帧，在属性面板中单击"编辑缓动"按钮 ✎ 编辑缓动，选中"调整到路径"复选框。

（15）按【Ctrl+Enter】组合键测试动画，如图7-42所示，没有问题后保存文件即可。

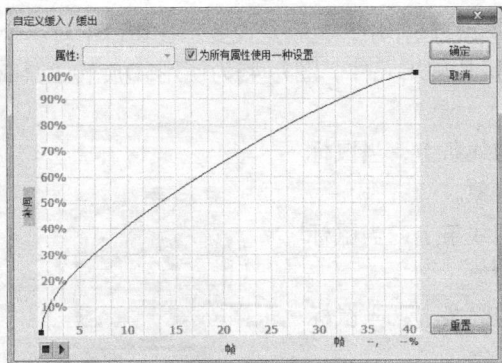

图7-41 设置缓动

图7-42 测试动画

7.3 制作3D动画

在老版本的Flash中，舞台坐标只有x轴和y轴两个方向。从CS4版本开始，Flash引进了三维定位系统，增加了z轴的概念，在工具栏中使用3D旋转工具和3D平移工具，可对对象进行空间上的旋转和位移。

7.3.1 认识3D工具

在使用3D工具制作动画之前，需要了解新增的概念，具体介绍如下。

◎ **透视角度**：在舞台上放一个影片剪辑实例，选择该实例，在其属性面板中会出现一个"3D定位和查看"栏，在其中有个小相机图标，调整其右侧的数值可调整透视角度。透视角度就像照相机的镜头，通过调整透视角度，可将镜头推近拉远。图7-43为透视值为55和110时，图形的显实效果。系统默认值为55，其取值范围为1~180。

◎ **消失点**：消失点确定视觉的方向和z轴的走向，z轴始终指向消失点。在"3D定位和查看"栏（见图7-44）中通过调节"消失点"右侧的x和y轴的坐标，可设置消失点的位置。系统默认的消失点在舞台的中心，x和y坐标为（275,200）处。

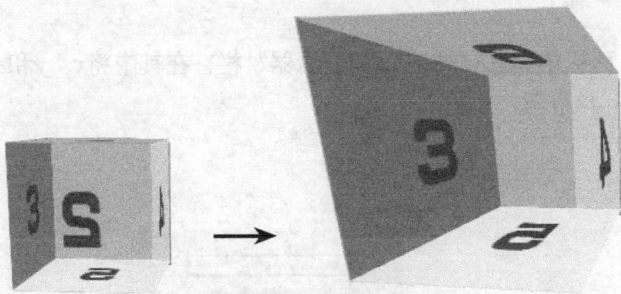

图7-43 不同透视参数下的透视效果

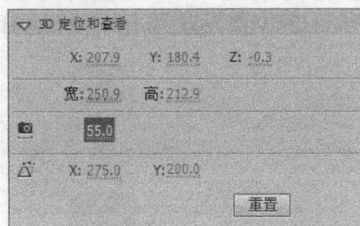

图7-44 3D定位和查看面板

7.3.2　了解空间轴向

3D旋转工具 和3D平移工具 只能对影片剪辑元件起作用，也就是说要想在舞台中对一个对象进行3D旋转或平移，必须先将此对象转换成影片剪辑元件。图7-45为使用3D旋转工具 选择影片剪辑元件后出现的旋转控件。

◎ **红色线条**：将鼠标光标移动到红色垂直的线条上，当鼠标光标变为 形状时，表示可围绕x轴旋转对象。

◎ **绿色线条**：将鼠标光标移动到绿色垂直的线条上，当鼠标光标变为 形状时，表示可围绕y轴旋转对象。

◎ **蓝色线条**：将鼠标光标移动到蓝色圆形的线条上，当鼠标光标变为 形状时，表示可围绕z轴旋转对象。

◎ **橙色线条**：将鼠标光标移动到橙色圆形的线条上，当鼠标光标变为 形状时，表示可进行自由旋转，不受轴向约束。

图7-45　3D旋转控件

7.3.3　课堂案例4——创建"立方体"动画

利用前面学过的知识制作"立方体"动画，主要使用3D工具面板中的相关属性，以及3D旋转和平移工具进行制作，效果如图7-46所示。

素材所在位置	光盘:\素材文件\第7章\课堂案例4\立方体.fla
效果所在位置	光盘:\效果文件\第7章\课堂案例4\立方体.fla
视频演示	光盘:\视频文件\第7章\制作"立方体"动画.swf

图7-46　"立方体"动画

（1）打开素材文件中的"立方体.fla"文件。

（2）按【Ctrl+F8】组合键，打开"创建新元件"对话框，在"名称"文本框中输入"立方体"文本，在"类型"下拉列表中选择"影片剪辑"选项，单击 确定 按钮。

（3）进入"立方体"元件编辑模式，把库面板中创建的6个元件拖动到"立方体"影片剪辑元件工作区中，如图7-47所示。

（4）选择元件1实例，在其"属性"面板中展开"3D定位和查看器"栏，在其中将x、y和z轴的位置设置为（0,0,0），如图7-48所示。

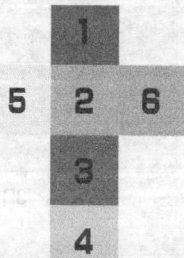

图7-47　在"立方体"元件中放入创建的6个元件

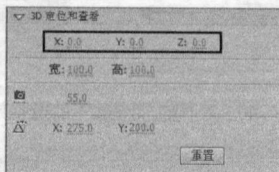

图7-48　定位元件1实例的位置

（5）选择元件2的实例，在其"属性"面板的"3D定位和查看器"栏中，将x、y和z轴的位置设置为（0,0,100）。

（6）选择元件3的实例，在其"属性"面板的"3D定位和查看器"栏中，将x、y和z轴的位置设置为（50,0,50）。

（7）按【Ctrl+T】组合键或在面板组中单击"变形"按钮，打开"变形"面板，在"3D旋转"栏中将y轴设置为90°，如图7-49所示。

（8）选择元件4的实例，在其"属性"面板的"3D定位和查看器"栏中，将x、y和z轴的位置设置为（-50,0,50）。

（9）按【Ctrl+T】组合键或在面板组中单击"变形"按钮，打开"变形"面板，在"3D旋转"栏中将y轴设置为-90°，如图7-50所示。

图7-49　设置元件3实例的3D属性　　　　　　图7-50　设置元件4实例的3D属性

（10）选择元件5的实例，在其"属性"面板的"3D定位和查看器"栏中将x、y和z轴的位置设置为（0,50,50）。

（11）按【Ctrl+T】组合键或在面板组中单击"变形"按钮，打开"变形"面板，在"3D旋转"栏中将x轴设置为90°。

（12）选择元件5的实例，在其"属性"面板的"3D定位和查看器"栏中，将x、y和z轴的位置设置为（0,-50,50）。

（13）按【Ctrl+T】组合键或在面板组中单击"变形"按钮，打开"变形"面板，在"3D旋转"栏中将x轴设置为-90°。完成立方体的创建，按【Ctrl+S】组合键保存。

（14）在工作区中单击左上角的"返回"按钮，返回"场景1"工作区，进入文档编辑模式。

（15）从"库"面板中将"立方体"影片剪辑元件拖动到舞台中，按【Ctrl+K】组合键打开"对齐"面板，选中"与舞台对齐"复选框，在"对齐"栏中依次单击"水平中齐"按钮和"垂直中齐"按钮，如图7-51所示。

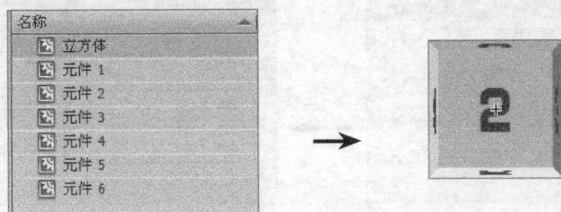

图7-51　将"立方体"拖动到舞台中并对齐

（16）在时间轴的"图层1"中，选择第60帧，按【F7】键插入空白关键帧，如图7-52所示。

图7-52　插入空白关键帧

（17）在第1帧至第60帧中的任意一帧上单击鼠标右键，在弹出的快捷菜单中选择"创建补间动画"命令。将播放头移至第59帧，使用3D旋转工具 ，在舞台中拖动绿色控线进行旋转，如图7-53所示，此时第59帧自动插入关键帧。

（18）选择【窗口】→【动画编辑器】菜单命令，打开"动画编辑器"面板，将"基本动画"栏中"旋转Y"更改为360°，如图7-54所示。

（19）返回时间轴面板，选择补间动画序列，单击鼠标右键，在弹出的快捷菜单中选择"复制帧"命令。选择第60帧，单击鼠标右键，在弹出的快捷菜单中选择"粘贴帧"命令，将补间动画序列粘贴到第60帧后。

图7-53　旋转立方体

图7-54　设置旋转动画参数

（20）将播放头移至第90帧，切换到"动画编辑器"面板，在"转换"栏中设置"缩放X"和"缩放Y"均为200%，如图7-55所示。

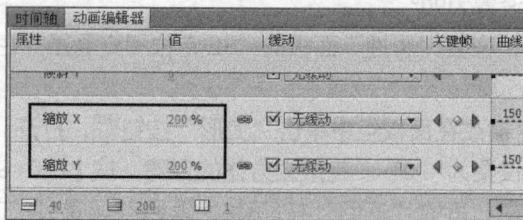

图7-55　设置第90帧的动画参数

（21）回到时间轴面板，将播放头移至第118帧，也就是动画序列的最后一帧，再切换到"动画编辑器"面板，在"基本动画"栏中设置"旋转X"为360°，"旋转Y"为0°，在"转换"栏中设置"缩放X"和"缩放Y"为100%，如图7-56所示。

图7-56　设置第118帧的动画参数

（22）按【Ctrl+Enter】组合键测试动画效果，测试完成后，按【Ctrl+S】组合键保存。

7.4　制作骨骼动画

在Flash中可为动画对象添加骨骼，使动画对象动起来，而不用逐帧绘制。Flash中的骨骼相互链接在一起，这样链接的骨骼链称为骨架，具有父子层级，并且骨架可以分支，上一级骨架下可接多个层级，骨骼之间的连接点称为关节。

7.4.1　反向运动（IK）简介

反向运动（K）是一种使用骨骼对对象进行动画处理的方式，这些骨骼按父子关系链接成线性或枝状的骨架，当一个骨骼移动时，与其连接的骨骼也发生相应的移动。

使用反向运动可以方便地创建自然运动。使用反向运动处理动画，只需在时间轴上指定骨骼的开始和结束位置，Flash即可自动在起始帧和结束帧之间对骨架中骨骼的位置进行处理。添加IK一般有以下两种方式。

◎ **在形状上添加**：使用形状作为多块骨骼的容器，可向鞭等形状图画中添加骨骼，使其逼真地运动，形状需在"对象绘制"模式下绘制。

◎ **在元件上添加**：将元件实例链接起来，可将躯干、手臂、前臂、手的影片剪辑链接起来，使其彼此协调、逼真地移动。每个实例都只有一个骨骼。

7.4.2　为元件添加骨骼

在Flash中可以向影片剪辑、图形、按钮实例和形状添加IK骨骼。具体操作如下。

（1）在舞台上创建元件实例，按照与添加骨骼之前所需近似的空间配置排列实例，如图7-57所示。

（2）从"工具"面板中选择骨骼工具 。使用骨骼工具，单击要成为骨架的根部或头部的元件实例，如图7-58所示。

图7-57　创建元件实例

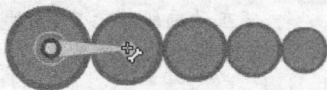

图7-58　单击作为头部的元件实例

（3）放开鼠标左键，此时第一个圆与第二个圆连接在了一起，添加的IK骨骼变为橙色。

（4）继续单击第二个圆中IK骨骼的末尾，然后拖动至第三个实例圆，继续添加骨骼，直至添加至最后一个实例圆，如图7-59所示。

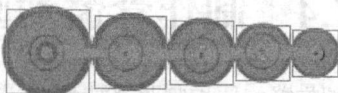

图7-59　添加骨骼

> 知识提示　　若要删除单个骨骼及其所有子级，可单击该骨骼后按【Delete】键删除。按住【Shift】键可单击选择多个骨骼。

7.4.3　编辑骨骼属性

添加完骨骼后可设置骨骼的属性，使其符合运动学规律，特别是在制作人物和动物动画时，约束骨骼属性可使对象在动作时，不违背自然规律。

1. 骨骼属性

使用选择工具选中添加的骨骼，在属性面板中显示该骨骼的相应编辑参数，如图7-60所示。其中的参数用于约束骨骼的旋转和弹性，以模拟真实的动作形态。

◎ **速度**：影响骨骼被操纵时的反应，值越低相当于给骨骼的负重越高，添加负重能给人更真实的感觉。

◎ **旋转**：用以启用、禁用和约束选中骨骼绕上一个连接骨骼末端旋转的范围。

◎ **X平移**：启用、禁用和约束骨骼在x轴上的移动，及其移动范围，并在移动过程中更改其父级骨骼的长度。

◎ **Y平移**：启用、禁用和约束骨骼在y轴上的移动，及其移动范围，并在移动过程中更改其父级骨骼的长度。

◎ **强度**：弹簧强度。值越高，创建的弹簧效果越强。

◎ **阻尼**：弹簧效果的衰减速率。值越高，弹簧属性减小得越快。如果值为 0，则弹簧属性在姿势图层的所有帧中保持其最大强度。

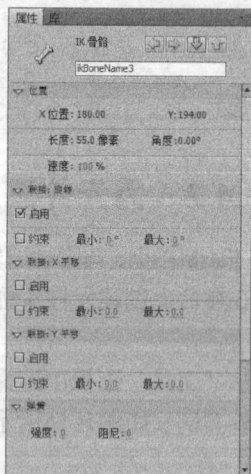

图7-60　IK骨骼属性

2. 骨架属性

在时间轴中选择IK范围，可激活IK骨架的"属性"面板，在"选项"栏的"样式"下拉列表中可设置骨骼的样式，如图7-61所示，具体介绍如下。

◎ 纯色：这是默认样式。

◎ 线框：此样式在纯色样式遮住骨骼下的插图太多时很有用。

◎ 线：此样式对于较小的骨架很有用。

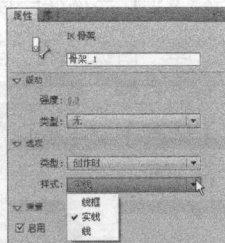

图7-61 骨架属性面板

7.4.4 课堂案例5——制作"奔跑的小人"动画

利用前面学过的知识制作"奔跑的小人"动画，主要通过为小人创建骨骼，然后在时间轴中设置动画来完成，效果如图7-62所示。

图7-62 "奔跑的小人"动画

素材所在位置　光盘:\素材文件\第7章\课堂案例5\奔跑的小人.fla
效果所在位置　光盘:\效果文件\第7章\课堂案例5\奔跑的小人.fla
视频演示　　　光盘:\视频文件\第7章\制作"奔跑的小人"动画.swf

（1）打开素材文件"奔跑的小人.fla"，按【Ctrl+F8】组合键，打开"创建新元件"对话框，创建名为"火柴人"的影片剪辑元件，进入其编辑模式。

（2）将"库"面板中的"火柴"元件拖动到工作区中，使用任意变形工具，将该元件实例的中心点移动到顶部，如图7-63所示。

（3）按住【Alt】键进行复制，调整复制图形的大小，将鼠标光标移至复制元件实例的边角上，当其变为⌒形状时，拖动鼠标进行旋转，改变图形的角度。

（4）使用同样的方法多次复制并调整实例，并将复制的图形放置到合适的位置，制作火柴人的身体和四肢，如图7-64所示。

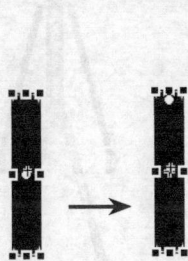

图7-63 调整中心点

图7-64 制作火柴人的身体和四肢

（5）将"库"面板中的"头"元件拖动到工作区中，放置在身体顶部，按住【Alt】键再复制一个"头"元件的实例，调整其大小和位置，如图7-65所示，将其作为运动的关节。

（6）将"库"面板中的"掌"元件拖动到工作区中，使用任意变形工具，进行旋转并调整其中心点位置，将其放置到手臂底部，按住【Alt】键进行复制，选择复制的实例，再选择【修改】→【变形】→【水平翻转】菜单命令，将其放置在另一侧手臂的底部，如图7-66所示。

图7-65 复制"头"元件

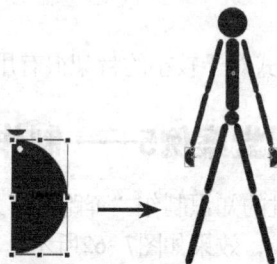

图7-66 制作手掌

（7）在工具栏中选择"骨骼工具" ，将其移动到舞台上，当鼠标光标变为 形状时，将其移动到头部的圆形上，在中心点按住鼠标左键不放，将其拖动到身体骨骼上，再释放鼠标，绘制一根骨骼，如图7-67所示。

（8）单击根骨骼尾部不放并向下拖动至关节点的小圆中心，释放鼠标左键，绘制一条与父级根骨骼链接在一起的子级骨骼，如图7-68所示。

图7-67 绘制根骨骼

图7-68 绘制躯干上的骨骼

（9）单击关节上的骨骼点，拖动一条骨骼到右侧腿部元件实例上，继续单击并绘制链接上下腿部的骨骼，如图7-69所示。

（10）再次单击关节上的骨骼点，拖动一条骨骼到左侧腿部元件实例上，继续单击并绘制链接左侧腿部的骨骼，如图7-70所示。

图7-69 绘制右侧腿部骨骼

图7-70 绘制左侧腿部骨骼

（11）在根骨骼的下端拖动一条骨骼到右侧的手臂实例上，继续单击并绘制链接右手的骨骼，如图7-71所示。

（12）使用相同的方法绘制左手的骨骼，至此完成骨骼的绘制，效果如图7-72所示。

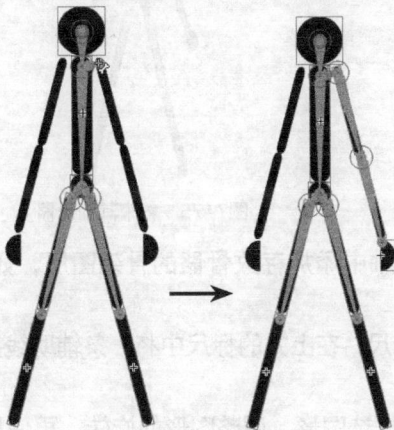

图7-71 绘制右手骨骼

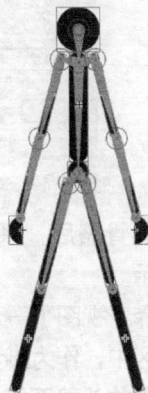

图7-72 绘制左手骨骼

（13）选择右手小臂上的骨骼，在"属性"面板中自动更改为与其相关的属性参数，在"位置"栏中将"速度"设置为"80%"。

（14）在"联接：旋转"栏中，选中"启用"复选框，激活"约束"选项，选中"约束"复选框，设置其右侧的"最小"值为"-90°"，"最大"值为"45°"，如图7-73所示。

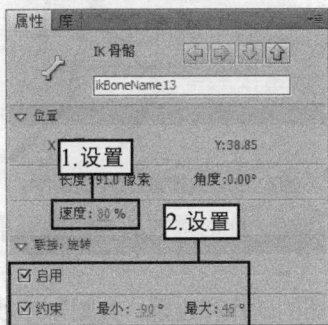

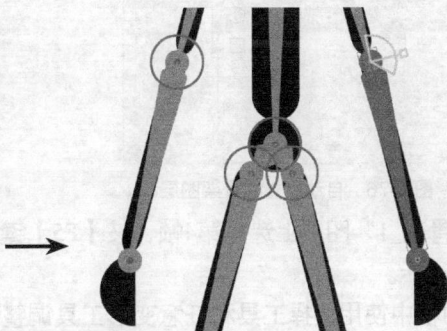

图7-73 约束小臂骨骼的旋转

（15）单击左手小臂的骨骼，在其"属性"面板的"位置"栏中设置"速度"为"80%"，在"联接：旋转"栏中，选中"启用"复选框，如图7-74所示。

> 知识提示　　默认情况下，Flash 会在鼠标单击的位置创建骨骼。若要使骨骼的节点位置更精确，可选择【编辑】→【首选参数】菜单命令，打开"首选参数"对话框，在"绘画"栏中撤销选中"自动设置变形点"复选框。之后再次创建骨骼，当从一个元件到下一元件依次单击时，骨骼将对齐到元件变形点。

（16）使用同样的方法，约束左手两个骨骼和腿部骨骼的旋转，效果如图7-75所示。

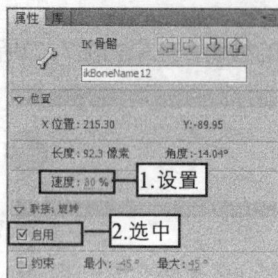

图7-74 约束上臂骨骼的旋转

图7-75 约束其他骨骼

（17）添加骨骼后，系统自动在相应元件的时间轴中添加存放骨骼的骨架图层，如图7-76所示。

（18）选择【视图】→【标尺】菜单命令，启用标尺，在上方的标尺中将一条辅助线拖动到工作区中，作为脚步站立的水平线。

（19）将播放头移至第1帧，使用任意选择工具，框选图形，调整图形的旋转，再使用选择工具，将鼠标光标移至骨骼上，当鼠标光标变为 形状时，拖动鼠标调整骨骼的位置，如图7-77所示。

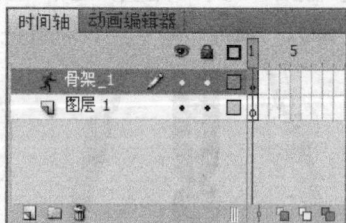

图7-76 自动建立的骨架图层

图7-77 编辑第1帧中的动作

（20）在"骨架_1"图层上选择第4帧，按【F5】键延续帧，此时播放头自动跳到第4帧，如图7-78所示。

（21）在第4帧中使用选择工具和任意变形工具调整骨骼的动作和位置，如图7-79所示。

（22）选择第8帧，按【F5】键延续帧，此时播放头自动跳至第8帧，在第8帧中使用选择工具和任意变形工具调整骨骼的动作和位置。

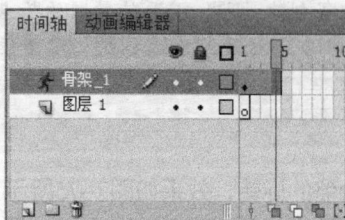

图7-78 延续帧

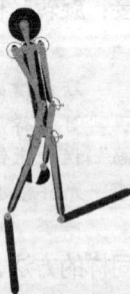

图7-79 编辑第4帧中的动作

（23）选择第12帧，按【F5】键延续帧，此时播放头自动跳至第12帧，在这一帧中使用选择工具和任意变形工具调整骨骼的动作和位置，如图7-80所示。

（24）选择第15帧，按【F5】键延续帧。按住【Ctrl】键不放，单击选择第1帧，在第1帧上单击鼠标右键，在弹出的快捷菜单中选择"复制姿势"命令，如图7-81所示。

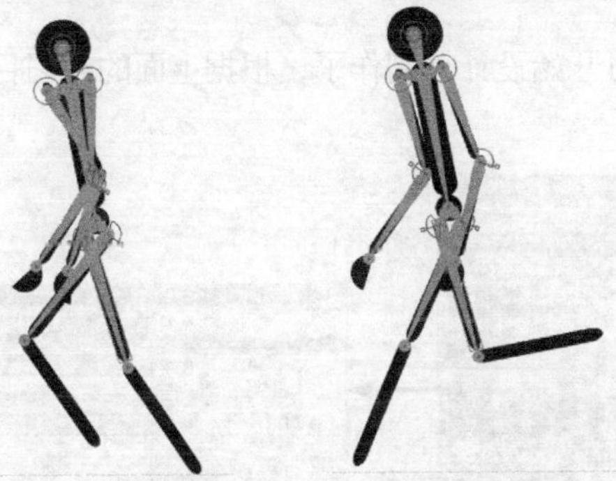

图7-80 编辑第8和第12帧中的动作

图7-81 复制姿势

（25）选择第15帧，在第15帧上单击鼠标右键，在弹出的快捷菜单中选择"粘贴姿势"命令，将第1帧中的姿势直接粘贴到第15帧上，完成动画的制作。返回场景中，将"火柴人"元件拖入场景中测试，最后按【Ctrl+S】组合键保存。

7.5 课堂练习

本课堂练习分别制作"秋日"动画和"光球"动画，综合练习本章学习的知识点，巩固遮罩与引导动画的具体操作，加深3D工具的使用操作。

7.5.1 制作"秋日"动画

1. 练习目标

本练习要求制作一个枫叶飘动的动画，在素材文件中已经准备好了背景和枫叶图片。要求使用遮罩和引导图层来制作，参考效果如图7-82所示。

图7-82 "秋日"动画

素材所在位置	光盘:\素材文件\第7章\课堂练习\背景.jpg、枫叶.png、秋叶.jpg
效果所在位置	光盘:\效果文件\第7章\课堂练习\秋日.fla
视频演示	光盘:\视频文件\第7章\制作"秋日"动画.swf

2. 操作思路

掌握一定的遮罩与引导动画的知识后便可开始设计与制作了，根据上面的练习目标，本例的操作思路如图7-83所示。

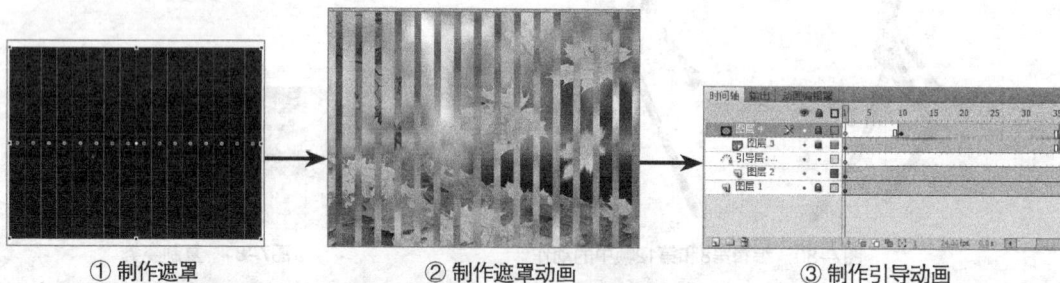

① 制作遮罩　　　　② 制作遮罩动画　　　　③ 制作引导动画

图7-83　制作"秋日"动画的操作思路

（1）新建ActionScript 3.0文件，并以"秋日"为名保存。

（2）按【Ctrl+F8】组合键打开"创建新元件"对话框，创建"遮罩1"影片剪辑元件，进入元件编辑模式，使用矩形工具在工作区中绘制一个矩形。

（3）在其"属性"面板的"位置和大小"栏中设置矩形的"宽"为"35.00"，"高"为"400.00"，在"填充和笔触"栏中关闭笔触，将填充颜色设置为"黑色"，并使其中心与舞台中心对齐。

（4）在"遮罩1"的元件编辑模式下，选择时间轴的第1帧，使用任意选择工具将矩形的中心点移至左侧中间的控制点上。

（5）选择第25帧，按【F6】键插入关键帧，在第25帧的工作区中，将矩形右侧的控制点向左拖动，使矩形的宽度变为"1.00"，然后创建补间动画。

（6）新建"遮罩2"影片剪辑元件，进入元件编辑模式，将库中的"遮罩1"影片剪辑元件拖动至"遮罩2"影片剪辑元件的工作区中，按住【Alt】键向右拖动并多次复制矩形，使其与舞台大小相同。

（7）导入3张素材图片，将"背景.jpg"拖动到背景图层，对齐舞台并锁定。新建3个图层，将枫叶图片拖动到图层2的第1帧中，将秋叶图片拖动到图层3中。

（8）在图层4的第10帧插入关键帧，并将"遮罩1"影片剪辑元件拖动到舞台中，在图层3和图层4的第36帧插入空白关键帧。

（9）在图层2上新建引导图层，在图层2的第45帧和第105帧插入关键帧。在引导图层的第45帧插入空白关键帧，并使用铅笔工具绘制枫叶运动路径。

（10）在图层2的第45帧和第105帧，分别将枫叶的中心对齐起点和终点，并在这之间创建补间动画。

（11）测试并保存动画。

7.5.2 制作"光球"动画

1. 练习目标

本练习要求制作一个"光球"动画，要注意时间轴中各物体变换时用到的效果添加方式、遮罩的制作方法，以及3D旋转工具的使用等，参考效果如图7-84所示。

图7-84 "光球"动画

效果所在位置　光盘:\效果文件\第7章\课堂练习\光球.fla

视频演示　　　光盘:\视频文件\第7章\制作光球动画.swf

2. 操作思路

掌握一定的3D工具知识后便可开始设计与制作了，根据上面的练习目标，本例的操作思路如图7-85所示。

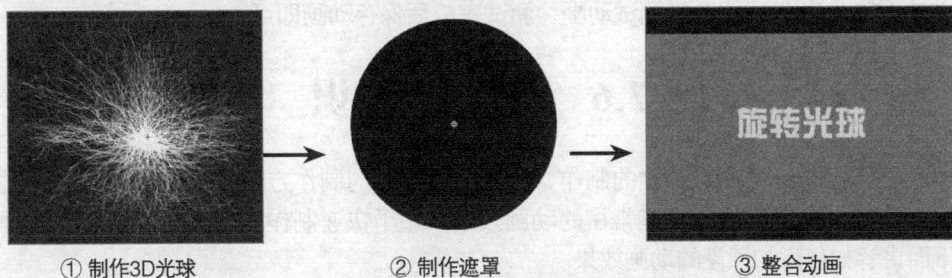

① 制作3D光球　　　　　　② 制作遮罩　　　　　　③ 整合动画

图7-85 制作光球动画的操作思路

（1）启动Flash CS5，新建ActionScript 3.0文件，新建"遮罩"影片剪辑元件，使用基本椭圆工具，按住【Shift】键不放，在"遮罩"元件编辑模式下绘制一个圆。

（2）选择第1帧，选择工作区中的圆形，在其"属性"面板的"椭圆选项"栏中将"开始角度"设置为"330"，选择第20帧，按【F6】键插入关键帧，在其"属性"面板中将"开始角度"设置为"359"，再在第21帧中插入一个空白关键帧。

（3）新建"遮罩组"影片剪辑元件，将"遮罩"元件中的对象拖动到该新建元件中。

（4）按【Ctrl+C】组合键进行复制，再在工作区空白位置单击鼠标右键，在弹出的快捷菜单中选择"粘贴到当前位置"命令。

（5）选择【修改】→【变形】→【缩放和旋转】菜单命令，在打开的"缩放和旋转"对话框中设置旋转的角度为"30°"。

（6）重复步骤（5）的操作，改变旋转角度，使遮罩成为一个整体的圆形。

（7）新建"光"影片剪辑元件，使用Deco工具，在"属性"面板的"绘画效果"栏中选择"闪电刷子"，在工作区中以中心点为圆心，向不同方向绘制闪电。

（8）新建"光球"影片剪辑元件，将"光"元件中的对象拖动到该新建元件中，在其中复制几个"光"元件的实例。

（9）使用3D旋转工具在x轴和y轴方向上进行不同的旋转，使其看起来像一个光球。

（10）回到主场景中，选择"图层1"的第1帧，将"光球"元件从库中拖动到舞台上，在第1帧上创建补间动画，在第24帧拖动补间动画，将其延长至第70帧。

（11）将播放头移动到第70帧，然后使用3D旋转工具在舞台中旋转"光球"实例，创建补间动画。

（12）新建"图层2"，在该图层的第1帧中绘制绿色的背景和上下两个黑色装饰黑条，单击第91帧，按【F5】键插入帧。

（13）新建"图层3"，选择第1帧，使用文本工具在舞台中绘制文本框，输入"旋转光球"文本。

（14）新建"图层4"，在其上单击鼠标右键，在弹出的快捷菜单中选择"遮罩层"命令，可将"图层4"转换为遮罩层，"图层3"自动转换为被遮罩层。

（15）在"图层4"中选择第71帧，按【F7】键插入空白关键帧，将"库"面板中的"遮罩组"元件拖动到舞台中，使用任意变形工具，调整遮罩的位置和大小，使其能完全遮住舞台。

（16）在"图层2"上单击鼠标右键，在弹出的快捷菜单中选择"属性"命令，打开"图层属性"对话框，在"类型"栏中选中"被遮罩层"单选项，单击 确定 按钮。

（17）按【Ctrl+Enter】组合键测试动画，测试完成后保存动画即可。

7.6 拓 展 知 识

本章讲解了Flash中高级动画的制作，掌握这些动画的制作方法，可制作出千变万化的动画效果。在Flash中还预设了一些常用的动画效果，用于快速制作出理想的动画，节约制作时间。下面讲解如何添加预设的动画效果。

（1）新建ActionScript 3.0文件，使用椭圆工具在场景中按住【Shift】键不放，绘制一个圆形，并设置圆形的笔触颜色。

（2）选择圆形，单击鼠标右键，在弹出的快捷菜单中选择"转换为元件"命令，将其转换为影片剪辑元件。

（3）在舞台中选择实例图形，在面板组中单击"动画预设"按钮，或选择【窗口】→【动画预设】菜单命令，打开"动画预设"面板。

（4）在该面板中展开"默认预设"文件夹，在其子列表中选择一种预设动画，单击 应用 按钮，将其应用到选择的图形上，如图7-86所示。

（5）舞台中的图形即可添加对应的动画，如图7-87所示，最后测试并保存文件即可。

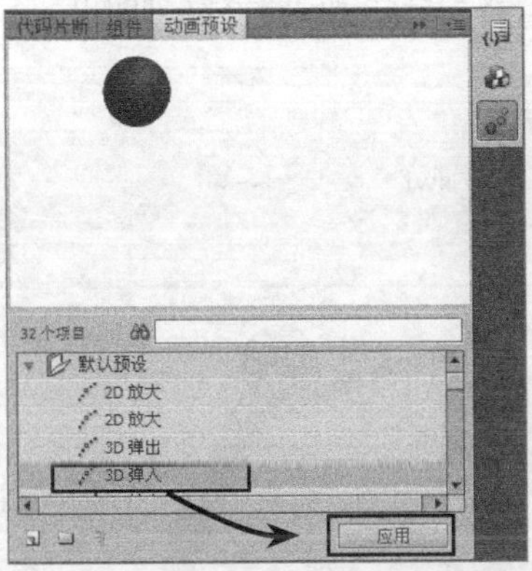

图7-86　添加预设动画

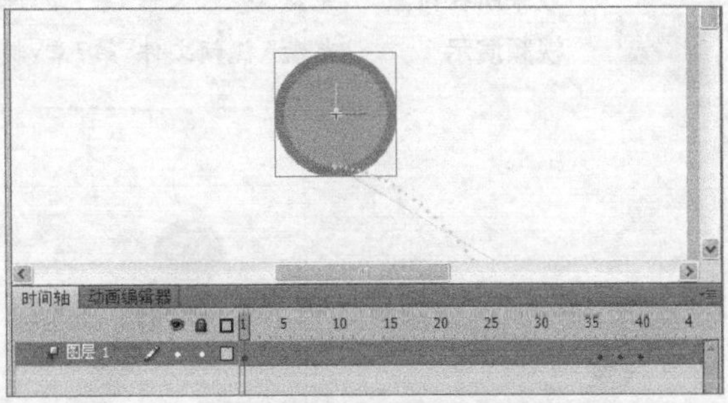

图7-87　添加动画的效果

7.7　课后习题

（1）打开提供的素材文件，利用遮罩层创建一个遮罩动画，要求画面干净，动画流畅，画面整体漂亮。

> **提示：** 要求动画流畅，就需要在制作遮罩元素时，使遮罩运动的动画流畅，这里只提供了两张图片素材，因此动画也比较简单，最终效果如图7-88所示。遮罩并不仅限于百叶窗或一般的长方形变化，用户可在遮罩基础上研究更多种类的变化。

素材所在位置	光盘:\素材文件\第7章\课后习题\昙花.jpg、荷花.jpg
效果所在位置	光盘:\效果文件\第7章\课后习题\百叶窗.fla
视频演示	光盘:\视频文件\第7章\制作"百叶窗"遮罩动画.swf

图7-88　"百叶窗"动画

（2）新建ActionScript 3.0文件，利用3D平移工具与属性面板制作火柴人的动画。参考效果如图7-89所示。

> **提示：** 创建"圆"和"圆角矩形"影片剪辑元件，使用椭圆工具和矩形工具分别在其中绘

制圆形和圆角矩形。新建"跳远"影片剪辑文档,将"圆"和"圆角矩形"元件拖到其中,创建一个火柴人,并使用骨骼工具添加骨骼,最后创建骨骼动画即可。

效果所在位置　光盘:\效果文件\第7章\课后习题\跳远.fla
视频演示　　　光盘:\视频文件\第7章\制作"跳远"动画.swf

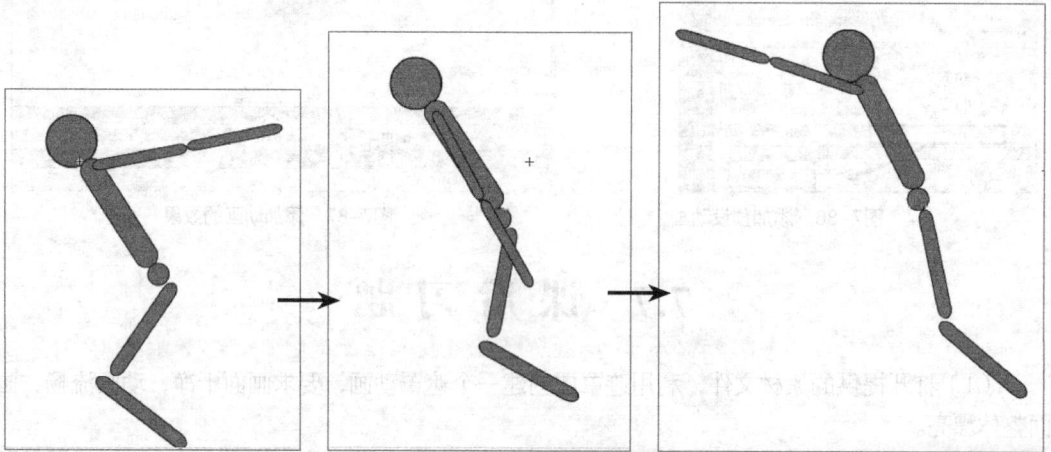

图7-89　"跳远"动画

第**8**章

制作高级动画(二)

本章将详细讲解Flash CS5的滤镜功能和场景动画。对各个滤镜效果的使用方法和参数进行细致的说明。读者通过学习要能够熟练应用Flash CS5的滤镜为对象添加各种效果,并熟练掌握场景的操作技巧。

学习要点

- ◎ 滤镜基础
- ◎ 滤镜特效
- ◎ 创建场景
- ◎ 编辑场景

学习目标

- ◎ 掌握滤镜的基础知识
- ◎ 掌握添加滤镜效果的方法
- ◎ 熟悉创建和编辑场景的操作方法

8.1 滤镜

滤镜主要用于为对象添加各种特殊效果。在Flash CS5中，除了可对静止的对象添加滤镜效果外，还可将这种滤镜效果应用到动画中，使动画效果更加丰富多变。

8.1.1 滤镜基础

对象每添加一个新的滤镜，在属性面板中，该滤镜就会被添加到滤镜列表中。在Flash中可以添加和删除滤镜，并且只能对文本、按钮和影片剪辑对象应用滤镜。在这些符合条件对象的属性面板中，自动添加"滤镜"栏，通过该栏下方的各个按钮可执行应用、删除、复制和粘贴滤镜等操作。

1. 应用或删除滤镜

选择需要添加滤镜的对象，即可为对象应用滤镜或删除滤镜。

◎ **应用滤镜**：在属性面板中展开"滤镜"栏，单击"添加滤镜"按钮🔲，在打开的列表中选择一个滤镜效果，如图8-1所示，即可为选择的对象添加一个滤镜。

◎ **删除滤镜**：在"滤镜"栏中选择需要删除的滤镜，然后单击下方的"删除滤镜"按钮🔲，如图8-2所示，即可删除选择的滤镜。

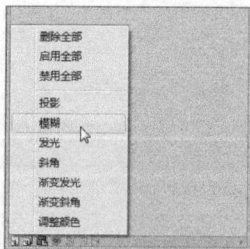

图8-1 应用滤镜　　　　图8-2 删除滤镜

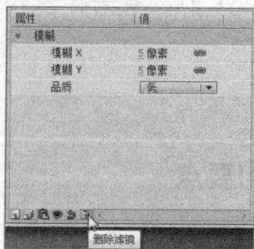

2. 复制和粘贴滤镜

复制和粘贴滤镜的操作也比较简单，具体介绍如下。

◎ **复制滤镜**：选择要从中复制滤镜的对象，在其属性面板的"滤镜"栏中单击"剪贴板"按钮🔲，从打开的列表中选择"复制所选"选项。若要复制所有滤镜，可选择"复制全部"命令，如图8-3所示。

◎ **粘贴滤镜**：选择要应用滤镜的对象，单击"剪贴板"按钮🔲，从打开的列表中选择"粘贴"选项即可，如图8-4所示。

图8-3 复制滤镜　　　　图8-4 粘贴滤镜

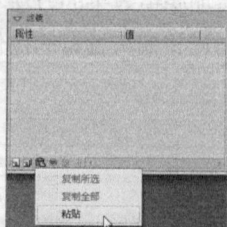

3. 启用或禁用应用于对象的滤镜

在"滤镜"栏中选择需要启用或禁用的滤镜，然后单击下方的"启用或禁用滤镜"按钮，即可启用或禁用选择的滤镜效果。被禁用的滤镜效果，其名称字体变为斜体，并在后方有一个×标记，如图8-5所示。再次选择该滤镜，然后单击"启用或禁用滤镜"按钮，即可重新启用该滤镜效果。

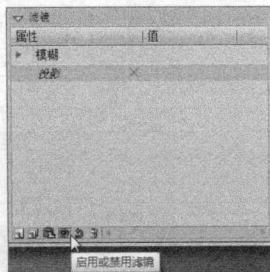

图8-5　启用或禁用滤镜

操作技巧　按住【Ctrl】键不放并单击启用或禁用滤镜按钮，可启用或禁用选择对象"滤镜"栏中的所有滤镜。

8.1.2　预设滤镜库

可以将滤镜设置保存为预设库，以便轻松应用到对象上，并且可通过向其他用户提供滤镜配置文件，共享滤镜。

1. 存储滤镜

存储滤镜的方法为：为对象应用滤镜后，选择该滤镜并单击"滤镜"栏下方的"预设"按钮，在打开的列表中选择"另存为"选项，打开"将预设另存为"对话框，输入此滤镜的名称，然后单击 确定 按钮，如图8-6所示。

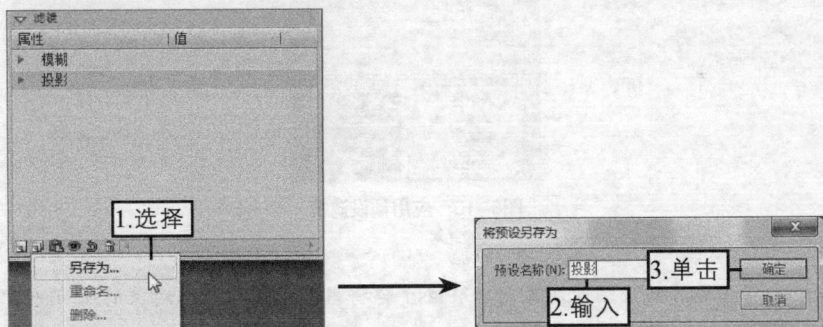

图8-6　存储滤镜

2. 重命名预设滤镜

重命名预设滤镜的方法比较简单，其具体操作如下。

（1）选择应用了滤镜的对象，在"滤镜"栏中单击"预设" 按钮，在打开的列表中选择"重命名"选项，如图8-7所示。

（2）打开"重命名预设"对话框，在左侧的预设列表中双击需要重命名的预设，使其呈可编辑状态，然后输入重命名的名称，如图8-8所示。

（3）单击 重命名 按钮，即可重命名并退出该对话框。

163

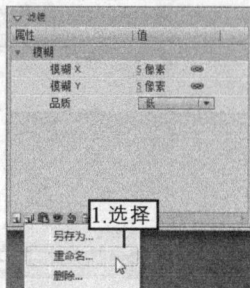

图8-7 选择"重命名"选项

图8-8 重命名预设

3. 删除预设滤镜

删除预设滤镜的方法为：在"滤镜"栏下单击"预设"按钮，在打开的列表中选择"删除"选项，打开"删除预设"对话框，选择要删除的预设，然后单击 删除 即可，如图8-9所示。

图8-9 删除预设

4. 应用预设滤镜

应用预设滤镜的方法为：选择要应用滤镜预设的对象，在属性面板的"滤镜"栏中单击"预设"按钮，在打开的列表中选择存储的滤镜即可，如图8-10所示。

图8-10 应用预设滤镜

知识提示

将预设滤镜应用于对象时，Flash 会将当前应用于所选对象的所有滤镜替换为该预设滤镜。

8.2 应用滤镜特效

在Flash CS5中还可以调节添加的滤镜效果，使滤镜效果更精致，更符合用户的需求。下面对各个滤镜的参数进行讲解。

8.2.1 投影滤镜效果

选择需要添加滤镜的对象，在"滤镜"栏中单击"添加滤镜"按钮，在打开的列表中选择"投影"选项，即可添加投影滤镜，其参数如图8-11所示。

◎ **模糊X和模糊Y**：分别调整投影的宽度和高度。

◎ **强度**：用于设置阴影暗度，数值越大，阴影就越暗。

◎ **品质**：选择投影的质量级别，包括低、中、高3项。

◎ **角度**：设置阴影的角度。

◎ **距离**：设置阴影与对象之间的距离。

◎ **挖空**：选中"挖空"复选框可挖空源对象，从视觉上隐藏对象，并在挖空图像上只显示投影。

◎ **内阴影**：选中该复选框可在对象边界内应用阴影。

◎ **隐藏对象**：选中复选框可隐藏对象并只显示其阴影，创建逼真的阴影。

◎ **颜色**：单击右侧色块可打开颜色选择器设置阴影颜色。

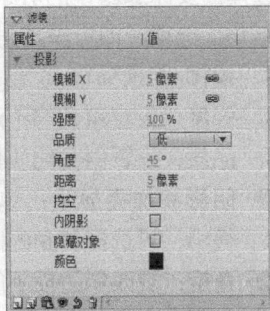

图8-11　投影滤镜

8.2.2　模糊滤镜效果

选择需要添加滤镜的对象，在"滤镜"栏中单击"添加滤镜"按钮，在打开的列表中选择"模糊"选项，即可添加模糊滤镜，其参数如图8-12所示。

◎ **模糊X和模糊Y**：设置模糊的宽度和高度。

◎ **品质**：选择模糊的质量级别，包括低、中、高3项。

图8-12　模糊滤镜

8.2.3　发光滤镜效果

选择需要添加滤镜的对象，在"滤镜"栏中单击"添加滤镜"按钮，在打开的列表中选择"发光"选项，即可添加发光滤镜，其参数如图8-13所示。

◎ **模糊X和模糊Y**：分别设置发光的宽度和高度。

◎ **强度**：设置发光的清晰度。

◎ **品质**：选择发光的质量级别，包括低、中、高3项。

◎ **颜色**：单击右侧色块可打开颜色选择器设置发光颜色。

◎ **挖空**：选中该复选框，可设置挖空源对象并在挖空图像上只显示发光，如图8-14所示。

◎ **内发光**：选中该复选框，可设置在对象边界内应用发光。

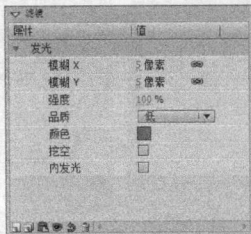

图8-13　发光滤镜　　　　　图8-14　"挖空"效果

8.2.4　斜角滤镜效果

选择需要添加滤镜的对象，在"滤镜"栏中单击"添加滤镜"按钮，在打开的列表中选择"斜角"选项，即可添加斜角滤镜，其参数如图8-15所示。

◎ **模糊X和模糊Y**：设置斜角的宽度和高度。

◎ **强度**：设置斜角的不透明度而不影响其宽度。

◎ **品质**：设置斜角的质量级别，包括低、中、高3项。

◎ **阴影和加亮显示**：单击右侧的色块，从弹出的调色板中，可选择斜角的阴影颜色和加亮显示的颜色。

◎ **角度**：更改斜边投下的阴影角度。

◎ **距离**：定义斜角的宽度。

◎ **挖空**：选中该复选框，可设置挖空源对象并在挖空图像上只显示斜角。

◎ **类型**：选中该复选框可设置斜角的类型，包括内侧、外侧、全部3个选项。

图8-15　斜角滤镜

8.2.5　渐变发光滤镜效果

选择需要添加滤镜的对象，在"滤镜"栏中单击"添加滤镜"按钮，在打开的列表中选择"渐变发光"选项，即可添加渐变发光滤镜，其参数如图8-16所示。

◎ **模糊X和模糊Y**：设置发光的宽度和高度。

◎ **强度**：设置发光的不透明度而不影响其宽度。

◎ **品质**：设置渐变发光的质量级别，包括低、中、高3项。

◎ **角度**：更改发光投下的阴影角度。

◎ **距离**：设置阴影与对象之间的距离。

◎ **挖空**：选中该复选框，可设置挖空源对象并在挖空图像上只显示渐变发光。

◎ **类型**：选择要为对象应用的发光类型，包括内侧、外侧、全部3个选项。

◎ **渐变**：指定发光的渐变颜色，包含两种或多种可相互淡入或混合的颜色。单击右侧的渐变色块可打开渐变条，将鼠标光标移至渐变条上，当鼠标光标变为形状时，单击可添加一个渐变色块，单击该色块，可打开颜色选择器选择渐变颜色，如图8-17所示。

图8-16　渐变发光滤镜

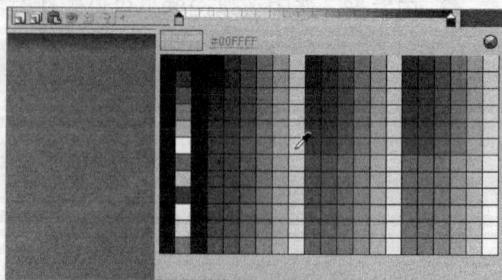

图8-17　设置渐变颜色

8.2.6 渐变斜角滤镜效果

选择需要添加滤镜的对象，在"滤镜"栏中单击"添加滤镜"按钮🔲，在打开的列表中选择"渐变斜角"选项，即可添加渐变斜角滤镜，其参数如图8-18所示。

◎ **模糊X和模糊Y**：设置斜角的宽度和高度。

◎ **强度**：影响斜角的平滑度而不影响其宽度。

◎ **品质**：设置渐变发光的质量级别，包括低、中、高3个选项。

◎ **角度**：设置光源的角度。

◎ **距离**：设置阴影与对象之间的距离。

◎ **挖空**：选中该复选框，可设置挖空源对象并在挖空图像上只显示渐变斜角。

◎ **类型**：选择要为对象应用的斜角类型，包括内侧、外侧、全部3个选项。

图8-18 渐变斜角滤镜

◎ **渐变**：指定斜角的渐变颜色，包含两种或多种可相互淡入或混合的颜色，其设置方法与设置渐变发光的设置方法相同，唯一区别在于渐变斜角至少有3个渐变色块。

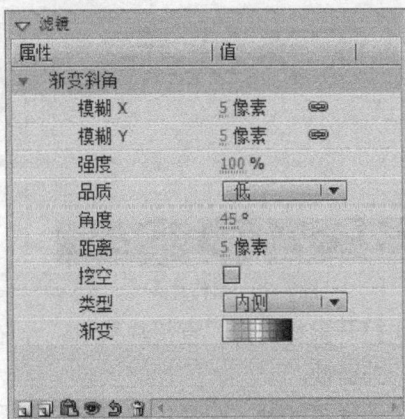

操作技巧

将添加的渐变色块向外拖动，可将其删除。

8.2.7 调整颜色滤镜效果

选择需要添加滤镜的对象，在"滤镜"栏中单击"添加滤镜"按钮🔲，在打开的列表中选择"调整颜色"选项，即可添加调整颜色滤镜，其参数如图8-19所示。

◎ **亮度**：调整图像的亮度。

◎ **对比度**：调整图像的加亮、阴影及中调。

◎ **饱和度**：调整颜色的强度。

◎ **色相**：调整颜色的深浅。

图8-19 调整颜色滤镜

知识提示

若要将所设置的参数恢复到初始值，使对象恢复到原来的状态，可单击"滤镜"栏下方的"重置滤镜"按钮🗑。

8.2.8 课堂案例1——制作宣传片头

在提供的素材文件"宣传片头.fla"的基础上，制作添加滤镜效果的文字动画，主要通过添加滤镜和在时间轴中设置滤镜变化的动画来完成，效果如图8-20所示。

素材所在位置	光盘:\素材文件\第8章\课堂案例1\宣传片头.fla
效果所在位置	光盘:\效果文件\第8章\课堂案例1\宣传片头.fla
视频演示	光盘:\视频文件\第8章\制作宣传片头.swf

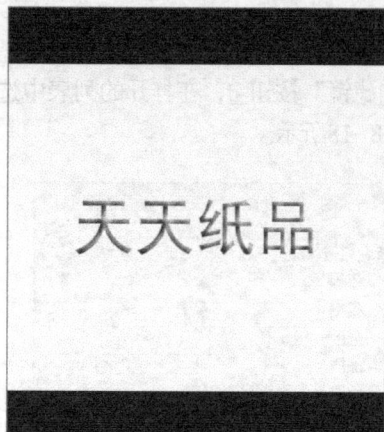

图8-20 宣传片头

（1）打开素材文件"宣传片头.fla"，在"天天纸品"图层中选择第110帧，按【F6】键插入关键帧。

（2）选择第80帧，在舞台中单击"天天纸品"文本，在其"属性"面板的"滤镜"栏中单击"添加滤镜"按钮，在打开的下拉列表中选择"模糊"选项，在"滤镜"栏的列表框中，设置"模糊"滤镜的"模糊X"和"模糊Y"为"200像素"，如图8-21所示。

（3）在第80帧至第110帧中创建传统补间动画，分别选择第120帧和第130帧，按【F6】键插入关键帧，如图8-22所示。

图8-21 设置模糊滤镜

图8-22 插入关键帧

（4）选择第110帧，在舞台中单击"天天纸品"文本，在其"属性"面板中的"滤镜"栏中单击"添加滤镜"按钮，在打开的下拉列表中选择"斜角"选项，保持其中的默认设置不变。

（5）选择第120帧，在舞台中选中"天天纸品"文本，在其"属性"面板的"滤镜"栏中单击"添加滤镜"按钮，在打开的下拉列表中选择"斜角"选项。在"斜角"属性栏中将"角度"更改为"170°"，如图8-23所示。

（6）在第110帧至第120帧中单击鼠标右键，在弹出的快捷菜单中选择"创建传统补间"命令。选择第130帧，在舞台中单击"天天纸品"文本，在其"属性"面板的"滤镜"栏中单击"添加滤镜"按钮，在打开的下拉列表中选择"投影"选项。

（7）在第120帧至第130帧中单击鼠标右键，在弹出的快捷菜单中选择"创建传统补间"命令，如图8-24所示。

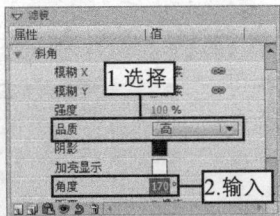

图8-23　调整"斜角"属性

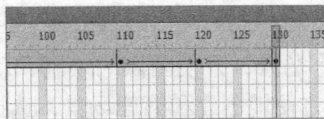

图8-24　创建传统补间动画

（8）解除"值得信赖"图层的锁定，选择该图层中的运动序列，将播放头移至第40帧，在舞台中选择"值得信赖"文本，在其"属性"面板的"滤镜"栏中单击"添加滤镜"按钮，在打开的下拉列表中选择"发光"选项，并将"发光"滤镜的颜色设置为黄色"#FFFF00"，如图8-25所示。

（9）将播放头移至第50帧，在舞台中选择"值得信赖"文本，在其"滤镜"栏中将"发光"滤镜的"模糊X"和"模糊Y"设置为"55像素"，如图8-26所示。

图8-25　设置"发光"颜色

图8-26　调整"发光"模糊度

（10）将播放头移至第70帧，在舞台中选择"值得信赖"文本，在其"滤镜"栏中将"发光"滤镜的"模糊X"和"模糊Y"设置为"5像素"。

（11）使用同样的方法设置"专业品质"图层中文本的滤镜效果。

（12）解锁"背景"图层，选择该图层第150帧，按【F5】键插入普通帧。选择"天天纸品"图层的第150帧，按【F5】键插入普通帧，如图8-27所示。

图8-27　延续需要停留的图层

（13）按【Ctrl+Enter】组合键测试动画效果，测试完成后保存文件。

知识提示　　在Flash CS5中，凡是可调整的数值，如 240.95 类的参数，均可为其设置相应的动画效果。

8.3　场景动画

使用Flash可以一次性在时间轴中制作好动画，但对于一些时间比较长的动画，则需要使用场景功能，使不同的动画放置在不同的场景中，在导出时再合成到一个动画中，方便场景切换和动画制作。

8.3.1 创建场景

场景的使用相当于镜头的切换，比如4个春夏秋冬的镜头可放置在4个不用的场景中，这样既保持场景的独立性，又可方便地区分开4个场景，方便图像的绘制和动画的制作。使用"场景"面板可方便地创建和管理场景，选择【窗口】→【其他面板】→【场景】菜单命令，即可打开"场景"面板。

创建场景的方法比较简单，选择【插入】→【场景】菜单命令，或在"场景"面板中单击"添加场景"按钮，如图8-28所示，即可添加一个场景，并在面板中显示。

图8-28　创建场景

8.3.2 编辑场景

创建场景后，可在该场景中编辑动画，在"场景"面板中单击某个场景，可切换到该场景的舞台中。下面讲解编辑场景的一些基础知识。

◎ **调整场景顺序**：整个文档中的动画将按照场景的排列顺序播放，有时可根据需要更改场景的播放顺序。更改场景播放顺序的方法比较简单，在"场景"面板中将调整顺序的场景拖动到目标位置，然后释放鼠标左键即可，如图8-29所示。

◎ **重命名场景**：在"场景"面板中双击需要更改名称的场景名，使其呈可编辑状态，然后输入需要的场景名称即可，如图8-30所示。

图8-29　调整场景顺序

图8-30　重命名场景

◎ **删除场景**：在"场景"面板中选择要删除的场景，单击该面板下方的"删除场景"按钮，如图8-31所示，在打开的对话框中单击　确定　按钮，即可删除选择的场景。

◎ **重制场景**：选择需要重制的场景，单击"场景"面板下方的"重制场景"按钮，即可新建一个该场景的副本，如图8-32所示，相当于复制一个该场景。

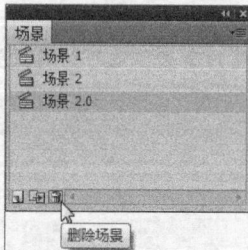

图8-31　删除场景

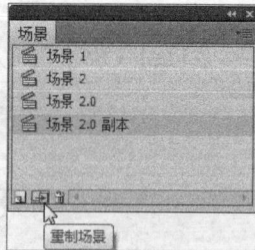

图8-32　重制场景

除了可通过"场景"面板切换场景外，还可单击舞台上方的"编辑场景"按钮，在弹出的列表中选择场景。

知识提示

8.3.3 课堂案例2——创建"变换"场景动画

将提供的"蝴蝶.fla"和"纸飞机.fla"动画合成在一个新动画中，并分别放置在不同的场景中，然后测试播放动画，效果如图8-33所示。

图8-33 "变换"场景动画

素材所在位置　光盘:\素材文件\第8章\课堂案例2\蝴蝶.fla、纸飞机.fla
效果所在位置　光盘:\效果文件\第8章\课堂案例2\变换.fla
视频演示　　　光盘:\视频文件\第8章\制作变换场景动画.swf

（1）打开"蝴蝶.fla"和"纸飞机.fla"文件，在"蝴蝶"文件中选择【插入】→【场景】菜单命令，插入一个新的"场景2"，并自动切换到该场景的编辑模式中。

（2）切换到"纸飞机"文件中，按住【Shift】键不放选择引导层的第1帧和背景图层的第80帧，在其上单击鼠标右键，在弹出的快捷菜单中选择"复制帧"命令，如图8-34所示。

（3）切换到"蝴蝶"文件中，在场景2的图层1中，选择第1帧，单击鼠标右键，在弹出的快捷菜单中选择"粘贴帧"命令，如图8-35所示。

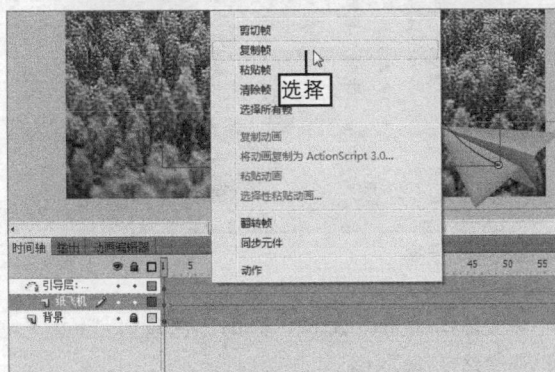

图8-34 复制帧

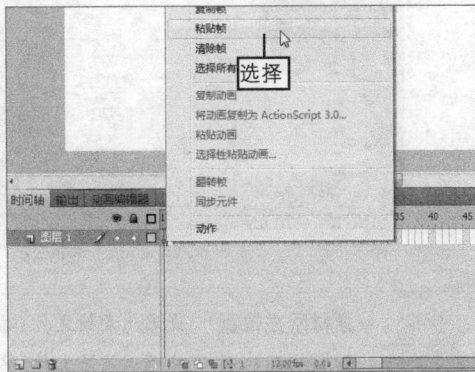

图8-35 粘贴帧

（4）选择【窗口】→【其他面板】→【场景】菜单命令，打开"场景"面板，在"场景1"上按住鼠标左键不放并向下拖动，将其与场景2交换播放顺序，如图8-36所示。

（5）按【Ctrl+Enter】组合键测试动画，如图8-37所示，动画无误后保存即可。

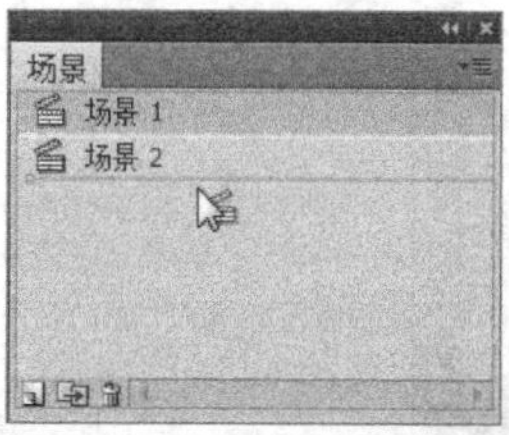

图8-36 交换播放顺序

图8-37 测试动画

8.4 课堂练习

本课堂练习要求制作四季变换动画和文字介绍动画，进一步巩固本章所学滤镜知识和场景知识，并能熟练运用这些功能创建动画。

8.4.1 制作"四季变换"动画

1．练习目标

本练习要求制作一个四季更替的动画，主要通过四季的更换表达季节的更替，岁月的流逝，要求画面干净整洁。制作时可打开光盘中提供的素材文件进行操作，参考效果如图8-38所示。

图8-38 "四季变换"动画

素材所在位置	光盘:\素材文件\第8章\课堂练习\春.fla、夏.fla、秋.fla、冬.fla
效果所在位置	光盘:\效果文件\第8章\课堂练习\四季.fla
视频演示	光盘:\视频文件\第8章\制作"四季变换"动画.swf

2. 操作思路

掌握一定的场景知识后便可开始设计与制作动画了，根据上面的练习目标，本例的操作思路如图8-39所示。

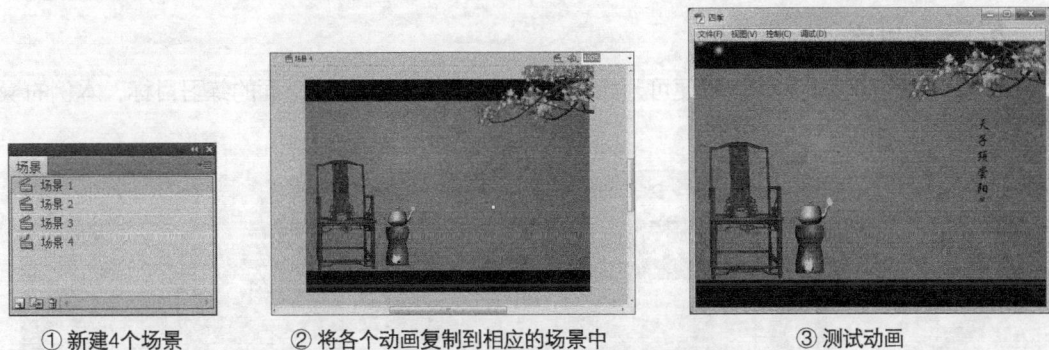

① 新建4个场景　　② 将各个动画复制到相应的场景中　　③ 测试动画

图8-39　制作"四季变换"动画的操作思路

（1）新建ActionScript 3.0文件，选择【插入】→【场景】菜单命令，插入3个新的场景，并以"四季"为名保存。

（2）按【Shift+F2】组合键打开"场景"面板。

（3）打开素材文件夹中的"春.fla""夏.fla""秋.fla""冬.fla"文件，切换到"春.fla"文件中，按住【Shift】键不放，选中时间轴中的所有帧。

（4）单击鼠标右键，在弹出的快捷菜单中选择"复制帧"命令，切换到"四季"文件，在"场景"面板中选择"场景1"，切换到场景1中。

（5）选择图层1的第1帧，单击鼠标右键，在弹出的快捷菜单中选择"粘贴帧"命令。

（6）使用同样的方法将"夏"文件中的所有帧复制到场景2中，将"秋"文件中的所有帧复制到场景3中，将"冬"文件中的所有帧复制到场景4中。在提示是否替换现有项目时，选择不替换。

（7）设置完成后测试，测试无误后保存文件即可。

8.4.2　制作"文字Logo"动画

1. 练习目标

本练习要求为一个工作室制作Flash片头动画，风格以清新为主，要求画面干净整洁，参考效果如图8-40所示。

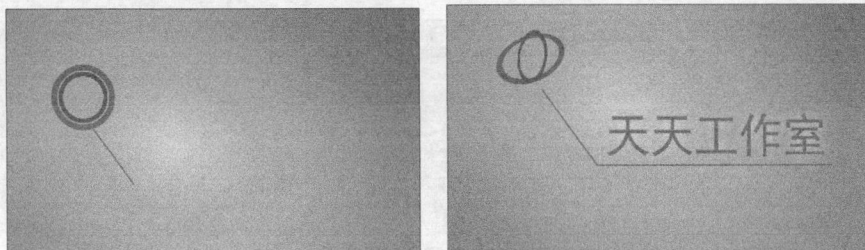

图8-40　文字Logo动画

效果所在位置　　光盘:\效果文件\第8章\课堂练习\文字Logo.fla

视频演示　　　　光盘:\视频文件\第8章\制作"文字Logo"动画.swf

2. 操作思路

掌握一定的滤镜操作知识后便可开始设计与制作动画了，根据上面的练习目标，本例的操作思路如图8-41所示。

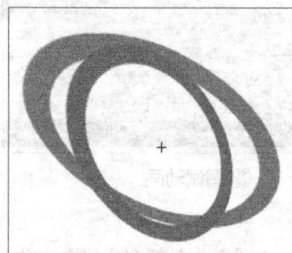

① 制作3D可旋转的圆环　　　② 制作移动动画　　　③ 制作文字滤镜动画

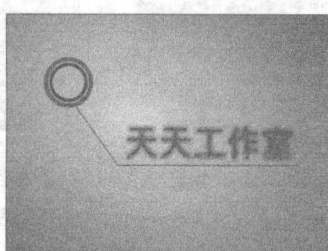

图8-41　制作"文字Logo"动画的操作思路

（1）新建ActionScript 3.0文件，新建"圆"影片剪辑元件，使用基本椭圆工具，配合【Shift】键绘制圆。在属性面板中调整绘制的圆的内径，使其成为一个空心圆。

（2）新建"圆球"影片剪辑元件，将"圆"元件中的对象拖动至该元件中，并在其中设置3D旋转动画。新建"遮罩"影片剪辑元件，在其中制作文字逐一出现需要用到的遮罩，并在其中制作遮罩动画。

（3）回到主场景，新建图层，在图层1中绘制背景，在图层2中放入"圆球"影片剪辑元件，在图层3中制作斜线条出现的的动画，在图层4中制作水平线条出现的动画，在图层5中输入文字。

（4）将图层6转换为遮罩层，在相应的位置放入遮罩动画。调整图层5和图层6中的遮罩动画时间，在图层5中制作文字滤镜动画。

（5）制作完成后测试动画，无误后保存即可。

8.5　拓展知识

Flash CS5不仅新增了补间动画，还新增了"动画编辑器"面板，如图8-42所示。使用该面板可轻松制作出更多效果出色的动画。

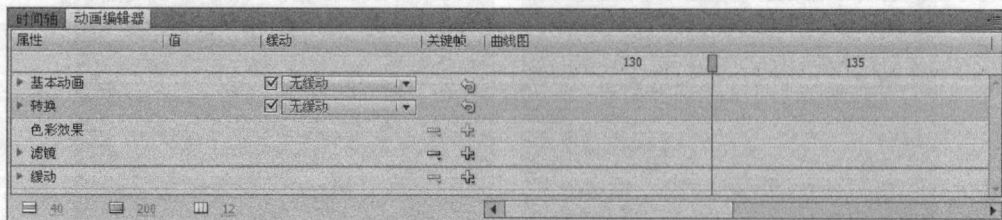

图8-42　动画编辑器面板

"动画编辑器"面板主要由属性、值、缓动、关键帧、曲线图等部分组成，有5个卷展栏，用户可在不同的卷展栏中为相应关键帧上的对象添加不同的动画效果。

◎ **基本动画**：在该卷展栏中可调整对象的位移和旋转动画，单击右侧两个三角之间的菱形按钮，使其呈选中状态，可在曲线图中播放头所在的位置添加一个关键帧，如图8-43所示。播放头所在位置即为当前对象添加效果所在帧的位置。

图8-43　添加关键帧

◎ **转换**：在该卷展栏中可对物体的倾斜和缩放设置变形动画，单击右侧的"重置"按钮，可重置当前帧中设置的动画参数。

◎ **色彩效果**：在该卷展栏中可设置物体颜色变化的动画。

◎ **v滤镜**：在该卷展览中可设置物体的滤镜动画，单击其右侧的＋按钮，可添加滤镜效果，单击➖按钮可删除添加的相应滤镜效果。

◎ **缓动**：在该卷展栏中可设置物体相应的缓动效果，如由快到慢或由慢到快等。

8.6　课后习题

（1）打开提供的素材文件，将其合成在同一文件的不同场景中，要求图像过渡恰当，颜色过渡合理，画面整体漂亮。

提示：本习题操作比较简单，首先新建文件，然后分别将素材文件中的所有帧复制到不同的场景中即可。在复制时，若提示是否替换现有项目，则选择不替换。若合成后的动画播放出现问题，则要查看是否是库面板中的文件发生了重叠，或没有被导入，或在导入时被替换。处理后的效果如图8-44所示。

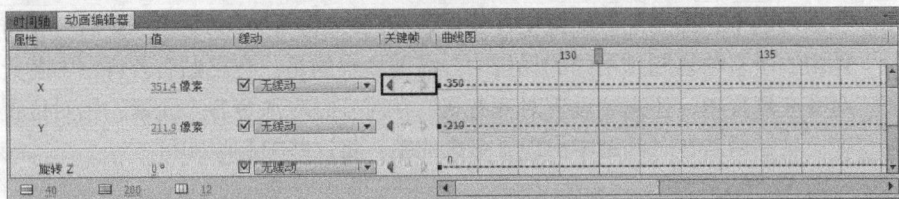

图8-44　"情景变换"动画

素材所在位置	光盘:\素材文件\第8章\课后习题\水乡风情.fla、水波涟漪.fla
效果所在位置	光盘:\效果文件\第8章\课后习题\情景变换.fla
视频演示	光盘:\视频文件\第8章\制作"情景变换"动画.swf

（2）打开提供的素材文件，通过新建文件将两个素材文件整合到一个文件中的不同场景中，并调整动画。参考效果如图8-45所示。

提示： 在本习题中，需要注意新建文件的像素应为550像素×260像素，然后分别将两个文件中的所有帧复制到不同的场景中。需要注意的是，在粘贴后若舞台中各元素没有对齐在舞台中，还需要设置对齐方式，在对齐时应注意各个元素的相对位置不能改变。粘贴后若在时间轴中出现了多余的帧，将这些帧删除即可。

素材所在位置	光盘:\素材文件\第8章\课后习题\画卷.fla、放大镜效果.fla
效果所在位置	光盘:\效果文件\第8章\课后习题\切换.fla
视频演示	光盘:\视频文件\第8章\制作"切换场景"动画.swf

图8-45 "切换"动画

（3）新建ActionScript 3.0文件，根据本章学习的滤镜知识，制作HOTEL文字动画效果。参考效果如图8-46所示。

提示： 在制作文字滤镜动画时，需要将一个单词中的不同字母分散到不同的图层中，从而方便制作字母闪光的动画。

效果所在位置	光盘:\效果文件\第8章\课后习题\HOTEL.fla
视频演示	光盘:\视频文件\第8章\制作"HOTEL"文字动画.swf

图8-46 "HOTEL"文字动画

第 9 章

处理声音和视频

本章将详细讲解Flash CS5的声音和视频处理功能，包括声音和视频的导入、应用，以及编辑方法和技巧。读者通过学习要能够熟练掌握Flash CS5导入音频和视频的操作，以及相关编辑技巧。

学习要点

◎ 导入声音
◎ 使用声音
◎ 设置和压缩声音
◎ 导入视频
◎ 编辑FLVPlayback组件外观
◎ 添加提示点

学习目标

◎ 掌握音频的导入和使用方法
◎ 掌握视频的导入和使用方法
◎ 熟悉音视频的相关设置

9.1　音视频基础

动画并不是简单由动画对象组成，一个动画包含多方面元素，声音和视频也是其中之一。声音包括人物的说话声、按钮的单击声和背景音乐等，添加音效可使动画更丰富生动。在Flash中还可插入事先拍摄好的视频，这在制作网页时经常用到。

9.1.1　声音基础

声音是Flash动画中的一个重要的元素，为了使动画更加完整和生动，在制作动画的过程中常常需要为Flash动画添加声音。

Flash可以使用的声音类型很多，一般情况下，在Flash中可以直接导入MP3格式和WAV格式的音频文件。

◎ **WAV格式**：WAV格式是PC标准声音格式，它直接保存了声音的原始数据，因此音质较好，但相对的其数据容量也很大。Flash动画大多数都是在网络中传播，其动画文件的大小直接影响动画的传播，因而在制作动画时一般不使用这种格式的声音文件。

◎ **MP3格式**：MP3格式是大众最熟悉的声音格式，这种格式的声音文件小、传输方便、音质较好，因而受到亲睐，大多数动画都会使用这种格式的声音文件。

9.1.2　视频基础

Flash CS5支持的视频种类较多，主要有MPEG/MPG（运动图像专家组）、AVI（音频视频交叉）和Windows媒体文件（wmv和asf）文件、DV(数字视频)、MOV(Quick Time电影)等。

Flash中会使用编解码器导入和导出视频。编解码器用于导入、导出时对多媒体文件进行压缩和解压缩。如果导入的视频文件格式系统不支持，Flash CS5则显示提示信息，说明不能完成导入。对于某些视频文件，Flash CS5只能导入其中的视频部分而无法导入其中的音频部分，这时Flash CS5也会显示提示信息，指出无法导入文件的音频部分。

9.2　应用音效

采集的声音往往要经过处理才能应用到动画中。在Flash中不但可导入声音，还能对声音进行简单的编辑操作。

9.2.1　导入声音

Flash CS5本身没有制作音频的功能，但可以在Flash CS5中对导入其中的声音素材进行编辑，其导入的方法与导入图片等素材的方法类似。

在Flash动画的制作过程中，为了使动画播放到特定帧或某个动作时出现指定的音效，可在该帧或动作处添加声音。在Flash CS5中为动画添加声音的方法有如下两种。

◎ **直接拖动**：先将声音文件导入库中，然后添加声音图层，在要播放声音的帧位置拖入声音文件即可。

◎ **"属性"面板**：先将声音文件导入库中，然后选择要添加声音的帧，在"属性"面板中选择所需的声音文件，将自动添加声音。

9.2.2 使用声音

在文件中添加声音后，还需将其应用到动画中。声音可直接应用到整个动画或动画的某一部分，也可应用在某一个按钮上。

1. 为动画添加声音

为动画添加声音素材的具体操作如下。

（1）启动Flash CS5，选择【文件】→【打开】菜单命令，打开需要添加声音的文件。

（2）选择【文件】→【导入】→【导入到库】菜单命令，打开"导入到库"对话框，在其中选择声音素材，单击 打开(O) 按钮，将其导入库中，如图9-1所示。

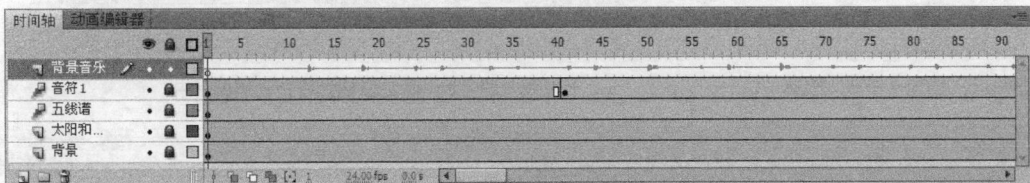

图9-1 导入声音素材文件

（3）在时间轴中单击"新建图层"按钮，在所有图层的最上层新建一个图层，将其重命名为"背景音乐"，选择第1帧，将导入的音频文件拖动到舞台中，效果如图9-2所示。

图9-2 添加音频文件

（4）完成操作后，按【Ctrl+Enter】组合键测试。

> 在需要播放音乐的帧上，如第20帧，插入一个空白关键帧，再将声音文件拖到舞台中，即可在播放到该帧时开始播放音乐。
>
> 知识提示

2. 为按钮添加声音

在浏览网页时，经常会遇到在单击某个按钮时有轻微声响发出的情况，这是因为为按钮添加了声音。在Flash中为按钮添加声音通常是在不同的按钮状态下添加不同的声音文件，其添加方法与为帧添加声音的方法相似。

下面为文件中的播放按钮添加声音，其具体操作如下。

（1）选择【文件】→【导入】→【导入到库】菜单命令，打开"导入到库"对话框，在素材文件夹中选择按钮的音频素材，将其导入库中，如图9-3所示。

（2）在按钮元件的编辑模式下，选择其时间轴中的第2帧"指针经过"，单击"属性"面板，切换到该帧的属性面板，在"声音"栏中单击"名称"右侧的下拉按钮 ，在打开的下拉列表中选择按钮声音，即可为该帧添加声音，如图9-4所示。

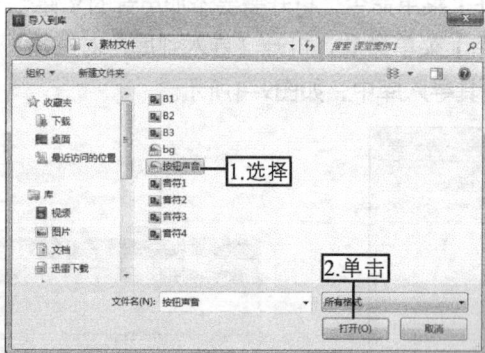

图9-3 导入按钮声音

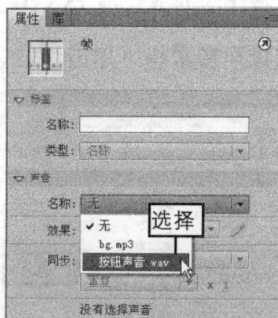

图9-4 选择声音

（3）在工作区上方单击"返回"按钮 ，返回"场景1"中，在时间轴中单击"新建图层"按钮 ，在图层的最上层新建一个图层，并将其重命名为"按钮"，如图9-5所示。

（4）将"库"面板中的按钮元件拖动到舞台中，选择舞台中的按钮实例，在其"属性"面板中将其实例名称更改为"whitebutton"，如图9-6所示。

图9-5 创建"按钮"图层

图9-6 将"button"按钮元件拖动到舞台中

在给按钮添加声音文件时，不同的关键帧应使用不同的声音。

行业知识

9.2.3 设置声音

在动画中添加声音后，还需要对声音进行后期处理，才能达到令人满意的效果。在时间轴上选择添加声音文件后的任意一帧，即可在"属性"面板中设置声音的同步模式、音效、重复次数等参数。

1. 设置同步模式

在"属性"面板中的"同步"下拉列表框中包含4个选项，如图9-7所示，各选项的含义介绍如下。

◎ **事件**：该模式为默认模式，选择该模式可以使声音与事件的发生同步开始。当动画播放到声音的开始关键帧时，事件音频开始独立于时间轴播放，即使动画停止，声音也会继续播放直至全部播放完。

◎ **停止**：停止模式用于停止播放指定的声音，如果将某个声音设置为停止模式，则当动画播放到该声音的开始帧时，该声音和其他正在播放的声音都会在此时停止。

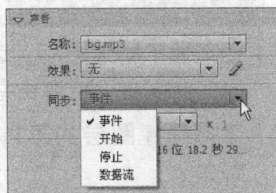

图9-7 设置声音同步

◎ **开始**：如果在同一个动画中添加了多个声音文件，它们在时间上某些部分是重合的，可以将声音设置为开始模式。在该模式下，如果有其他的声音正在播放，到了该声音开始播放的帧时，会自动取消该声音的播放；如果没有其他的声音在播放，该声音就会开始播放。

◎ **数据流**：数据流模式用于在Flash中自动调整动画和音频，使它们同步，主要用于在网络上播放流式音频。在输出动画时，流式音频将混合在动画中一起输出。

2. 设置音效

在"属性"面板的"声音"栏中单击"效果"右侧的下拉按钮 ，在打开的列表中可选择相应的音效，如图9-8所示。选择需要的音效后，单击"库"面板预览窗口的播放按钮，可试听声音效果，如图9-9所示。

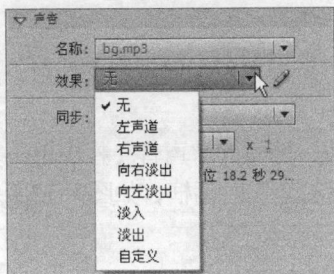

图9-8 设置声音效果

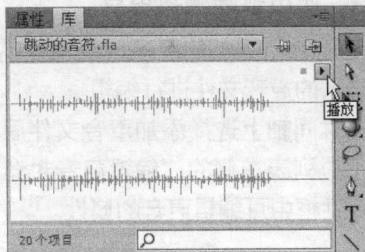

图9-9 试听音效

"属性"面板中的"效果"下拉列表中包含8个选项，各选项的含义如下。

◎ **无**：不使用任何效果，选择此选项将删除以前应用过的效果。

◎ **左声道**：只在左声道播放音频。

◎ **右声道**：只在右声道播放音频。

◎ **向右淡出**：声音从左声道传到右声道，并逐渐减小其幅度。

◎ **向左淡出**：声音从右声道传到左声道，并逐渐减小其幅度。

◎ **淡入**：在声音的持续时间内逐渐增加其幅度。

◎ **淡出**：在声音的持续时间内逐渐减小其幅度。

◎ **自定义**：自己创建声音效果，并可利用音频编辑对话框编辑音频。

3. 设置声音重复次数

在一个动画中引用多个声音会造成Flash文件过大，当动画太长，需要添加和动画长度相等的音乐时，可以使用循环播放的方式来解决。

设置声音重复次数的具体操作如下。

（1）在文档中新建图层，选择【文件】→【导入】→【导入到库】菜单命令，打开"导入到库"对话框，选择声音文件，单击 打开(O) 按钮将声音文件导入库中。

（2）选择新建图层的第1帧，将库中的声音文件拖入舞台中，时间轴中的效果如图9-10所示。

（3）切换到"属性"面板，在"同步"下方的下拉列表框中选择"重复"选项，在右侧的数值框输入"4"，设置声音文件的重复次数为4，如图9-11所示，按【Enter】键应用设置。

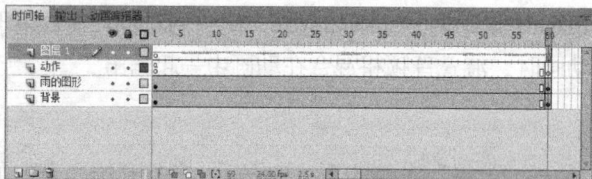

图9-10　添加声音后时间轴中的效果

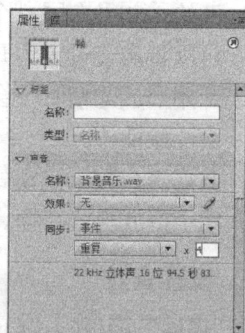

图9-11　设置声音文件的重复次数

（4）按【Ctrl+Enter】组合键测试动画，在动画播放的整个过程中可重复播放4次背景音乐。

4. 使用封套编辑声音

在Flash中添加的声音，经常只需使用其中的一小部分，所以在添加完声音文件后，还需要对导入的声音文件进行编辑。

在时间轴上选择添加声音文件后的任意一帧，在"属性"面板的"声音"栏中单击"效果"下拉列表右侧的"编辑声音封套"按钮，打开"编辑封套"对话框，如图9-12所示，在此对话框中可编辑声音的属性。

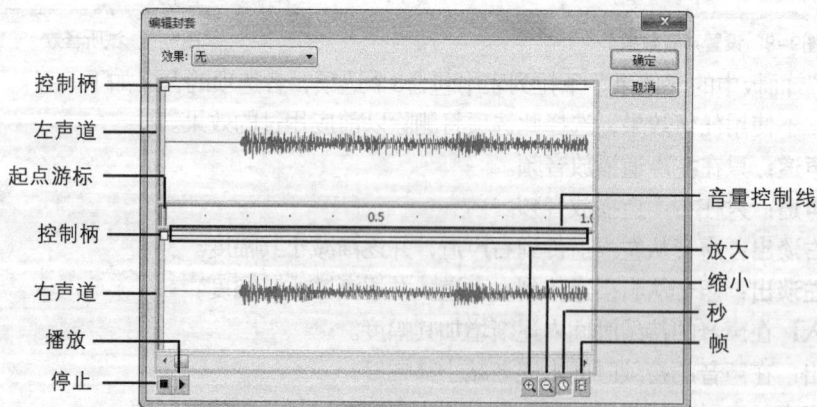

图9-12　"编辑封套"对话框

下面介绍"编辑封套"对话框中各选项的作用。

◎ **控制柄**：上下调整控制柄，可以升高或降低音调。在左右声道编辑区中各有对应的控制柄，可以对左右声道进行独立调整。

◎ **"播放"按钮▶和"停止"按钮■**：控制音频的播放，单击"播放"按钮▶可以测试播放效果，单击"停止"按钮■则终止播放。

◎ **"放大"按钮◉和"缩小"按钮◉**：单击"放大"按钮◉可将音频显示窗口放大，单击"缩小"按钮◉可将音频显示窗口缩小。

◎ **"秒"按钮◉和"帧"按钮◉**：改变时间轴的单位。"秒"按钮◉显示的单位为秒，"帧"按钮◉显示的单位为帧。

◎ **起点游标和终点游标**：调整位置可定义音频开始和终止的位置，用于剪裁声音文件。

◎ **音量控制线**：在音量控制线上单击可添加控制柄，控制播放音量与声音的长短，向上拖动声音变大，向下拖动声音变小。

9.2.4 课堂案例1——制作"和风音乐"动画

将提供的"背景音乐.mp3"导入素材文件"和风.fla"中，然后使用封套编辑其播放时长和播放效果，如图9-13所示。

素材所在位置	光盘:\素材文件\第9章\课堂案例1\和风.fla、背景音乐.mp3
效果所在位置	光盘:\效果文件\第9章\课堂案例1\和风.fla
视频演示	光盘:\视频文件\第9章\制作"和风音乐"动画.swf

图9-13 "和风音乐"动画

（1）打开素材文件夹中的"和风音乐.fla"素材文件。选择【文件】→【导入】→【导入到库】菜单命令。

（2）打开"导入到库"对话框，在其中选择素材文件夹中的"背景音乐.mp3"文件，将其导入库中，如图9-14所示。

（3）在时间轴中单击"新建图层"按钮◻，在所有图层的最上层新建一个图层，将其重命名为"背景音乐"，选择第1帧，将库面板中的"背景音乐.mp3"音频文件拖动到舞台中，效果如图9-15所示。

（4）在时间轴中选择"背景音乐"图层中包含声音的任意一帧，在其"属性"面板的"声音"栏中单击"编辑声音封套"按钮✎，打开"编辑封套"对话框。

图9-14 导入音乐文件

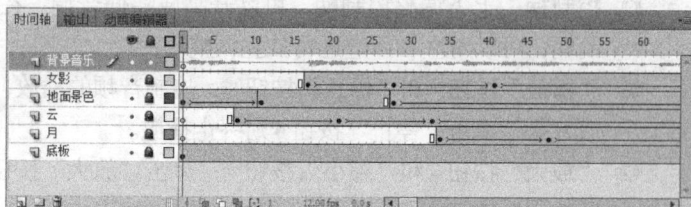

图9-15 将音乐文件拖入舞台

（5）将起点游标拖动到0.1秒的位置，多次单击下方的"缩小"按钮，方便查看音频。再次单击其下的滚动条，将终点游标移动到100秒的位置，如图9-16所示。

（6）单击"效果"右侧的下拉按钮，在打开的下拉列表中选择"淡出"选项，如图9-17所示，单击 确定 按钮，完成对声音的编辑。

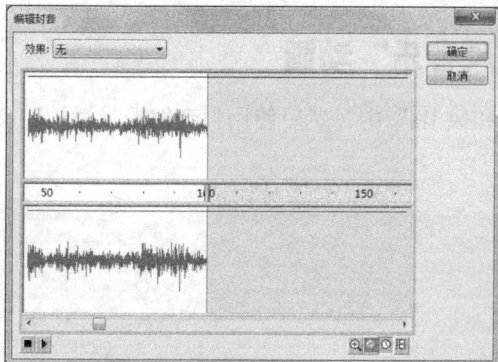

图9-16 调整起点和终点游标

图9-17 设置淡出效果

（7）按【Ctrl+Enter】组合键测试播放效果，无误后保存即可。

> **知识提示** 在给主时间轴添加声音时，建立单独的声音图层，能更方便地组织动画，当动画播放时，所有的声音图层将融合在一起。

9.3 压缩声音

制作好有声音的动画后，可以将声音先压缩再导出，以减小动画文件的大小。导出声音时，可以为单个事件声音选择压缩选项，然后用这些设置导出声音，也可以选择单个音频流的压缩选项。

9.3.1 声音属性

双击"库"面板中的声音文件图标，在打开的"声音属性"对话框中显示了声音文件的相关信息，包括文件名、文件路径、创建时间、声音的长度等，如图9-18所示。

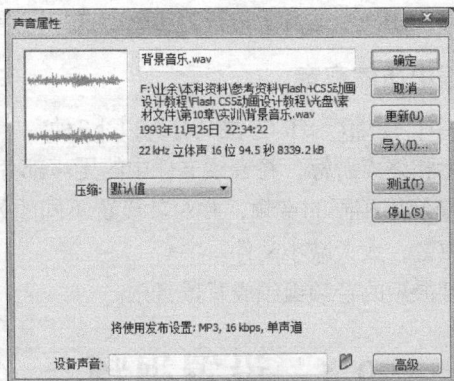

图9-18 声音属性

如果导入的文件在外部编辑过了，则可单击右侧的 更新(U) 按钮更新文件的属性，单击右侧的 导入(I)... 按钮可以选择其他的声音文件来替换当前的声音文件， 测试(T) 按钮和 停止(S) 按钮则用于测试和停止声音文件的播放。

9.3.2 压缩设置

Flash视频文件在网络中传播的速度取决于文件的大小，在Flash文件中置入的声音文件一般都比较大，因此在导出前需要对声音文件进行压缩，以减小Flash动画文件的大小。

在Flash中压缩声音文件的方法有在"声音属性"对话框中压缩和在编辑动画的过程中压缩2种。下面分别进行介绍。

1. 在"声音属性"对话框中压缩声音

在声音文件上单击鼠标右键，在弹出的快捷菜单中选择"属性"命令，打开"声音属性"对话框，在"压缩"下拉列表框中可根据声音文件的不同类型选择"ADPCM""MP3""原始"和"语音"4个选项，如图9-19所示。

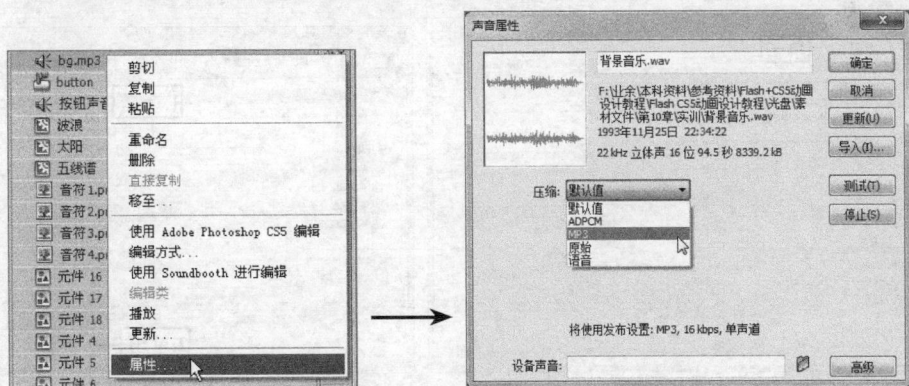

图9-19 "声音属性"对话框

下面介绍"声音属性"对话框的"压缩"下拉列表框中各选项的功能。

◎ **ADPCM**：当导出的是按钮这类短时间声音时，可选择"ADPCM"选项。

◎ **MP3**：在导出歌曲等较长的音频文件时，选择"MP3"选项。

◎ **原始**：选择该选项，表示导出的声音文件没有进行任何压缩。

◎ **语音**：选择该选项可使用一个适合于语音的压缩方式导出声音文件。

2. 在编辑动画的过程中压缩声音

在输出动画的音频过程中，压缩声音的方法又分为以下3种。

◎ 设置音频的起点游标和终点游标，将音频文件中的无声部分删除。

◎ 在不同关键帧上尽量使用相同的音频，并对其设置不同的效果，这样只使用一个音频文件就可设置多种声音，大大减小文件。

◎ 利用循环效果将长度很短的音频组织成背景音乐。

9.4   设置视频

认识了压缩声音的方法后，即可对视频进行设置，包括导入视频、编辑FLVPlayback组件外观、添加提示点等知识，下面分别进行介绍。

9.4.1   导入视频

在Flash CS5中，可以用嵌入视频文件的方式导入视频剪辑，嵌入的视频剪辑将成为动画的一部分，就像导入的位图或矢量图一样，最后发布为Flash动画形式（.swf）或QuickTime（.mov）电影。在Flash CS5中导入视频文件的具体操作如下。

（1）选择【文件】→【导入】→【导入视频】菜单命令，打开"导入视频"对话框，单击"文件路径"栏右侧的 [浏览...] 按钮，打开"打开"对话框，如图9-20所示。

（2）在其中找到素材文件所在位置，选择视频文件，单击 [打开(O)] 按钮，如图9-21所示，返回"导入视频"对话框，单击 [下一步 >] 按钮。

图9-20   导入视频

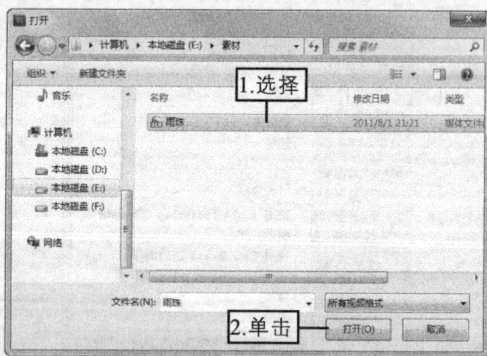

图9-21   选择视频

（3）切换到"外观"面板，在"外观"下拉列表中选择FLVPlayback组件的皮肤样式，在Flash中可使用该组件控制视频的播放，单击右侧的"颜色"按钮，在弹出的颜色面板中为播放组件选择一种颜色，单击 [下一步 >] 按钮，如图9-22所示。

（4）进入"完成视频导入"面板，单击 [完成] 按钮，即可将视频文件导入舞台中央，按

【Ctrl+Enter】组合键测试影片，效果如图9-23所示。

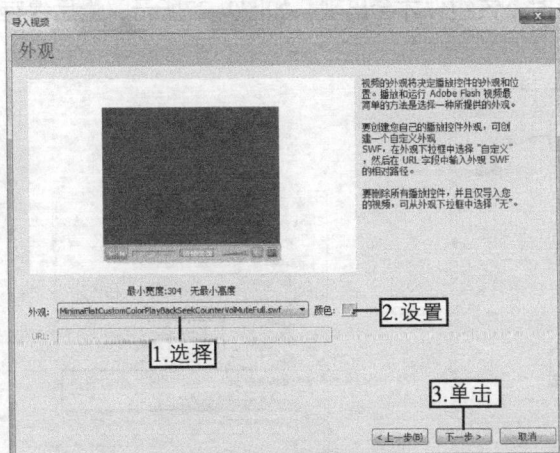

图9-22　设置组件外观

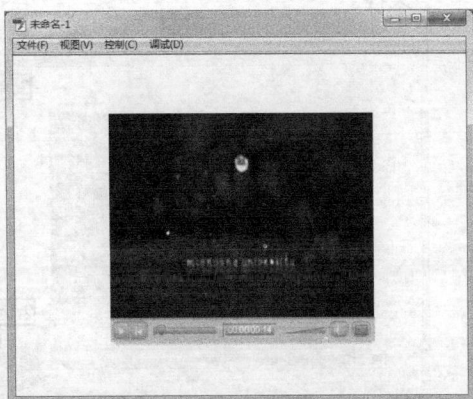

图9-23　视频文件导入效果

> 知识提示
>
> Flash仅支持播放特定格式的视频，包括FLV、F4V、MPEG视频等。将视频添加到Flash有多种方法，在不同情形下各有优点。

9.4.2　编辑FLVPlayback组件外观

在使用视频导入向导将视频导入Flash时，选择预定FLVPlayback组件来控制视频的播放，可在视频的属性面板中设置FLVPlayback组件的属性。编辑FLVPlayback组件的具体操作如下。

（1）选择舞台中的视频文件，切换到"属性"面板，在"实例名称"文本框中输入名称，如"雨"，如图9-24所示。

（2）在"组件参数"栏中撤销选中"autoPlay"复选框，在导出影片后，影片中的视频文件不会再自动开始播放。单击"skin"选项右侧的"编辑"按钮，如图9-25所示，打开"选择外观"对话框。

图9-24　设置视频实例名称

图9-25　设置FLVPlayback组件参数

（3）单击"外观"下拉列表右侧的下拉按钮，在打开的下拉列表中选择"SkinUnderPlaySeekFullscreen.swf"选项，单击右侧的"颜色"按钮，在弹出的颜色面板中将FlVPlayback组件的颜色更改为紫色，单击 确定 按钮，如图9-26所示。

（4）在"skinBackgroundAlpha"文本框中输入"0.5"，使FLVPlayback组件呈半透明显示。

187

（5）选中"skinAutoHide"复选框，使舞台中的"雨"视频实例下的FLVPlayback组件隐藏，只有将鼠标光标移动到视频文件上时，该组件才会出现，如图9-27所示，最后保存文件。

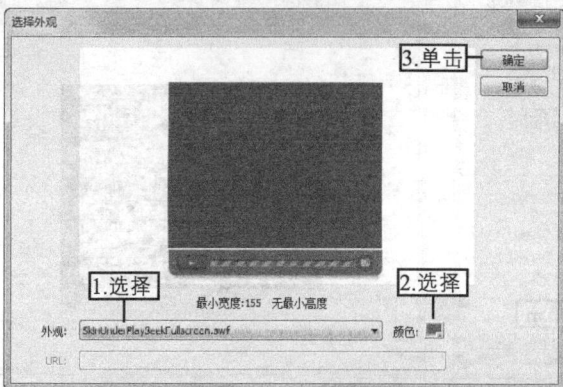

图9-26　更改FLVPlayback组件的外观

图9-27　设置组件透明和隐藏属性

> **知识提示**　最好命名舞台中的每个实例对象，方便后期使用脚本时，直接引用实例的名称，同时避免对舞台中相同的对象产生混淆。

在Flash中还可在"组件参数"栏的"scaleMode"下拉列表中选择相应的选项，对视频进行缩放。

◎ maintainAspectRatio：选择此缩放方式后，使用任意变形工具 ▦ 进行拖曳，视频可按照自身的大小比例进行等比例缩放。

◎ noScale：选择此缩放方式后，使用任意变形工具 ▦ 进行拖曳，视频将保持原有的比例不发生变化。

◎ exactFit：选择此缩放方式后，进行变形时，视频的大小总是随着缩放框的大小变化，如图9-28所示。

> **操作技巧**　在"组件参数"栏中，单击"source"选项右侧的"编辑"按钮 ✎ ，打开"内容路径"对话框，如图9-29所示，在其中单击"文件夹"按钮 📁 ，打开"浏览源文件"对话框，可在原位置重新指定一个视频文件。

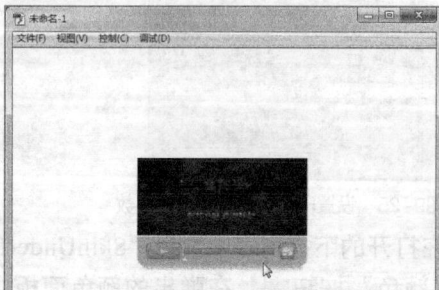

图9-28　使用"exactFit"方式进行缩放

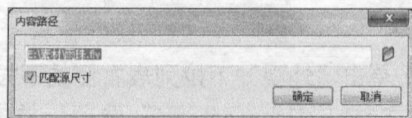

图9-29　重新制定视频文件

9.4.3 添加提示点

在Flash CS5中还可为用户添加提示点，使在单击这些提示点时，视频中的内容直接跳转到提示点所提示的位置。

在Flash中导入视频并设置好需要添加提示点的按钮后，即可开始为视频设置提示点，并将其添加到按钮中。添加提示点需要用到"代码片段"面板，如图9-30所示。用户可直接利用其中的代码片段，避免重复编写代码，还可在其中添加自己编写的代码片段。

图9-30 "代码片段"面板

下面分别在视频的第4秒、第8秒、第12秒添加提示点，并将提示点应用到按钮中，其具体操作如下。

(1) 在舞台中选择视频文件，在其"属性"面板中将其实例名称更改为"myVideo"，如图9-31所示，将按钮的实例名称分别设置为Button1、Button2、Button3。

(2) 展开"属性"面板中的"提示点"栏，单击"添加 ActionScript 提示点"按钮，在该栏的列表框中添加"提示点1"。

> 将实例名称更改为英文或拼音，可方便代码运行。若使用中文名，在一些情况下可能会运行错误。
>
> 知识提示

(3) 双击"提示点1"，使其呈可编辑状态，将其更改为"Button1"，再双击其后的时间，使其呈可编辑状态，将时间设置为"00:00:04:00"，表示该提示点指向第4秒，如图9-32所示。

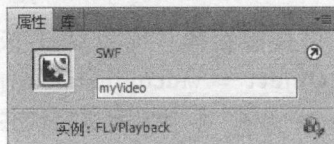

图9-31 更改视频实例名称

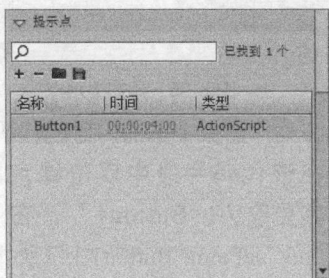

图9-32 添加提示点1

（4）再次单击"添加 ActionScript 提示点"按钮⊞，在该栏的列表框中添加"提示点2"，将其提示点名称更改为"Button2"，时间设置为"00:00:08:00"，如图9-33所示。

（5）继续单击"添加 ActionScript 提示点"按钮⊞，在该栏的列表框中添加"提示点3"，将其提示点名称更改为"Button3"，时间设置为"00:00:12:00"，如图9-34所示。

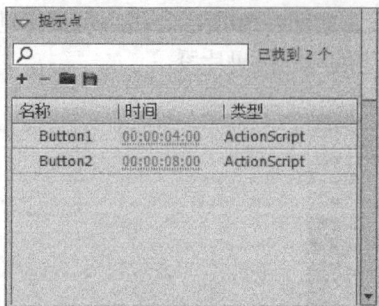

图9-33　添加提示点2

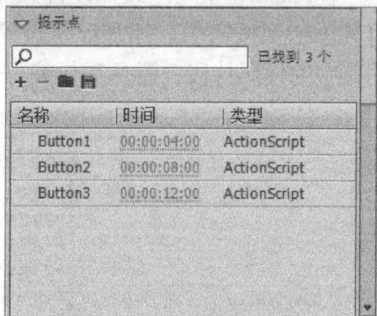

图9-34　添加提示点3

（6）在舞台中选择"Button1"按钮实例，在面板组中单击"代码片段"按钮▦，打开"代码片段"面板，在其中单击"音频和视频"文件夹前的三角形按钮▶，展开其中的代码片段。

（7）双击"单击以搜寻提示点"代码片段，将其添加到当前对象上，如图9-35所示，同时打开动作面板，在时间轴中自动添加一个用于存放脚本的"Actions"图层，如图9-36所示。

> **知识提示**　使用内置的"代码片段"后，在动作面板中除了显示代码外，还显示与该代码的相关信息，用户可根据这些信息对代码进行相应的修改，以达到需要的效果。

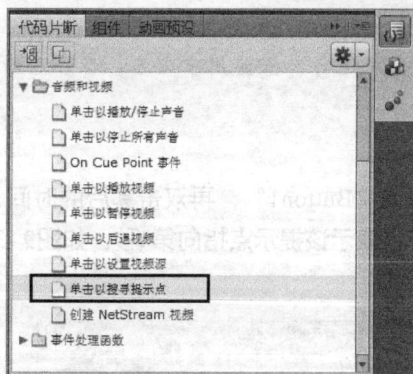

图9-35　添加提示点

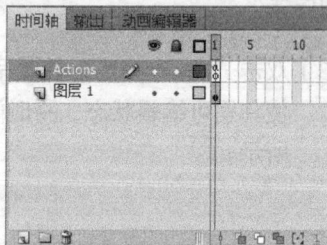

图9-36　增加"Actions"图层

（8）在动作面板中添加内置的代码片段，如图9-37所示。

（9）在该代码片段中双击绿色的"提示点 1"代码，可直接选择"提示点 1"，将其更改为"Button1"，在"var cuePointInstance:Object = video_instance_nam. findCuePoint("Button1");"脚本代码中双击"video_instance_nam"，使其呈选择状态，将其更改为"myVideo"，双击更改后的"myVideo"，按【Ctrl+C】组合键复制。

（10）在"myVideo.seek(cuePointInstance.time);"脚本代码中双击"video_instance_nam"，使其呈选择状态，按【Ctrl+V】粘贴，将"myVideo"粘贴到该位置，如图9-38所示。

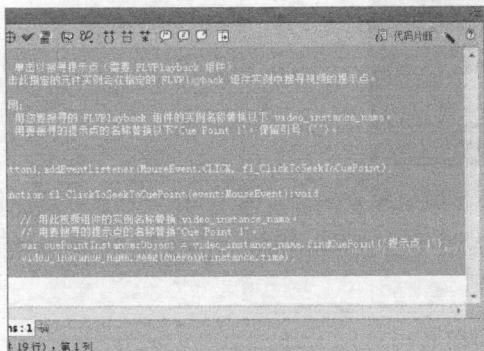

图9-37 添加代码片段

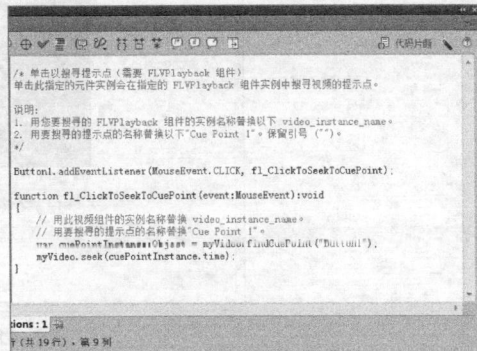

图9-38 更改代码

（11）按【F9】键退出动作面板，在舞台中选择"Button2"对象，在面板组中单击"代码片段"按钮，打开"代码片段"面板，在其中双击"音频和视频"文件夹中的"单击以搜寻提示点"代码片段，将其添加到"Button2"对象上。

（12）在打开的动作面板中，在之前的代码片段后新增了一段代码片段，在新增的代码片段中将"提示点 1"更改为"Button2"，将该段代码中的"video_instance_nam"更改为"myVideo"，如图9-39所示。

（13）按【F9】键退出动作面板，在舞台中选择"Button3"对象，在面板组中单击"代码片段"按钮，打开"代码片段"面板，在其中双击"音频和视频"文件夹中的"单击以搜寻提示点"代码片段，将其添加到"Button3"对象上。

（14）在打开的动作面板中，在之前的代码片段后新增了一段代码片段，在新增的代码片段中将"提示点 1"更改为"Button3"，将该代码片段中的"video_instance_nam"更改为"myVideo"，如图9-40所示。

图9-39 为"buttongreen"按钮实例添加代码片段

图9-40 为"buttonpurple"按钮实例添加代码片段

（15）设置完成后按【F9】键退出动作面板，按【Ctrl+Enter】组合键测试，如图9-41所示，在测试的过程中单击并查看是否可跳转到相应的播放位置，测试完成后将文件保存在一个新位置。

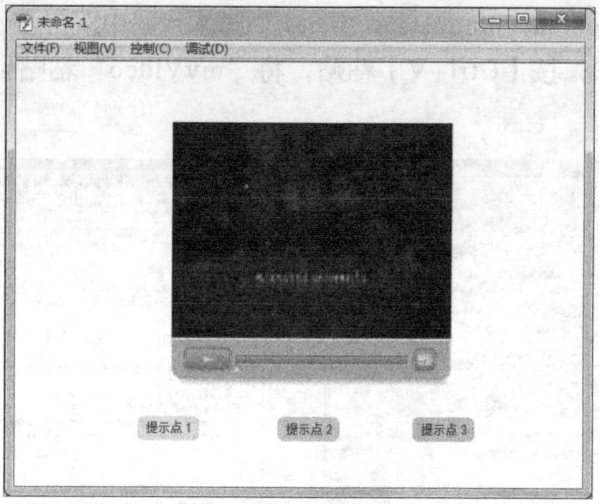

图9-41 测试效果

> 知识提示　在导入视频文件时，因为导入的路径为本地计算机的绝对路径，所以如果视频文件改变了位置，将不能正常浏览插入的视频文件。

9.4.4 课堂案例2——在网页中添加视频

将提供的"片头.flv"文件导入网页视频文件中，并在文件中设置视频的样式，效果如图9-42所示。

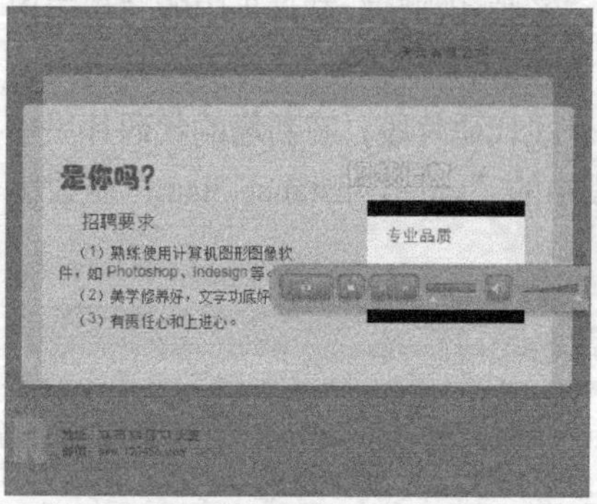

图9-42 网页视频效果

素材所在位置	光盘:\素材文件\第9章\课堂案例2\网页视频.fla、片头.flv
效果所在位置	光盘:\效果文件\第9章\课堂案例2\网页视频.fla
视频演示	光盘:\视频文件\第9章\制作网页视频.swf

（1）打开素材文件夹中的"网页视频.fla"文件，将舞台背景色更改为灰色"#999999"。

（2）在时间轴中新建图层，命名为"视频"，选择第1帧，在面板组中单击"组件"按钮，打开"组件"面板，在其中单击"Video"文件夹将其展开。

（3）将"Video"文件夹中的"FLVPlayback 2.5"组件拖动到舞台中，在舞台中创建一个视频组件，如图9-43所示。

（4）在舞台中选择"FLVPlayback 2.5"组件，在其"属性"面板的"组件参数"栏中，单击"属性"列表框中"source"选项右侧的"编辑"按钮，打开"内容路径"对话框，如图9-44所示。

图9-43　使用组件

图9-44　打开"内容路径"对话框

（5）在其中单击文本框右侧的"文件夹"按钮，打开"浏览源文件"对话框，在其中选择素材文件夹中的"片头.flv"视频素材，单击 打开(O) 按钮将其打开，如图9-45所示。

（6）返回"内容路径"对话框，选中"匹配源尺寸"复选框，然后单击 确定 按钮，如图9-46所示，视频文件即可添加到舞台中的"FLVPlayback 2.5"视频组件中。

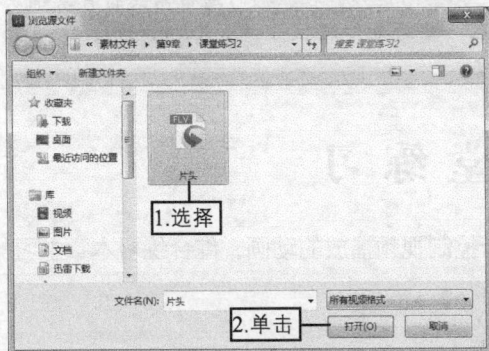

图9-45　打开源文件

图9-46　选中"匹配源尺寸"复选框

（7）使用任意变形工具调整视频的大小，使其刚好放置在电视显示的位置，如图9-47所示。

（8）在"组件参数"栏的"属性"列表框中，单击"skin"选项右侧的"编辑"按钮，打开"选择外观"对话框。

（9）在"外观"下拉列表中选择"SkinOverAllNoCaption.swf"选项，单击"颜色"右侧的按钮，在弹出的颜色面板中设置颜色为"#66CC66"，单击 确定 按钮确认更改，如图9-48所示。

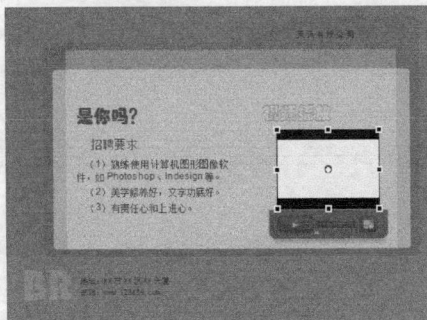

图9-47　调整视频位置

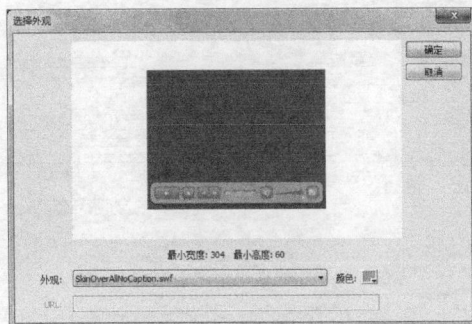

图9-48　调整组件属性

（10）撤销选中"autoPlay"复选框，选中"skinAutoHide"复选框，如图9-49所示。

（11）按【Ctrl+Enter】组合键测试，如图9-50所示，无误后保存即可。

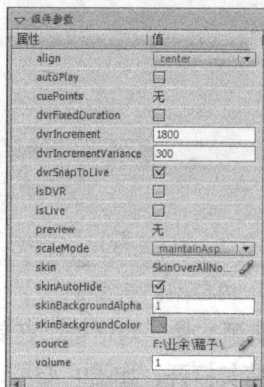

图9-49　选中相应复选框

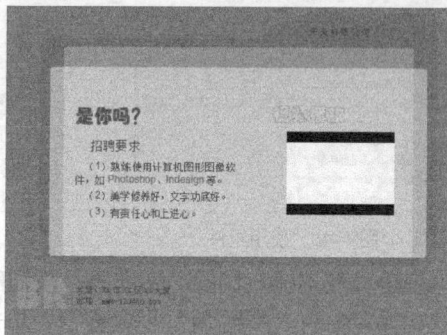

图9-50　测试效果

行业知识　　对于一些特殊需要的视频，如无背景的视频，在拍摄时通常需要将背景铺设为蓝色或绿色的幕布，拍摄完成后再在一些后期处理软件，如Adobe Effect或Adobe Premier中，将蓝色或绿色的背景抠掉。

9.5　课堂练习

本课堂练习将分别制作音乐片头动画和一个控制视频播放的动画，综合练习本章学习的知识点，熟练掌握音乐和视频在Flash中的应用。

9.5.1　制作"音乐片头"动画

1. 练习目标

本练习要求为"音乐片头"动画添加背景音乐，由于整个Flash动画的风格都比较清新，因此也应该选择比较欢快活泼的音乐。制作时可打开光盘中提供的素材文件进行操作，参考效果如图9-51所示。

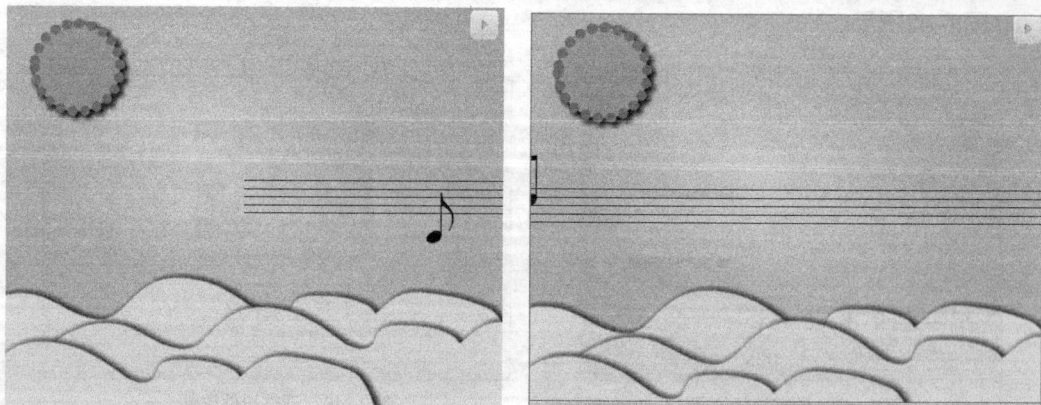

图9-51　"音乐片头"动画

素材所在位置	光盘:\素材文件\第9章\课堂练习\音乐片头
效果所在位置	光盘:\效果文件\第9章\课堂练习\音乐片头.fla
视频演示	光盘:\视频文件\第9章\制作"音乐片头"动画.swf

2. 操作思路

掌握一定的导入与添加音乐的知识后便可开始设计与制作了，根据上面的练习目标，本例的操作思路如图9-52所示。

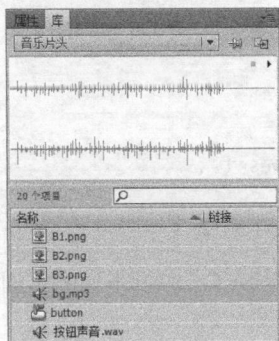

① 导入音乐　　　　　　　　　　　　　② 添加音乐

图9-52　制作音乐片头的操作思路

（1）打开素材文件夹中的"音乐片头.fla"素材文件和"bg.mp3"声音素材文件，将其导入库中。

（2）在所有图层的最上层新建一个图层，将其重命名为"背景音乐"，选择第1帧，将"bg.mp3"音频文件拖动到舞台中。

（3）将素材文件夹中的"B1.png"、"B2.png"、"B3.png"导入库中，创建以"button"为名的按钮元件，进入元件编辑模式，分别将图片放置在对应的帧中。

（4）导入"按钮声音.wav"音频素材，在"button"按钮元件的编辑模式下，选择其时间轴中的第2帧"指针经过"，切换到该帧的属性面板，在"声音"栏中单击"名称"右侧的下拉按钮，在打开的下拉列表中选择"按钮声音.wav"选项，为该帧添加声音。

（5）返回"场景1"中，在图层的最上层新建一个图层，并将其重命名为"按钮"。

（6）将"库"面板中的"button"按钮元件拖动到舞台中，选择舞台中的按钮实例，在其"属性"面板中将其实例名称更改为"whitebutton"。

（7）完成后测试动画并保存文件即可。

9.5.2　制作视频控制动画

1. 练习目标

本练习要求为"电视动画.fla"文件添加视频，素材文件中已经绘制好了相关的视频背景，只要将视频导入并设置提示点即可。在设置FLVPlayback组件时，应该注意其颜色应与周围的背景颜色相协调，添加的提示点可通过光盘中提供的素材图片制作，最终参考效果如图9-53所示。

图9-53　电视动画

素材所在位置	光盘:\素材文件\第9章\课堂练习\电视动画
效果所在位置	光盘:\效果文件\第9章\课堂练习\电视动画.fla
视频演示	光盘:\视频文件\第9章\制作"视频控制"动画.swf

2.　操作思路

掌握一定的导入与设置视频的相关知识后便可开始设计与制作动画了，根据上面的实训目标，本例的操作思路如图9-54所示。

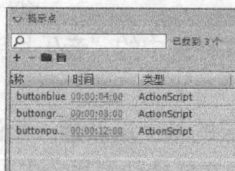

① 导入并设置视频外观　　　　　　② 设置提示点

图9-54　制作视频控制动画的操作思路

（1）打开"电视动画.fla"文件，将视频和图片素材文件导入"库"面板中。

（2）在"电视内层"上新建图层，重命名为"视频"，并将视频拖动到舞台中。

（3）设置其外观为"SkinUnderAllNoCaption.swf"，颜色为"#FF9933"。

（4）新建3个按钮元件，利用导入的图片分别制作3个按钮，然后在场景的时间轴中新建图层，将这3个按钮放置在图层中。

（5）分别在4秒、8秒、12秒为这3个按钮添加提示点，为相应的按钮添加代码片段，并在"代码"面板中更改相应的名称。

（6）测试动画并保存文件即可。

9.6　拓　展　知　识

本章拓展知识将详细介绍"声音属性"对话框的"压缩"选项。

1.　"原始"选项

选择此选项，表示导出声音时不进行压缩，将显示"预处理"和"采样率"2个参数，如图9-55所示。

选中"预处理"栏中的"将立体声转换为单声道"复选框会将混合立体声转换为单声道，即非立体声，单声道则不受影响。在"采样率"下拉列表框中选择一个选项可以控制声音的保真度和文件大小，较低的采样率可以减小文件大小，但也降低声音品质，Flash不能提高导入声音的采样率，如果导入的音频为11kHz声音，则输出效果也只能是11kHz的。

2. "MP3"选项

MP3是公认的音乐格式，用MP3压缩原始的声音文件可以使文件减小为原来的十分之一，而音质不会有明显的损坏，特别是在导出像乐曲这样较长的音频文件时，建议使用"MP3"选项。选择"MP3"压缩方式后，将显示"预处理""比特率""品质"3个参数，如图9-56所示。

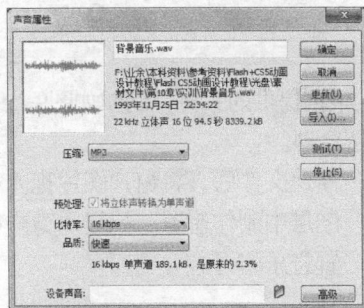

图9-55 "原始"选项   图9-56 "MP3"选项

◎ **预处理**：在比特率为16kbps或更低时，"预处理"选项中的"将立体声转换为单声道"复选框将显示为灰色不可用状态，当比特率等于或高于20kbps时，该复选框才能被激活。

◎ **比特率**：MP3文件的比特率是指解码器描述1s的声音使用的比特数，选择一个"比特率"参数以确定导出的声音文件中每秒播放的位数。Flash支持8kbps到160kbps。导出音乐时，需要将比特率设为16kbps或更高，以获得最佳效果。

◎ **品质**：设置导出声音的音质，选择"快速"选项压缩速度较快，但声音品质较低，选择"中"选项压缩速度较慢，但声音品质较高，选择"最佳"选项压缩速度最慢，但声音品质最高。如果是通过网页发布Flash，可以选择"快速"选项，如果是本地发布，则可选择"中"或"最佳"选项。

3. "语音"选项

"语言"选项适用于设定声音的采样频率对语音进行压缩，常用于动画中人物或者其他对象的配音。在"采样率"下拉列表框中选择选项可以控制声音的保真度和文件大小，如图9-57所示。

4. "ADPCM"选项

"ADPCM"选项用于设置8位或16位声音数据的压缩，如单击按钮这样的短时间声音，一般选择"ADPCM"方式。选择ADPCM选项后，将显示"预处理""采样率""ADPCM位"3个参数，如图9-58所示，"ADPCM位"用于设置在ADPCM编辑中使用的位数，压缩比越高，声音文件越小，音效也最差。

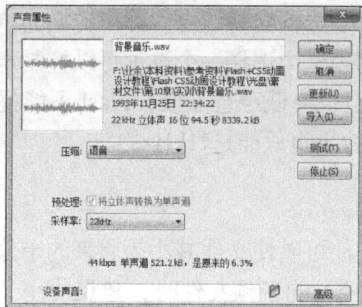

图9-57 "语音"压缩选项的参数

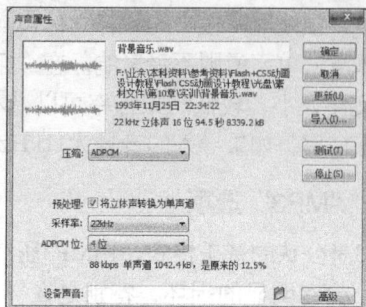

图9-58 "ADPCM"压缩选项的参数

9.7 课后习题

（1）根据提供的素材，制作如图9-59所示的窗外动画效果，要求画面整体美观，风格简洁明快，设置合理。

提示： 新建文件后，将窗户图片拖入第一个图层，将视频文件放入第二个图层，在第三个图层中制作遮罩，只显示窗户中间能显示户外景色的部分，最后在第四个图层中放置音乐即可。

素材所在位置	光盘:\素材文件\第9章\课后习题\窗外风景.flv、背景音乐.wav、窗外.png
效果所在位置	光盘:\效果文件\第9章\课后习题\窗外.fla
视频演示	光盘:\视频文件\第9章\制作"窗外视频"动画.swf

（2）打开提供的"童年时光.fla"素材文件和"童年的回忆.mp3"音乐文件，直接在图层22中添加音乐并进行设置即可。参考效果如图9-60所示。

提示： 本习题要求简单，所有动画效果基本都已完成。只需打开素材中的源文件，导入音乐进行添加即可。

素材所在位置	光盘:\素材文件\第9章\课后习题\童年时光.fla、童年的回忆.mp3
效果所在位置	光盘:\效果文件\第9章\课后习题\童年的回忆.fla
视频演示	光盘:\视频文件\第9章\制作"童年的回忆"动画.swf

图9-59 "窗外"动画效果

图9-60 "童年的回忆"动画

第10章

使用ActionScript脚本

本章将详细讲解Flash CS5中ActionScript脚本和动作面板的使用。读者通过学习要能够熟练应用Flash CS5的脚本制作特效动画，并熟练掌握相关制作技巧。

学习要点

- ◎ ActionScript 3.0基础
- ◎ "动作-帧"面板的使用
- ◎ 代码的创建
- ◎ 脚本的编写与调试

学习目标

- ◎ 了解ActionScript 3.0的基础
- ◎ 掌握"动作-帧"面板的使用方法
- ◎ 熟悉脚本的编写和调试方法

10.1 ActionScript 3.0基础

ActionScript是一种面向对象的编程语言，符合ECMA-262脚本语言规范，是在Flash影片中实现交互功能的重要组成部分，也是Flash优越于其他动画制作软件的主要因素。使用ActionScript可向应用程序中添加交互语言，应用程序可以是简单的SWF动画文件，也可以是功能丰富的Internet应用程序。

10.1.1 ActionScript 3.0简介

ActionScript语句是Flash提供的一种动作脚本语言，具备强大的交互功能，提高了动画与用户之间的交互性，并使得用户对动画元件的控制得到加强。用户制作普通动画时不必使用动作脚本就可以制作Flash动画。

但是，如果要提供与用户的交互、使用户内置于Flash中的对象之外的其他对象，如按钮和影片剪辑，或更适合于用户使用的SWF文件，这都需要使用动作脚本。ActionScript的应用极为广泛，在网络中，使用Flash制作的交互式网站也屡见不鲜，这样的网页的许多功能就是通过ActionScript实现的，另外，在制作多媒体课件、Flash游戏时也会使用到ActionScript。

随着功能的增加，ActionScript 3.0的编辑功能更加强大，编辑出的脚本更加稳定、完善，同时还引入了一些新的语言元素，可以以更加标准的方式实施面向对象的编程，这些语言元素使核心动作脚本语言能力得到了显著增强。在学习ActionScript 3.0语句之前，需要先了解ActionScript 3.0中的一些编程概念。

10.1.2 变量

变量在ActionScript中用于存储信息，它可以在保持原有名称的情况下使其包含的值随特定的条件而改变。

1. 变量的基础知识

变量在ActionScript 3.0中主要用来存储数值、字符串、对象、逻辑值，以及动画片段等信息。在 ActionScript 3.0 中，一个变量实际上包含以下3个不同部分。

◎ **名称**：变量的名称。

◎ **类型**：可以存储在变量中的数据类型。

◎ **实际值**：存储在计算机内存中的实际值。

在 ActionScript中，若要创建一个变量（称为声明变量），则使用var语句。例如：

var value1:Number;
或var value1:Numbe=4r;

在将一个影片剪辑元件、按钮元件、文本字段放置在舞台上时，可以在"属性"面板中为它指定一个实例名称，Flash将自动在后台创建与实例同名的变量。

变量名可以为单个字母，也可以是一个单词或由几个单词构成的字符串，在ActionScript 3.0中变量的命名规则如下。

◎ **包含字符**：变量名中不能有空格和特殊符号，但可以使用英文和数字。

◎ **唯一性**：在一个动画中变量名必须是唯一的，即不能在同一范围内为两个变量指定同一变量名。

◎ **非关键字**：变量名不能是关键字、ActionScript文本、ActionScript的元素，如true、false、null、undefined等。

◎ **大小写区分**：变量名区分大小写，当变量名中出现一个新单词时，新单词的第一个字母要大写。

2. 默认值

"默认值"是在设置变量值之前变量中包含的值。首次设置变量的值实际上就是"初始化"变量。如果声明了一个变量，但是没有设置它的值，则该变量便处于"未初始化"状态，未初始化变量的值取决于它的数据类型。变量的默认值如表10-1所示。

表 10-1　变量的默认值

数值类型	默认值
Boolean	false
int	0
Number	NaN
Object	null
String	null
uint	0
未声明（与类型注释★等效）	undefined
其他所有类（包括用户定义的类）	null

3. 变量的作用域

变量的作用域是指变量能够被识别和应用的区域。根据变量的作用域可以将变量分为全局变量和局部变量。全局变量是指在代码的所有区域中定义的变量，局部变量是指仅在代码的某个部分定义的变量。全局变量在函数定义的内部和外部均可用。例如：

```
var hq:String = "Global";
function scopeTest()
{
trace(hq);
}
// "hq" 是在函数外部声明的全局变量
```

在函数内部声明的局部变量仅存在于该函数中，例如：

```
function localScope()
{
var hq1:String ="local";
}
// "hq1" 是在函数内部声明的局部变量
```

10.1.3 常量

常量类似于变量，它使用指定的数据类型表示计算机内存中的值的名称。不同之处在于，在ActionScript应用程序运行期间只能为常量赋值一次。一旦为某个常量赋值之后，该常量的值在整个应用程序运行期间都保持不变。声明常量的语法与声明变量的语法唯一的不同之处在于，需要使用关键字const，而不是关键字 var。例如：

```
const value2:Number = 3;
```

10.1.4 数据类型

在ActionScript中可将变量的数据分为简单和复杂两种类型。"简单"数据类型表示单条信息，如单个数字或单个文本序列。常用的"简单"数据类型如下。

◎ String：一个文本值，如一个名称或书中某一章的文字。

◎ Numeric：对于Numeric型数据，ActionScript 3.0包含3种特定的数据类型，Number表示任何数值，包括有小数部分或没有小数部分的值；Int表示一个整数（不带小数部分）；Uint表示一个"无符号"整数，即不能为负数。

◎ Boolean：一个true或false值，如开关是否开启或两个值是否相等。

ActionScript中定义的大部分数据类型都可以描述为"复杂"数据类型，因为它们表示组合在一起的一组值。大部分内置数据类型，以及程序员定义的数据类型都是复杂数据类型，下面列出一些复杂数据类型。

◎ MovieClip：影片剪辑元件。

◎ TextField：动态文本字段或输入文本字段。

◎ SimpleButton：按钮元件。

◎ Date：有关时间的某个片刻的信息（日期和时间）。

10.1.5 运算符

运算符是特殊的函数，它具有多个操作并能返回相应的值。

1. 运算符

运算符，顾名思义就是用于计算的符号，如加号+、减号−、乘号×和除号÷等，如以下的运算。

```
var sumNumber:uint=3+2*3; // uint=9
```

赋值运算符（＝）随后使用此值将返回值9赋给变量sumNumber。

ActionScript 3.0常用的运算符如表10-2所示。

表 10-2　ActionScript 3.0 常用运算符

名称	运算符
乘法	* / %
加法	+ -
按位移位	<< >> >>>
关系	< > <= >= as in instanceof is
等于	== != === !==
赋值	= <<= >>= >>>= &= ^= |=

2．优先级

运算符的优先级和结合律决定了处理运算符的顺序。生活中的算术要求先处理乘法运算符（*），然后处理加法运算符（+），但编译器要求显式指定先处理哪些运算符。

此类指令统称为运算符优先级。ActionScript 定义了一个默认的运算符优先级，可以使用小括号运算符（()）来改变。例如，下面的代码改变上一个示例中的默认优先级，以强制编译器先处理加法运算符，然后再处理乘法运算符。

var sumNumber:uint=(3+4)*2;//uint==14

10.1.6　处理对象

ActionScript 3.0是一种面向对象的编程语言。面向对象的编程仅仅是一种编程方法，它与使用对象来组织程序中代码的方法没有差别。

程序是计算机执行的一系列步骤或指令。从概念上来理解，可以认为程序只是一个很长的指令列表。然而，在面向对象的编程中，程序指令被划分到不同的对象中，构成代码功能块。

面向对象的ActionScript包含属性、方法、事件三大元素，通过这三大元素即可准确、快速地应用脚本。下面对这几个元素进行讲解。

◎ **属性**：是对象的基本特性，如影片剪辑元件的位置、大小、透明度等，它表示某个对象中绑定在一起的若干数据块中的一个。例如：

angle.x=50;
// 将名为 angle 的影片剪辑元件移动到 x 坐标为 50 像素的地方
mymc.rotation=triangle.rotation;
// 使用 rotation 属性旋转 mymc 影片剪辑元件以便与 triangle 影片剪辑元件的旋转相匹配
mymc.scaleY=5;
// 更改 mymc 影片剪辑元件的水平缩放比例，使宽度为原始宽度的 5 倍从上面的 3 条语句，就可以发现属性的通用结构如下。

对象名称（变量名）.属性名称；

◎ **方法**：是指可由对象执行的操作。若在Flash中使用时间轴上的关键帧和基本动画语句制作了影片剪辑元件，则可播放或停止该影片剪辑，或指示它将播放头移到特定的帧。例如：

longFilm.play();
// 指示名为 longFilm 的影片剪辑元件开始播放
myFilm.stop();
// 指示名为 myFilm 的影片剪辑元件停止播放
myFilm.gotoAndStop(5);
// 指示名为 myFilm 的影片剪辑元件将其播放头移到第 5 帧，然后停止播放
myFilm.gotoAndPlay(9);
// 指示名为 myFilm 的影片剪辑元件跳到第 9 帧开始播放

从上面的 4 条语句，就可以发现使用方法的通用结构如下。

对象名称（变量名）.方法名 () ；

由此可见，方法与属性非常相似，小括号中指示对象执行的动作，可以将值（或变量）放入小括号中。这些值称为方法的"参数"，如 gotoAndStop() 方法中的参数表示对象应转到哪一帧，而如 play() 这种方法，其自身的意义已经非常明确，因此不需要额外信息。但书写时仍然需要小括号。

◎ **事件**：是确定计算机执行哪些指令以及何时执行的机制。"事件"本质上就是所发生的、ActionScript能够识别并响应的事情。许多事件与用户交互动作有关，如用户单击按钮，或按键盘上的键等。

无论编写怎样的事件处理代码，都会包括事件源、事件、响应 3 个元素，其中事件源就是发生事件的对象，也称为"事件目标"；事件是将要发生的事情，有时一个对象会触发多个事件，用户要注意识别；响应是指当事件发生时执行的操作。

编写事件代码时，要遵循以下的基本结构。

```
function eventResponse(eventObject:EventType):void
{
// 响应事件而执行的动作
}
eventSource.addEventListener(EventType.EVENT_NAME, eventResponse);
```

在此结构中，eventResponse、eventObject:EventType、eventSource、EventType.EVENT_NAME 表示占位符，可根据实际情况改变。首先定义一个函数，这是指定为响应事件而要执行的动作的方法，其次调用源对象的 addEventListener() 方法，表示当事件发生时，执行该函数的动作。所有具有事件的对象都具有 addEventListener() 方法，从上面可以看到，它有两个参数。第一个参数是响应特定事件的名称 EventType.EVENT_NAME；第二个参数是事件响应函数的名称 eventResponse。

例如：

```
this.stop();
function startMovie(event:MouseEvent):void
{
this.play();
}
startButton.addEventListener(MouseEvent.CLICK,startMovie);
```
// 上面这段语句表示单击按钮开始播放当前的影片剪辑。其中 startButton 是按钮的实例名称，this 表示"当前对象"的特殊名称

10.2　ActionScript 3.0语法基础

了解ActionScript语句的组成后，还需要了解ActionScript语句的语法规则，ActionScript语句的基本语法包括：点语法、括号和分号、字母的大小写、关键字、注释等。

10.2.1　点

在ActionScript语句中，点运算符(.)用来访问对象的属性和方法。使用点语法，可以使用后跟点运算符和属性名（或方法名）的实例名来引用类的属性或方法。例如：
```
var myDot:MyExample=new MyExample();
myDot.prop1="Hi";
myDot.method1();
```
//用点语法创建的实例名来访问prop1属性和method1()方法

10.2.2　注释

在ActionScript语句的编辑过程中，为了便于语句的阅读和理解，可为相应的语句添加注释，注释不会执行，通常包括单行注释和多行注释两种。单行注释以两个正斜杠字符"//"开头并持续到该行的末尾；多行注释以一个正斜杠和一个星号"/*"开头，以一个星号和一个正斜杠"*/"结尾。例如：
```
gotoAndStop(10);//播放到第10帧停止
```

语句中的注释明确地标明了"gotoAndStop(10);"语句的作用。

10.2.3　分号

分号";"一般用于终止语句，如果在编写程序时省略了分号，则编译器将假设每一行代码代表一条语句。

10.2.4　括号

括号分为大括号{}和小括号()两种，其中大括号用于将代码分成不同的块或定义函数；小括号通常用于放置使用动作时的参数、定义函数、调用函数等，以及改变ActionScript语句的优先级。

10.2.5　关键字

在ActionScript 3.0中，具有特殊含义且供ActionScript语言调用的特定单词称为关键字。除了用户自定义的关键字外，在ActionScript 3.0中还有保留的关键字，主要包括：词汇关键字、句法关键字、供将来使用的保留字3种。用户在定义变量、函数、标签等属性名称时，不能使用ActionScript 3.0的保留关键字。易引发脚本错误的关键字如表10-3所示。

表10-3　易引发脚本错误的关键字

as	break	case	catch	false	class	const	continue
default	delete	do	else	extends	false	finally	for
function	if	implements	import	in	instanceo	interface	Internal
is	native	new	null	package	private	protected	public
return	super	switch	this	throw	to	true	try
typeof	use	var	void	while	with		

10.2.6　课堂案例1——制作"电子时钟"动画

打开提供的"电子时钟.fla"素材文件，利用动作面板和图层，为素材中的时间元素添加脚本，使其与计算机时间同步，效果如图10-1所示。

图10-1　"电子时钟"动画

素材所在位置	光盘:\素材文件\第10章\课堂案例1\电子时钟.fla
效果所在位置	光盘:\效果文件\第10章\课堂案例1\电子时钟.fla
视频演示	光盘:\视频文件\第10章\制作"电子时钟"动画.swf

（1）打开素材文件"电子时钟.fla"，素材文件中需要同步年、月、日、星期、时、分、秒的元素都已设置好实例名称。

（2）在时间轴中新建一个图层，将其命名为"actions"，选择该图层的第1帧，按【F9】键打开"动作－帧"面板。

（3）在脚本编辑窗口中输入如图10-2所示的代码，定义"time"对象，并将获取的年份值显示在"nian"动态文本框中。

（4）按【Enter】键换行，继续输入如图10-3所示的代码，为其他动态文本框获取时间值。

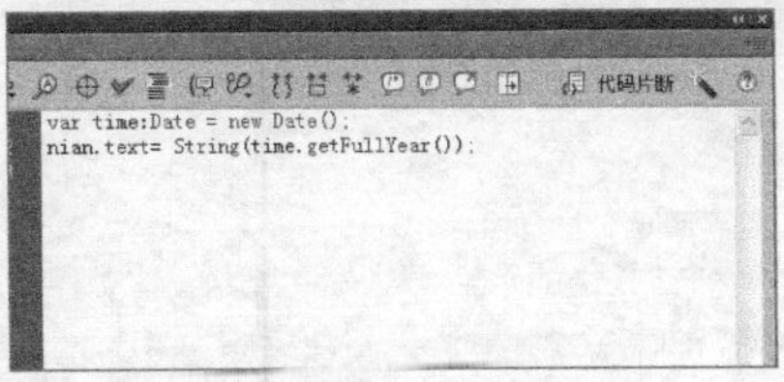

图10-2 定义"time"对象 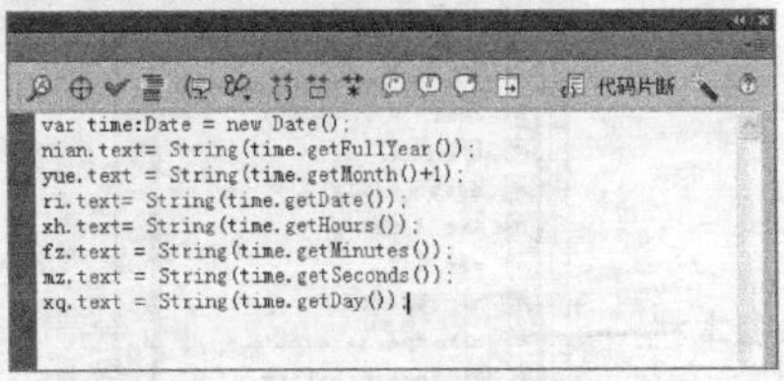　　　　　　　　　　图10-3 输入代码获取时间值

（5）选择"actions"图层的第2帧，按【F7】键插入空白关键帧，打开"动作－帧"面板，在脚本编辑窗口中输入"gotoAndPlay(1);"，如图10-4所示。

（6）选择"文本2"图层的第1帧，将"库"面板中的"点"元件拖动到"xh"和"fz"元件实例之间，并使用任意变形工具调整其大小，如图10-5所示。

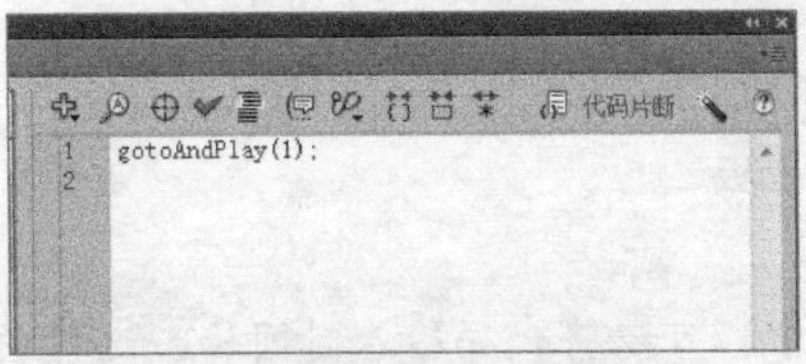

图10-4 在第2帧中添加脚本　　　　　　　　图10-5 设置"点"元件实例

（7）按【Ctrl+Enter】组合键测试，效果如图10-6所示，测试完成后保存文件。

图10-6 测试结果

> **知识提示**
>
> 本例的图层名之所以要在为获取的月份值加上1之后，才通过舞台中的"yue"文本框显示，是因为getMonth语句获取的月份值0代表一月，1代表二月，如果直接显示获取的月份值，就会在显示时出现比当前月份少一个月的情况，因此需要为其加上1，使其正常显示当前的月份信息。

10.3　创建ActionScript代码

在Flash CS5中，可以在时间轴上的任何帧添加代码，包括主时间轴上的任何帧和任何影片剪辑元件的时间轴中的任何帧。该代码将在影片播放期间播放头进入该帧时执行。

10.3.1 使用"动作–帧"面板

用户可在时间轴中选择需要添加脚本的帧，然后选择【窗口】→【动作】菜单命令打开"动作–帧"面板，在其中添加脚本。

在该面板中可以查看所有添加的脚本，如图10-7所示，具体介绍如下。

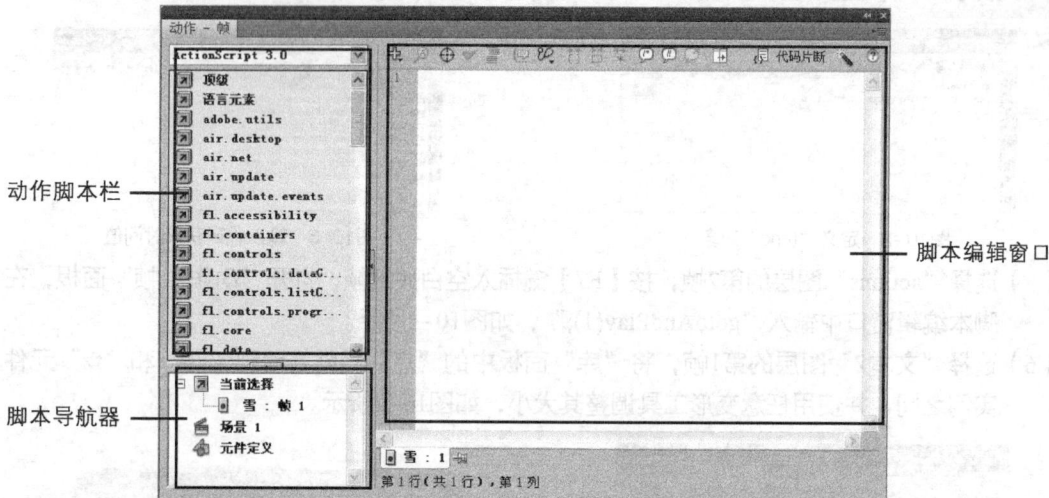

图10-7 "动作–帧"面板

> **知识提示**　在ActionScript 1.0和ActionScript 2.0中，可以将代码输入时间轴、选择的按钮、影片剪辑元件、on()或onClipEvent()代码块以及一些相关的事件中，如press、enterFrame等。但在ActionScript 3.0中不能进行该操作，在ActionScript 3.0中，只支持在时间轴上输入代码，或将代码输入外部类文件中。

◎ **动作脚本栏**：列出了各种动作脚本，可通过双击或拖曳的方式从中调用动作脚本。

◎ **脚本导航器**：它将FLA文件结构可视化，在这里可以选择动作的对象，快速地为该对象添加动作脚本。

◎ **脚本编辑窗口**：用于添加和编辑动作脚本，是"动作–帧"面板中最重要的部分。

在脚本编辑窗口上方还有一排工具按钮，这些按钮可帮助用户快速添加脚本，当在脚本编辑窗口中输入脚本时，将激活所有的按钮，各工具按钮的作用如下。

◎ **"将新项目添加到脚本中"按钮**：单击该按钮可打开下拉列表，在对应的子列表中选择，即可将需要的ActionScript语句插入脚本编辑窗口中。

◎ **"查找"按钮**：可对脚本编辑栏中的动作脚本内容进行查找并替换。

◎ **"插入目标路径"按钮**：单击该按钮可打开"插入目标路径"对话框，在其中进行相应设置并选择对象，可在语句中插入该对象的路径。

◎ **"语法检查"按钮**：检查当前脚本语句的语法是否正确，如果语法有错误，则将在输出窗口中提示出现错误的位置和错误的数量等信息。

◎ **"自动套用格式"按钮**：单击该按钮可使当前语句自动套用标准的格式，使编码语法正确和具有更好的可读性。

◎ **"显示代码提示"按钮**：将鼠标光标定位到语句的小括号中，单击该按钮可显示该语句的语法格式和相关的提示信息。

◎ **"调试选项"按钮**：单击该按钮将打开下拉列表，在其中选择相应选项可切换或删除断点，以便在调试时逐行执行语言。

◎ **"折叠成对大括号"按钮**：单击该按钮可折叠成对大括号中的语句。

◎ **"折叠所选"按钮**：单击该按钮折叠当前所选的代码块。

◎ **"展开全部"按钮**：单击该按钮展开当前脚本中所有折叠的代码。

◎ **"应用块注释"按钮**：单击该按钮将注释标记添加到所选代码块的开头和结尾。

◎ **"应用行注释"按钮**：单击该按钮在插入点或所选多行代码中每一行的开头添加单行注释标记。

◎ **"删除注释"按钮**：单击该按钮从当前行或当前选择内容的所有行中删除注释标记。

◎ **"显示/隐藏工具箱"按钮**：单击该按钮可显示或隐藏左侧的"动作脚本栏"和"脚本导航器"。

◎ **"代码片段"按钮** 代码片断：单击该按钮可打开"代码片段"面板，其中包含一些常用代码的预设效果。

◎ **"脚本助手"按钮**：单击该按钮可开启或关闭脚本助手模式。

◎ **"脚本帮助"按钮**：单击该按钮将打开"帮助"面板，将鼠标光标定位在语句中再单击该按钮，将显示该语句的帮助信息。

> **知识提示**　在"动作－帧"面板中，必须在英文状态下输入脚本代码，否则会出错，导致无法运行。

10.3.2　创建单独的ActionScript文件

在构建较大的应用程序或包括重要的ActionScript代码时，最好在单独的ActionScript源文件（扩展名为as）中组织代码，因为在时间轴上输入代码容易导致无法跟踪哪些帧包含哪些脚本，从而随着时间的推移，应用程序会越来越难以维护。

在Flash CS5中，可以采用以下两种方式来创建ActionScript源文件，其具体取决于如何在应用程序中使用该文件。

1. 关键字直接非结构化ActionScript代码

使用ActionScript中的include语句可以访问以此方式编写的ActionScript。include指令会导致在特定位置以及脚本中的指定范围内插入外部ActionScript文件的内容，就好像它们是直接在时间轴上输入一样，其具体方法可以参考ActionScript 2.0中include指令的使用方法。

2. 定义ActionScript类

定义一个ActionScript类，包含它的方法和属性。定义一个类后，可以像对任何内置的ActionScript类所做的那样，通过创建该类的一个实例并使用它的属性、方法、事件来访问该类中的ActionScript代码。

在构建代码时，输入的代码一定要尽量简洁、干净，即用最少的代码表达最好的效果。

10.3.3 插入脚本代码

在Flash动画中，拖动鼠标、跳转播放某一帧、按下按钮实例等操作都会引起一个事件的发生。Flash CS5有3种触发事件，即帧触发事件、按钮触发事件、影片剪辑触发事件。

1. 在帧中插入ActionScript

在帧中插入ActionScript就是给某个帧指定一个动作，当影片播放到该帧时会自动执行指定的动作。打开"动作–帧"面板，在其中输入相应脚本，即为帧添加了代码。设置了动作的帧上将出现一个小写字母a，代表在该帧处有ActionScript代码。

2. 在按钮中插入ActionScript

按钮动作的触发事件可以由鼠标的不同状态切换操作引起，包括单击、滑过、滑出、拖动等。要给按钮设置动作，必须先指定按钮的触发事件，然后选择命令。

选中要添加代码的按钮元件，打开"动作–帧"面板，在其中输入相应脚本，即为按钮添加了代码。按钮可以触发的事件包括以下几种。

◎ press：在按钮上按鼠标左键时触发动作。

◎ release：在按钮上按鼠标左键后并松开鼠标左键时触发动作。

◎ reIeaseOutSide：在按钮上按鼠标左键，然后拖动鼠标，将鼠标光标从按钮上移走，再松开鼠标左键时，触发动作。

◎ rollOver：鼠标光标由外向里滑过按钮时，触发动作。

◎ rollOut：鼠标光标由里向外滑过按钮时，触发动作。

◎ dragOver：在按钮上按鼠标左键，然后将鼠标光标从按钮上移走，最后再移回按钮上时，触发动作。整个过程都不要松开鼠标左键。

◎ dragOut：在按钮上按鼠标左键，然后将鼠标光标从按钮上移走时，触发动作。整个过程都不要松开鼠标左键。

◎ keyPress：按下键盘上的某个键，触发动作，其格式为keyPress"<键名>"。触发事件列表框中列举了常用的键名称。

另外，还可给按钮添加多个触发事件，触发事件之间用半角逗号隔开。动作代码中的标点符号必须为半角。

3. 在影片剪辑中插入ActionScript

在影片剪辑中添加代码与在按钮中添加代码类似，当动画播放到相应的影片剪辑时，即可执行相应事件。影片剪辑中的代码一般均包含在影片剪辑事件中。打开"动作–帧"面板，在其中输入相应脚本，即可为影片剪辑添加代码。影片剪辑可以触发的事件包括以下几种。

◎ load：影片剪辑一旦被实例化并出现在时间轴中，即启动此动作。

◎ unload：在从时间轴中删除影片剪辑之后，在第一帧中启动该动作。

◎ enterFrame：以影片剪辑帧不断触发此动作 。

◎ mouseMove：每次移动鼠标时，启动此动作。

◎ mouseDown：当按下鼠标左键时，启动此动作。

◎ mouseUp：当释放鼠标左键时，启动此动作。

◎ keyDown：当按下某个键时，启动此动作。

◎ keyUp：当释放某个键时，启动此动作。

◎ data：当在loadVaribles()或loadMovie()动作中接收数据时，启动此动作。

操作技巧　　在编写ActionScript代码时，最好将代码放置在一个特定的图层中，这样可以使图层结构更加清晰。

10.3.4　课堂案例2——制作"欢度佳节"动画

制作一个欢度佳节的动画，并为动画中的"烟花绽放"影片剪辑添加声音文件"礼花.wav"，为整个动画添加声音文件"欢乐颂.mp3"，并对声音文件进行编辑和压缩，效果如图10-8所示。

素材所在位置	光盘:\素材文件\第10章\课堂案例2\欢度佳节.fla、礼花.wav、欢乐颂.mp3
效果所在位置	光盘:\效果文件\第10章\课堂案例2\欢度佳节.fla
视频演示	光盘:\视频文件\第10章\制作欢度佳节动画.swf

图10-8　"欢度佳节"动画

（1）打开素材文件，将两个音频文件导入该素材文件的库面板中。

（2）创建一个名为"礼花绽放"的影片剪辑元件，在元件的编辑区中将库中的"礼花棒"图形元件拖入舞台中，在"图层1"的第10帧插入关键帧，按住【Shift】键的同时垂直向上移动第10帧中的"礼花棒"到合适位置。

（3）在属性面板中将其宽调整为3.6，高度保持不变。新建"图层2"，在第11帧插入空白关键帧，将库中的"礼花1"影片剪辑元件拖入舞台中。

（4）在属性面板中的"实例名称"文本框中为其输入名称"lh1"，在第25帧中插入帧使其延长，在第11帧上单击鼠标右键，在弹出的快捷菜单中选择"动作-帧"命令，打开动作面板，在其中输入如图10-9所示的语句。

（5）导入"礼花.wav"文件，新建"图层3"，将"礼花.wav"声音文件拖入舞台中，时间轴中的效果如图10-10所示。

在输入代码符号时应切换到英文输入方式，否则在以后的调试中无法正确运行文件。

知识提示

图10-9　在影片剪辑元件中输入脚本语句

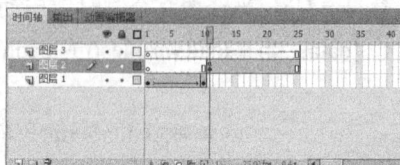

图10-10　添加声音文件后的时间轴效果

（6）返回场景中，选择"图层1"的第1帧，将"夜景"影片剪辑拖入舞台中，在第35帧插入帧，新建"图层2"，将"礼花绽放"影片剪辑拖入舞台中，置于舞台底端的中间位置，在第35帧插入帧使其延长。

（7）新建"图层3"，在第5帧插入空白关键帧，将"礼花绽放"影片剪辑拖入舞台中，置于舞台左下角，在"变形"面板中将其设置为旋转30°，在第35帧插入帧使其延长。

（8）新建"图层4"，在第10帧插入空白关键帧，将"礼花绽放"影片剪辑拖入舞台中，置于舞台右下角，在"变形"面板中将其设置为旋转-15°，在第35帧插入帧使其延长，效果如图10-11所示。

（9）新建"图层5"，将"欢乐颂.mp3"声音文件拖入舞台中，按【Ctrl+Enter】组合键测试动画的播放效果，如图10-12所示，最后保存文件即可。

图10-11　新建图层并添加影片剪辑元件

图10-12　测试文件

10.4　课堂练习

本练习将制作钟表和小提琴独奏动画，帮助读者加深理解ActionScript脚本语言，并熟练掌握相关语言的使用。

10.4.1 制作"钟表"动画

1. 练习目标

本练习主要是制作一个圆形的时间盘，制作时针、分针、秒针围绕中心点旋转的钟表，要求在添加脚本时，尽量以简洁的脚本使钟表上的时针、分针和秒针转动，并显示当前系统时间，参考效果如图10-13所示。

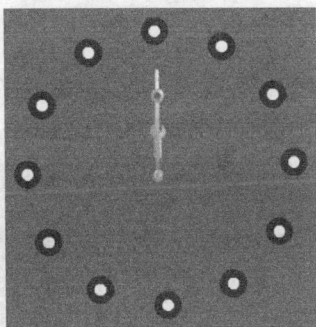

图10-13 "钟表"动画

效果所在位置	光盘:\效果文件\第10章\课堂练习\钟表.fla
视频演示	光盘:\视频文件\第10章\制作"钟表"动画.swf

2. 操作思路

了解和掌握ActionScript的语法和"动作-帧"面板的操作后，根据上面的练习目标，本例的操作思路如图10-14所示。

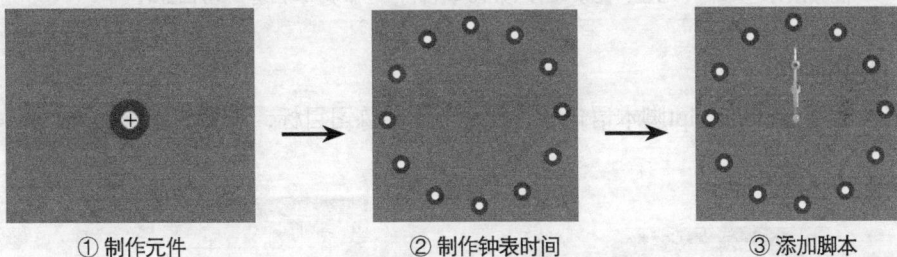

① 制作元件   ② 制作钟表时间   ③ 添加脚本

图10-14 制作钟表动画的操作思路

（1）新建ActionScript 3.0文件，将背景大小设置为320像素×320像素，颜色设置为"#3399FF"。

（2）新建"点数""针轴""时针""分针""秒针"影片剪辑元件，分别在其中绘制相应的图形。

（3）回到场景，在背景图层中，使用Deco工具绘制时间点，并与舞台中心对齐。新建"指针"图层，将"针轴"元件拖动到舞台中，并使其对齐舞台中央。

（4）将其余3个影片剪辑元件拖动到舞台中，使用任意变形工具改变其中心点到尾部，并将这3个元件实例的中心点与"针轴"实例的中心点对齐。

（5）选择这两个图层的第2帧，按【F5】键插入普通帧。

（6）新建"脚本"图层，选择第1帧，按【F9】键打开"动作–帧"面板，在其中输入代码。

（7）选择"脚本"图层的第2帧，按【F9】键打开"动作–帧"面板，在其中输入"gotoAnd Play(1);"。

（8）关闭"动作–帧"面板，按【Ctrl+Enter】组合键调试，调试无误后保存即可。

10.4.2 制作"小提琴独奏"动画

1. 练习目标

本练习主要制作动画的重新播放，因此需要新建可重播的按钮，然后将按钮放置在动画末尾，并添加语句，使单击该按钮时可重播，参考效果如图10-15所示。

图10-15 "小提琴独奏"动画

	素材所在位置	光盘:\素材文件\第10章\课堂练习\小提琴独奏.fla
	效果所在位置	光盘:\效果文件\第10章\课堂练习\小提琴独奏.fla
	视频演示	光盘:\视频文件\第10章\制作"小提琴独奏"动画.swf

2. 操作思路

了解和掌握ActionScript脚本语句后，根据上面的练习目标，本例的操作思路如图10-16所示。

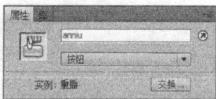

① 更改实例名称　　　　　　　　　　② 输入脚本语句

图10-16 制作小提琴独奏动画的操作思路

（1）打开"小提琴独奏.fla"动画。

（2）新建图层3，在第45帧插入空白关键帧，并在该帧上放入"重播"按钮。选择舞台中的"重播"按钮，打开其库面板，更改其实例名称为"anniu"。

（3）选择图层4的第45帧，按【F9】键打开"动作–帧"面板，在右边的脚本编辑窗口中输入脚本语句。

（4）关闭"动作–帧"面板，按【Ctrl+Enter】组合键测试动画播放效果，当播放到第45帧时动画停止，单击重播按钮可重新开始播放动画。

10.5 拓 展 知 识

本章主要讲解Flash中ActionScript 3.0脚本的基础知识，下面对脚本助手进行介绍。

脚本助手允许通过选择动作工具箱中的项目来构建脚本。在"动作–帧"面板中单击"脚本窗格"右上角的"脚本助手"按钮，打开"脚本助手"面板，在左侧的动作脚本栏中单击某个项目，"脚本助手"面板右上方显示该项目的描述，如图10–17所示；若双击某个项目，将该项目添加到动作面板的"脚本"窗格中。

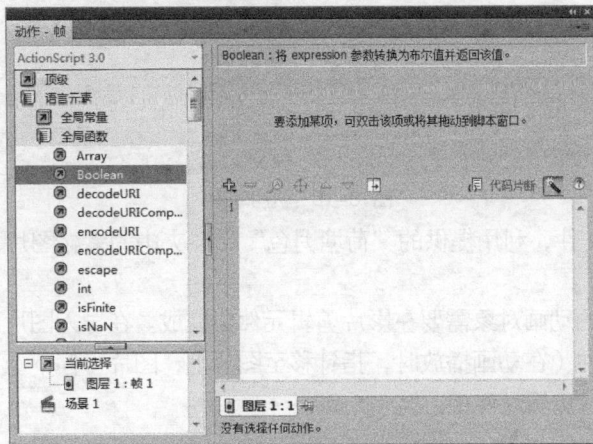

图10–17 "脚本助手"面板

在"脚本助手"模式下，可以添加、删除或更改"脚本"窗格中语句的顺序；在"脚本"窗格上方的参数框中可输入动作的参数、查找和替换文本、查看脚本行号，还可以固定脚本（即在单击对象或帧以外的地方时保持"脚本"窗格中的脚本）。

在"脚本助手"模式中，动作面板发生了如下变化。

◎ 在"脚本助手"模式下，"将新项目添加到脚本中"按钮 的功能有所变化。在动作脚本栏或该按钮的菜单中选择某个项目时，该项目将添加到当前所选文本块的后面。

◎ 使用"删除所选动作"按钮 可以删除"脚本"窗格中当前所选的项目。

◎ 使用向上 和向下 箭头可以将"脚本"窗格中当前所选的项目在代码内向上方或下方移动。

◎ "动作–帧"面板中可见的"语法检查" 、"自动套用格式" 、"显示代码提示" 和"调试选项" 按钮和菜单项被禁用，因为这些按钮和菜单项不适用于"脚本助手"模式。

◎ 只有在列表框中键入文本时，"插入目标路径"按钮 才可用。单击该按钮将生成的代码放入列表。

10.6 课 后 习 题

（1）打开提供的"帆船.fla"素材文件，在其中已制作好帆船运动的动画，为其添加停止语句，使动画不重复播放。

提示：本练习比较简单，新建图层，在该图层动画的最后一帧添加停止语句即可，最终效果如图10-18所示。

素材所在位置	光盘:\素材文件\第10章\课后习题\帆船.fla
效果所在位置	光盘:\效果文件\第10章\课后习题\帆船.fla
视频演示	光盘:\视频文件\第10章\制作"帆船"动画.swf

图10-18　帆船动画

（2）新建Flash文件，利用提供的"荷塘月色"文件夹中的素材图片，制作胶卷效果。参考效果如图10-19所示。

提示： 本练习中的动画对象需要在影片剪辑元件中完成。在导入图片后，为相应的图片制作按钮元件（在动画播放时，指针移至图片上，图片可停下），然后将这些按钮元件移入影片剪辑元件中。

素材所在位置	光盘:\素材文件\第10章\课后习题\荷塘月色
效果所在位置	光盘:\效果文件\第10章\课后习题\胶卷.fla
视频演示	光盘:\视频文件\第10章\制作胶卷动画.swf

图10-19　胶卷动画

第**11**章

使用组件

本章将详细讲解Flash CS5组件的使用。读者通过学习要能够熟练应用Flash CS5的组件面板制作表单等对象，并熟练掌握各种组件的使用方法。

学习要点

◎ 添加和删除组件
◎ 设置组件实例的大小
◎ 认识常见组件

学习目标

◎ 掌握组件的添加、删除和设置组件实例大小的方法
◎ 掌握各种组件的使用方法

11.1 认识组件

Flash CS5中的组件可以提供很多常用的交互功能，利用不同类型的组件，可以制作出简单的用户界面控件和包含多项功能的交互页面。用户还可以根据需要，设置组件的参数，从而修改组件的外观和交互行为。

11.1.1 什么是组件

巧妙地应用组件，可以无需构建复杂的用户界面元素，只需选择相应的组件，并为其添加适当的ActionScript脚本，即可轻松实现所需的交互功能。Flash中的组件主要分为User Interface组件（以下简称UI组件）和Video组件两大类，如图11-1所示。

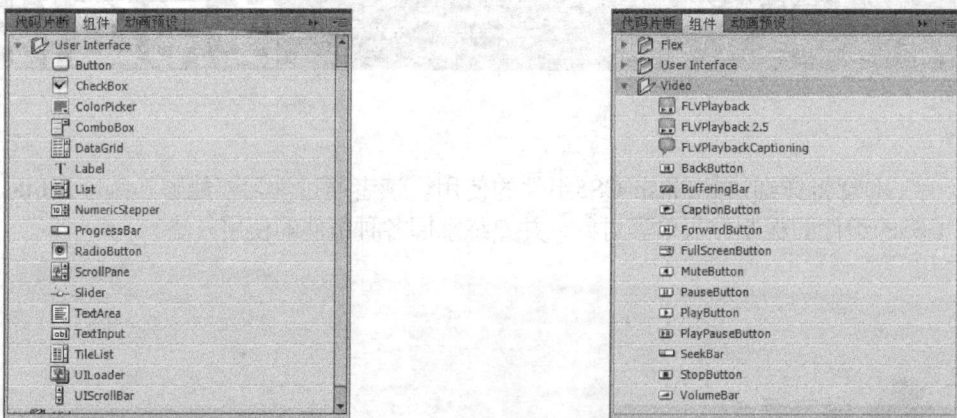

图11-1　UI组件和Video组件

◎ UI组件：User Interface组件主要用于设置用户交互界面，并通过交互界面使用户与应用程序进行交互操作。在Flash CS5中，大多数交互操作都通过UI组件实现。UI组件中包含的组件主要有Button、CheckBox、RadioButton、ComboBox、TextArea、TextInput等。

◎ Video组件：Video组件主要用于对动画中的视频播放器和视频流进行交互操作。其中主要包括FLVPlayback、FLVPlaybackCaptioning、BackButton、PlayButton、SeekBar、PlayPauseButton、VolumeBar、FullScreenButton等交互组件。

11.1.2 添加和删除组件

在Flash中首次将组件添加到文件时，Flash会将其作为影片剪辑导入库面板中。除此之外，还可以将组件从组件面板直接拖到"库"面板中，然后将其实例添加到舞台上。

1. 添加组件

选择【窗口】→【组件】菜单命令，或按【Ctrl+F7】组合键，打开"组件"面板。在组件面板中直接将需要的组件拖动到舞台中，即可添加组件，并在"库"面板中显示。选择舞台中的组件，在"属性"面板中出现相应的参数，如图11-2所示。特别是在其"组件参数"栏中，可更

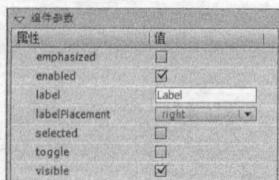

图11-2　"组件参数"栏

改相关参数来修改组件的属性。

2. 删除组件

删除组件的方法比较简单，在"库"面板中选择要删除的组件，按【Delete】键或单击面板底部的"删除"按钮<img>即可删除，也可在选择组件后单击鼠标右键，在弹出的快捷菜单中选择"删除"命令进行删除。

11.1.3 设置组件实例的大小

在Flash CS5中组件不会自动调整大小以适应其上的标签文字，因此经常需要调整组件大小以适应标签文字，并且只有从组件实例中调用语句setSize()，才能真正达到调整大小而不影响标签的效果。

若使用任意变形工具，或通过脚本_width和_height来调整，虽然组件大小可改变，但标签不会变化，在播放时会扭曲。

11.2 认识常见组件

Flash提供了许多不同类型的组件，有许多组件在浏览网页时经常会遇到。下面介绍一些常见的组件。

11.2.1 按钮组件

按钮（Button）组件可执行与鼠标和键盘的交互事件，该组件的参数面板如图11-3所示。

图11-3 Button组件

◎ emphasized：用于为按钮添加自定义图标，为其获取或设置一个布尔值，指示当按钮处于弹起状态时，Button组件周围是否出现边框。

◎ label：用于设置按钮的名称，其默认值为"Label"。

◎ labelPlacement：用于确定按钮上的文本相对于图标的方向，包括left、right、top、bottom共4个选项，其默认值为"right"。

◎ selected：用于根据toggle的值设置按钮是被按下还是被释放，若toggle的值为true，则表示按下，值为false表示释放，默认值为"false"。

◎ toggle：用于确定是否将按钮转变为切换开关。若要让按钮按下后马上弹起，则选择"false"选项；若让按钮在按下后保持按下状态，直到再次按下时才返回弹起状态，则选择"true"选项，其默认值为"false"。

11.2.2 复选框组件

复选框（CheckBox）组件用于设置一系列选择项目，并可同时选择多个项目，以此获取或设置指定对象的多个数值，该组件的参数如图11-4所示。

图11-4 CheckBox组件

◎ label：用于设置CheckBox组件显示的内容，其默认值为"Label"。

◎ labelPlacement：用于确定复选框上标签文本的方向，包括left、right、top、bottom 4个选项，其默认值为"right"。

◎ selected：用于确定CheckBox组件的初始状态为选中（true）或取消选中（false），其默认值为"false"。

11.2.3 文本组件

文本组件主要用于显示或获取动画中的文本，常用的文本组件包括TextInput和TextArea组件，下面分别进行介绍。

1. TextInput组件

TextInupt组件用于显示或获取交互动画中的单行文本字段，其"参数"面板如图11-5所示。

图11-5 TextInput组件

◎ displayAsPassword：输入字段是否为密码字段，默认不选择该选项，值为flase，表示不是密码字段。

◎ editable：指示组件是否可编辑，默认选择该选项，表示用户可编辑其中的文本，值为true。

◎ enabled：是一个布尔值，它指示组件是否可以接受焦点和输入，默认选择该选项，值为true，表示接受。

◎ maxChars：表示文本输入字段最多可容纳的字符数，默认为"null"，表示无限制。

◎ restrict：用于设置TextInupt组件可从用户处接受的字符串。需注意的是，未包含在本字符串中的，以编程方式输入的字符也会被TextInupt组件所接受。如果此属性的值为null，则TextInupt组件会接受所有字符；若将值设置为"空字符串("")"，则不接受任何字符。其默认值为"null"。

◎ text：用于获取或设置TextInupt组件中的字符串。此属性包含无格式文本，不包含

HTML标签。若要检索格式为HTML的文本，则使用TextArea组件的htmlText属性。

◎ visible：是一个布尔值，值为"true"表示该组件在文件中不可见。

2. TextArea组件

在交互动画中需要显示或获取多行文本字段的任何地方，都可使用TextArea组件来实现，其"参数"面板如图11-6所示。

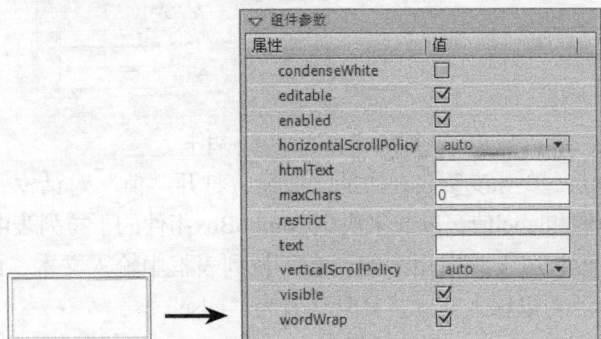

图11-6 TextArea组件

◎ condenseWhite：用于设置是否从包含 HTML文本的TextArea组件中删除多余的空白。值为"true"时表示删除多余的空白；值为"false"时表示不删除多余空白。其默认值为"false"。

◎ editable：用于设置允许用户编辑TextArea组件中的文本。值为"true"表示用户可以编辑TextArea组件包含的文本；值为"false"则表示不能编辑。其默认值为"true"。

◎ enabled：是一个布尔值，指示组件是否可以接受焦点和输入，默认选择该选项，值为"true"，表示接受。

◎ horizontalScrollPolicy：用于设置TextArea组件中的水平滚动条是否始终打开，包括on、off、auto 3个选项。其默认值为"auto"。

◎ htmlText：用于设置或获取TextArea组件中文本字段所含字符串的HTML表示形式。其默认值为"null"。

◎ maxChars：用于设置用户可以在TextArea组件中输入的最大字符数。

◎ restrict：用于设置TextArea组件可从用户处接受的字符串。如果此属性的值为null，则TextArea组件会接受所有字符。如果此属性值设置为"空字符串 ("")"，则TextInupt组件不接受任何字符。其默认值为"null"。

◎ text：用于获取或设置TextArea组件中的字符串，其中也包含当前TextInput组件中的文本。此属性包含无格式文本，不包含HTML标签。若要检索格式为HTML的文本，应使用htmlText属性。

◎ verticalScrollPolicy：用于设置TextArea组件中的垂直滚动条是否始终打开，包括on、off、auto这3个选项。其默认值为"auto"。

◎ visible：是一个布尔值，值为"true"时，该组件在文件中不可见。

◎ wordWrap：用于设置文本是否在行末换行。若值为"true"，则表示文本在行末换行；若值为"false"，则表示文本不换行。其默认值为"true"。

11.2.4 下拉列表框组件

下拉列表框（ComboBox）组件用于在打开的下拉列表框中选择需要的选项，选择场景中添加的该组件后，其"参数"面板如图11-7所示。

图11-7 ComboBox组件

◎ dataProvider：单击该参数右边的✏按钮，打开"值"对话框，在其中可单击➕按钮，设置date值和label值，以此来决定ComboBox组件的下拉列表中显示的内容。

◎ editable：该参数用于决定用户能否在下拉列表框中输入文本，true表示可以输入文本，false表示不可以输入文本，其默认值为"false"。

◎ prompt：设置对ComboBox组件的提示。

◎ rowCount：获取或设置不拖动滚动条时，下拉列表框可显示的最大行数，默认值为"5"。

11.2.5 单选项组件

单选项（RadioButton）组件主要用于选择一个唯一的选项。它不能单独使用，文件中至少应添加两个单选项组件才可以成立组。通常用户在Flash中创建一组单选项形成的一个系列选择组中只能选择某一个选项，选择该组中的某一个选项后，自动取消对该组内其他选项的选择。图11-8为该组件的参数面板，其中主要参数介绍如下。

图11-8 RadioButton组件

◎ groupName：用于指定当前单选项所属的单选按钮组，该参数值相同的单选项自动编为一组，并且在一个单选项组中只能选中一个单选项。

◎ label：用于设置单选项上显示的内容，其默认值为"Label"。

◎ labelplacement：用于确定单选项旁边标签文本的位置，包括left、right、top、bottom 4个选项，其默认值为"right"。

◎ selected：用于确定单选项的初始状态为选中状态（true）或未选中状态（false），其默认值为"false"。一个组内只能有一个单选项被选中，如果一组内有多个单选项被设置为"true"，则单选项组中初始状态会选中最后设置为"true"的单选项。

◎ value：可定义与单选项相关联的值。

11.2.6 列表框组件

列表框（ScrollPane）组件在一个可滚动区域中显示影片剪辑、JPEG文件、SWF文件，其参数如图11-9所示。使用滚动窗格，可以限制这些媒体类型占用的屏幕区域的大小。

◎ source：指示要加载到滚动窗格中的内容。该值可以是本地SWF或JPEG文件的相对路径、Internet上文件的相对或绝对路径，也可以是设置为"为 ActionScript 导出"的库中影片剪辑元件的链接标识符。

◎ horizontalLineScrollSize：指示每次单击键盘上的箭头键时，水平滚动条移动多少个单位。默认值为"5"。

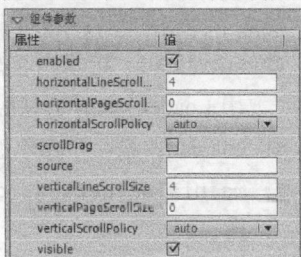

图11-9 Scrollpane组件

◎ horizontalPageScrollSize：指示每次单击轨道时，水平滚动条移动多少个单位。默认值为"20"。

◎ horizontalScrollPolicy：显示水平滚动条。该值可以是on、off、auto，默认值为"auto"，

◎ scrollDrag：是一个布尔值，它确定当用户在滚动窗格中拖动内容时，是(true)否(false)发生滚动。默认值为"false"。

◎ verticalLineScrollSize：指示每次单击滚动箭头时，垂直滚动条移动多少个单位。默认值为"5"。

◎ verticalPageScrollSize：指示每次单击滚动条轨道时，垂直滚动条移动多少个单位。默认值为"20"。

◎ verticalScrollPolicy：显示垂直滚动条。该值可以是on、off、auto，默认值为"auto"。

11.2.7 颜色组件

颜色（ColorPicker）组件用于允许用户从样本列表中选择颜色，在选取颜色的同时还出现相应的色值，显示当前所选颜色的十六位进制值，其属性如图11-10所示。

图11-10 ColorPicker组件

◎ enabled：控制颜色是否可用。

◎ selectedColor：决定组件实例上显示的颜色，默认为黑色#000000。单击右侧的色块，可在打开的颜色面板中选择更换颜色。

◎ showTextField：设置是否在调色板中显示输入颜色的十六进制值数值框。选中表示显示输入颜色的十六进制值的数值框，反之则不显示。

11.2.8　UILoader组件

加载器（UILoader）组件是一个容器，可显示 SWF、JPEG、渐进式 JPEG、PNG 、GIF 文件。加载器中的内容可缩放，用户也可调整加载器自身的大小来匹配内容的大小，其"参数"面板如图11-11所示。

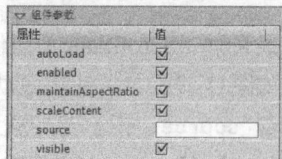

图11-11　UILoader组件

◎ autoLoad：指示内容是自动加载 (true)，还是等到调用 Loader.load() 方法时再加载 (false)。默认值为"true"。

◎ enabled：是一个布尔值，它指示组件是否可以接收焦点和输入。默认值为"true"。

◎ maintainAspectRatio：说明属性，是一个布尔值，如果为"true"，则保持视频高宽比。

◎ scaleContent：指示是内容进行缩放以适合加载器 (true)，还是加载器进行缩放以适合内容 (false)。默认值为"true"。

◎ source：是一个绝对或相对的 URL，它指示要加载到加载器的文件。相对路径必须是相对于加载内容的SWF文件的路径。该URL必须与Flash内容当前驻留的URL在同一子域中。为了在Flash Player中或者在测试模式下使用SWF文件，必须将所有SWF文件存储在同一个文件夹中，并且其文件名不能包含文件夹或磁盘驱动器说明。默认值在开始加载之前为"undefined"。

◎ visible：是一个布尔值，它指示对象是 (true) 否 (false) 可见。默认值为"true"。

11.2.9　课堂案例1——创建登记表单

在提供的"登记.fla"素材文件中，通过添加组件补足表单的登记项，并结合"动作-帧"面板使表单功能更完整，效果如图11-12所示。

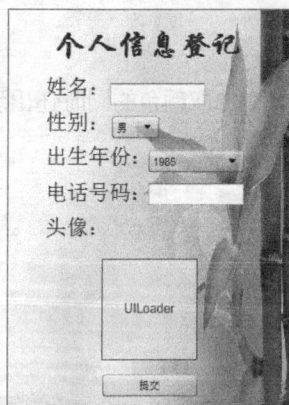

图11-12　登记表单

素材所在位置	光盘:\素材文件\第11章\课堂案例1\登记.fla、tx.jpg	
效果所在位置	光盘:\效果文件\第11章\课堂案例1\登记.fla	
视频演示	光盘:\视频文件\第11章\创建登记表单.swf	

（1）打开素材文件夹中的文件"登记.fla"，在时间轴中单击"新建图层"按钮 ，新建两个图层，分别命名为"组件"和"actions"。

（2）选择"组件"图层的第1帧，按【Ctrl+F7】组合键打开"组件"面板，在其中双击"User Interface"文件夹将其展开，在其中将ComboBox组件拖动到舞台中并调整其宽度，如图

11-13所示。

（3）选择该组件，在属性面板中将其实例名称更改为"box1"，在"组件参数"栏的"rowCount"文本框中输入"2"，单击"dataProvider"右侧的"编辑"按钮，打开"值"对话框。

（4）在"值"对话框中单击➕按钮，将在其下的列表框中添加一个"label10"标签，单击第2行"label"右侧的"label10"，将其选中并更改为"男"，单击"data"右侧的文本框，在其中输入"男"文本。

（5）再次单击➕按钮，在添加的"label10"标签中将"label"和"data"右侧的参数均更改为"女"，如图11-14所示，单击 确定 按钮退出"值"对话框。

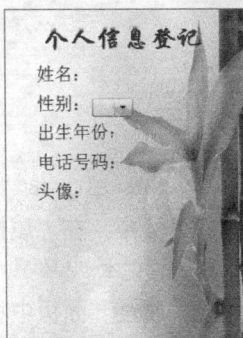

图11-13　添加Button组件　　　　　图11-14　设置值

（6）在面板组中单击"组件"按钮，打开"组件"面板，双击展开"User Interface"文件夹，选择ComboBox组件并将其拖动到"出生年份"右侧。

（7）在其属性面板中将实例名称更改为"box2"，在"组件参数"栏的"rowCount"文本框中输入"6"，单击"dataProvider"右侧的"编辑"按钮，打开"值"对话框。

（8）单击➕按钮，在其下的列表框中添加一个"label10"标签，单击第2行"label"右侧的"label10"，将其选中并更改为"1985"，单击"data"右侧的文本框，在其中输入"1985"。

（9）使用同样的方法在其中添加标签，根据年份依次更改标签值，效果如图11-15所示。单击 确定 按钮退出"值"对话框，此时舞台效果如图11-16所示。

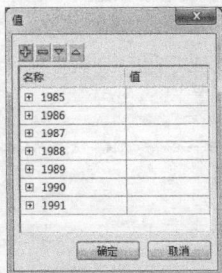

图11-15　设置标签值　　　　　图11-16　舞台效果

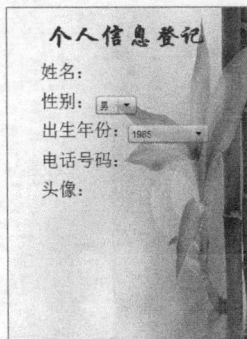

（10）将UILoader组件拖动到舞台中，单击选择该组件，在属性面板中将实例名称更改为

"UIa"，在"组件参数"栏的"source"文本框中，输入图片所在位置（用户可根据光盘中素材所在位置填写），如图11-17所示。

（11）将TextInput组件拖动到舞台中，在其属性面板中将实例名称更改为"wb1"，效果如图11-18所示。

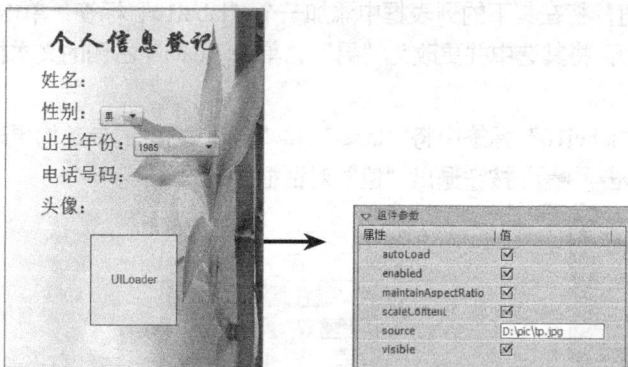

图11-17　设置UILoader组件

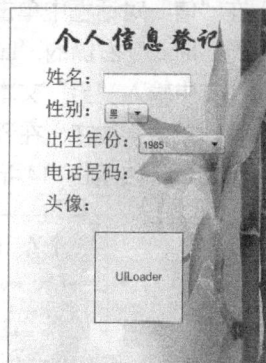

图11-18　加入TextInput组件

（12）在组件面板中将Button组件拖动到"组件"图层的第1帧中，在"属性"面板中将其实例名称更改为"tj"，在"label"文本框中输入"提交"文本。

（13）在"组件"图层的第2帧中再次拖入Button组件，在"属性"面板中将其实例名称更改为"fh"，在"label"文本框中输入"返回"。

（14）选择"背景"图层的第1帧，在舞台中选择绿色的背景框和黄色的文本，按【Ctrl+C】组合键复制，选择该图层的第2帧，按【F7】键插入空白关键帧，在舞台上单击鼠标右键，在弹出的快捷菜单中选择"粘贴到当前位置"命令。

（15）选择"组件"图层的第2帧，按【F7】键插入空白关键帧，使用文本工具T在舞台中绘制一个类型为"输入文本"的"传统文本"，并将其实例名称更改为"jg"，如图11-19所示。

（16）在"actions"图层的第1帧中插入空白关键帧。选择"actions"图层的第1帧，按【F9】键打开"动作-帧"面板，在其中输入如图11-20所示的脚本代码。

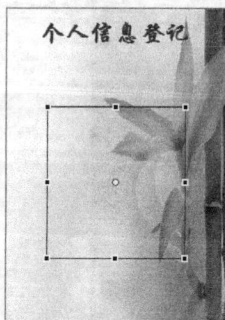

图11-19　绘制文本

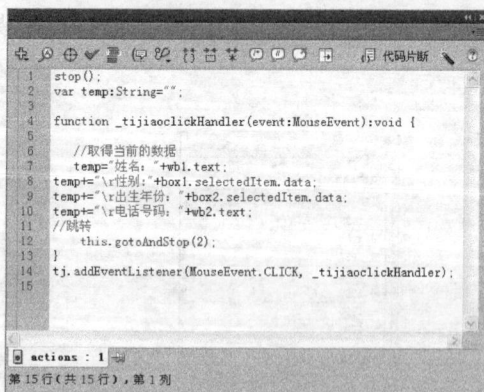

图11-20　在第1帧中输入代码

（17）代码输入完成后，退出面板，选择"actions"图层的第2帧，按【F7】键插入空白关键帧。按【F9】键再次打开动作面板,在其中输入如图11-21所示的代码。

(18)按【Ctrl+Enter】组合键测试,如图11-22所示,测试完成后保存文件。

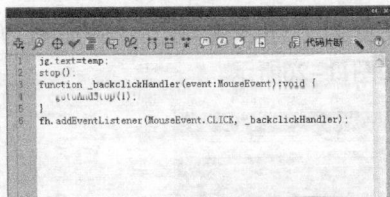

图11-21 在第2帧中输入代码

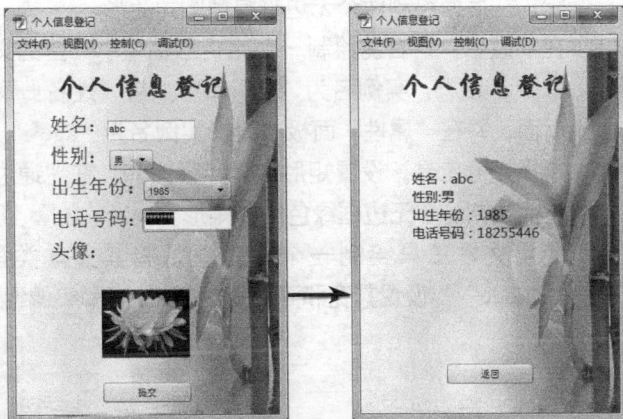

图11-22 测试文件

11.2.10 课堂案例2——制作旅游问卷调查表

本案例将利用文本工具与矩形工具制作旅游问卷调查表,并通过RadioButton组件和ComboBox组件创建单选项与下拉列表框,完善问卷调查表,效果如图11-23所示。

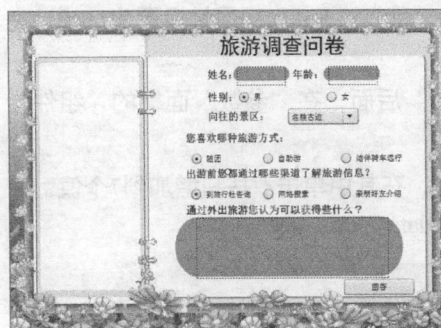

图11-23 制作旅游问卷调查表

素材所在位置	光盘:\素材文件\第11章\课堂案例2\背景.jpg
效果所在位置	光盘:\效果文件\第11章\课堂案例2\旅游调查问卷.fla
视频演示	光盘:\视频文件\第11章\制作旅游问卷调查表.swf

(1)新建一个文档,将场景大小设为635像素×457像素,其他保持默认设置,将其命名为"旅游调查问卷"并保存。

(2)导入背景并设置大小与舞台相同,对齐舞台,在第2帧中插入帧使其延长。新建"图层2",选择文本工具 T,在属性面板中将字体设置为"黑体、30、#000000",在背景图片的灰色区域输入"旅游调查问卷"文本,单击空白区域完成文本的输入。

(3)再次使用文本工具,设置文本格式为"黑体、15、#330066",在舞台中输入如图11-24

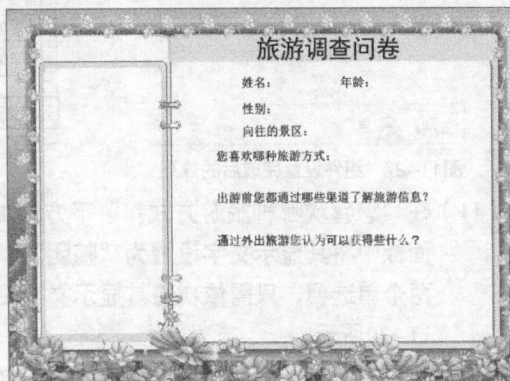

图11-24 在舞台中输入文本

（4）新建图层3，选择矩形工具▢，设置矩形边角半径为"30"，在"姓名："和"年龄："后面绘制两个无边框绿色圆角矩形。

（5）在"姓名："右侧绘制一个比矩形稍微小一些的文本框，设置文本格式为"输入文本、黑体、15"，实例名为"_name"。将"姓名："后面的文本框复制一个到"年龄："后面，并在"属性"面板中设置实例名为"age"，完成后的效果如图11-25所示。

（6）选择矩形工具，设置矩形边角半径为30，在"通过外出旅游您认为可以获得些什么？"下面绘制一个无边框绿色圆角矩形。

（7）使用文本工具绘制一个文本框，将其文本类型设置为"输入文本"，并命名为"huode"，设置其宽和高分别为275像素和83像素，如图11-26所示。

图11-25　完成属性设置后的效果　　　　图11-26　绘制文本框并设置其属性

（8）打开组件面板，选择RadioButton组件，将其拖放到"性别："后面，将组件的groupName属性设置为xingbie，Label设置为"男"，Selected属性设置为true，用同样的方法再添加一个RadioButton组件，将Label设置为"女"，Selected属性设置为false，完成后的效果如图11-27所示。

（9）选择ComboBox组件，将其拖放到"向往的景区："后面，在"参数"面板的"组件"文本框中将其命名为"wen"。

（10）在"labels"后面单击✎图标，打开"值"对话框，在其中单击➕按钮增加到7个值，并按图11-28所示输入相应的值。用相同的方法设置data。

图11-27　组件设置完成后的效果　　　　图11-28　在"值"对话框中添加值

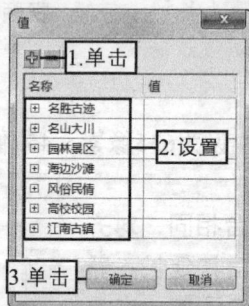

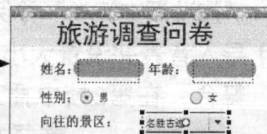

（11）在"您喜欢哪种旅游方式："下方添加3个RadioButton组件，选择第一个，在"属性"面板中将其显示文字设置为"随团"，组名设置为"fangshi"，用同样的方法设置其他两个单选项，只需依次将其显示文字设置为"自助游"和"结伴骑车远行"，效果如图11-29所示。

（12）在"出游前您都通过哪些渠道了解旅游信息："下方同样添加3个RadioButton组件，在属性面板中将其显示文字设置为"到旅行社咨询"，组名设为"qudao"。

（13）用同样的方法设置另外两个单选项，只需依次将显示文字设为"网络搜索"和"亲朋好友介绍"，设置后的效果如图11-30所示。

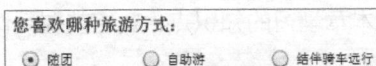

您喜欢哪种旅游方式：

○ 跟团　　　○ 自助游　　　○ 结伴骑车远行

图11-29　组件设置完成后的效果

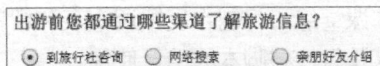

出游前您都通过哪些渠道了解旅游信息？

◉ 到旅行社咨询　　○ 网络搜索　　○ 亲朋好友介绍

图11-30　组件设置完成后的效果

（14）拖动Button组件到舞台的右下方，调整其大小，设置其实例名为"onclick"，将"labels"设置为"回答"，其效果如图11-31所示。

（15）新建"图层4"，在第2帧插入关键帧，复制"图层2"中的"旅游调查问卷"文本，并在原位置粘贴。

（16）绘制一个文本框，在"属性"面板中将其文本类型设置为"输入文本"并命名为"daan"，设置其宽和高分别为350像素和285像素。

（17）拖放Button组件到舞台的右下方，调整其大小，在"属性"面板中将其命名为"replay"，将"labels"设置为"重新开始"，效果如图11-32所示。

图11-31　按钮效果

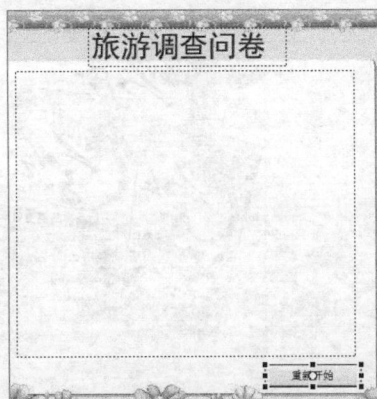

图11-32　完成设置后的按钮组件

（18）新建"图层5"，在第1帧插入关键帧，在"动作-帧"面板中为其添加脚本，再在第2帧插入关键帧，打开"动作-帧"面板，在其中输入脚本，时间轴如图11-33所示。

（19）按【Ctrl+Enter】组合键测试动画，最终效果如图11-34所示。

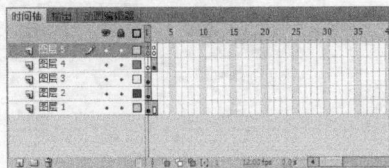

图11-33　时间轴效果

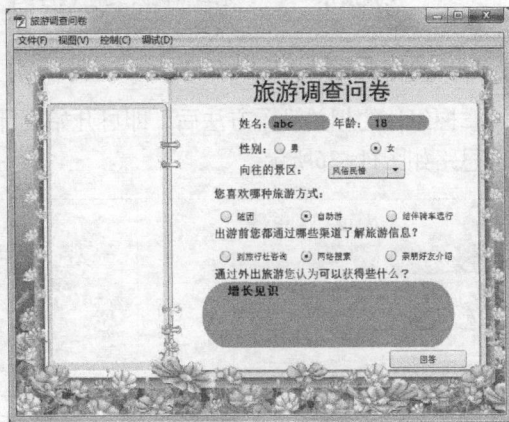

图11-34　测试效果

11.3 课堂练习

本课堂练习将制作反馈调查表和留言板，综合练习本章学习的知识点，熟练掌握组件的使用，以及组件与脚本的结合使用。

11.3.1 制作反馈调查表

1. 练习目标

本练习要求制作图书销售的反馈信息表，使其能提交该表格中的内容，问卷内容包括读者姓名、性别、购买书籍的种类、喜欢的排版方式、购书渠道，以及对书籍的意见。要求问卷界面简单自然，不侵犯读者隐私，参考效果如图11-35所示。

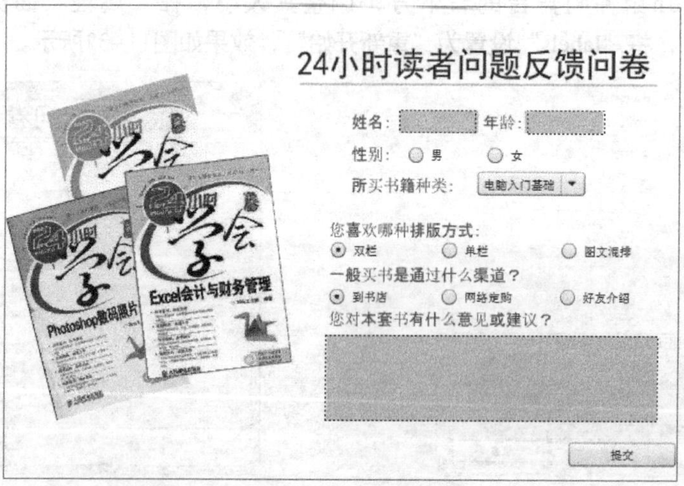

图11-35 反馈调查表

素材所在位置	光盘:\素材文件\第11章\课堂练习\1.tif、2.tif、3.tif
效果所在位置	光盘:\效果文件\第11章\课堂练习\反馈调查表.fjla
视频演示	光盘:\视频文件\第11章\制作反馈调查表.swf

2. 操作思路

掌握组件的相关设置方法后，即可开始设计与制作调查表，根据上面的练习目标，本例的操作思路如图11-36所示。

① 添加文本容器　　　　　② 添加按钮组件　　　　　③ 添加脚本并测试

图11-36 制作反馈调查表的操作思路

（1）新建ActionScript 3.0文件，导入素材文件夹中的图片，将其放置在"图层1"中，在该图层中选择第2帧，按【F5】键插入普通帧。

（2）在工具栏中选择文本工具**T**，在"图层2"中输入标题和提问的文本，使用矩形工具，在"姓名"和"年龄"文本右侧以及"您对本套书有什么意见或建议"文本下方绘制矩形，关闭笔触，将填充颜色设置为"FFCC99"。

（3）新建"图层3"，在第1帧中插入空白关键帧，使用文本工具**T**在矩形所在位置绘制类型为"输入文本"的"传统文本"，并在该帧中添加RadioButton组件，设置其属性，将不同问题下的RadioButton命名为不同的组。

（4）添加ComboBox组件，并设置其列表参数，添加Button组件，更改其label名称。新建"图层4"，在第1帧中插入空白关键帧，在第2帧中输入反馈结果文本，并绘制矩形和文本框，然后添加Button组件，更改label名称。

（5）新建"图层5"，分别在第1帧和第2帧的"动作–帧"面板中输入不同的脚本代码，完成后测试，最后保存文件即可。

11.3.2　制作留言板

1．练习目标

本练习要求利用组件制作一个留言板，主要作用是留言，因此功能比较少，参考效果如图11-37所示。

图11-37　留言板

素材所在位置	光盘:\素材文件\第11章\课堂练习\背景2.png	
效果所在位置	光盘:\效果文件\第11章\课堂练习\留言板.fla	
视频演示	光盘:\视频文件\第11章\制作留言板.swf	

2．操作思路

了解和掌握组件的相关设置方法后，即可开始设计与制作留言板，根据上面的练习目标，本例的操作思路如图11-38所示。

① 添加文本   ② 添加组件   ③ 添加脚本并测试

图11-38　制作留言板的操作思路

（1）新建ActionScript 3.0文件，导入素材文件夹中的图片，将其放置在"图层1"中，在该图层中选择第2帧，按【F5】键插入普通帧。

（2）新建图层，分别在第1帧和第2帧中输入相应的文本内容，包括用户名、性别、爱好、建议。

（3）新建2个图层，在对应的文本后分别添加不同的组件，并设置组件的属性。

（4）新建脚本图层，在该图层的第2帧中分别添加相应的脚本内容。

（5）按【Ctrl+Enter】组合键测试动画，然后保存文件。

11.4　拓展知识

Flash CS5中的组件功能较以前有所增强，使用其中的组件还可快速制作出令人满意的网页效果。下面讲解Flash CS5中常用的Scrollpane组件及其组件参数的意义。

ScrollPane组件允许将数据显示在行和列构成的网格中，并将数据从可以解析的数组或外部XML文件放入DataProvider的数组中，其参数如图11-39所示。DataGrid组件包括垂直和水平滚动、事件支持、排序功能。

◎ **allowMultipleSelection**：用于设置能否一次选择多个列表项目，参数为布尔值。true表示可以多选，false表示一次只能选择一个。

◎ editable：指示用户能否编辑数据提供者中的项目。

◎ headerHeight：获取或设置DataGrid标题的高度，以像素为单位。

◎ horizontalLineScrollSize：当显示水平滚动条时，单击水平滚动条可移动的数量，单位为像素，默认值为4。

◎ horizontalPageScrollSize：用于设置按住水平滚动条时，滚动条移动的像素数。当值为0时，检索组件可用的宽度。

◎ horizontalScrollPolicy：获取或设置一个布尔值，指示水平滚动条是否始终打开。

◎ resizebleColumns：指示用户能否更改列的尺寸。

◎ rowHeight：获取或设置DataGrid组件中每一行的高度（以像素为单位）。

◎ showHeaders：获取或设置一个布尔值，该值指示

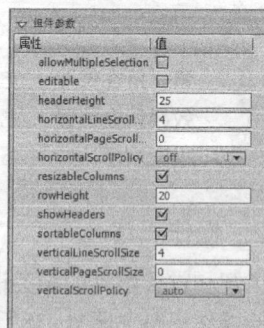

图11-39　DataGrid组件参数

DataGrid组件是否显示列标题。

◎ sortableColumns：指示用户能否单击列标题单元格对数据提供程序中的项目进行排序。

◎ verticalLineScrollSize：当显示垂直滚动条时，单击垂直滚动条可移动的数量，单位为像素，默认值为4。

◎ verticalPageScrollSize：用于设置按住垂直滚动条时，滚动条移动的像素数。当值为0时，检索组件可用的宽度。

◎ verticalScrollPolicy：用于设置垂直滚动条是否始终打开。

11.5 课后习题

（1）新建ActionScript 3.0文件，在提供的背景图片的基础上，制作一个产品问卷调查表。

提示：要求将图片导入"库"面板中，根据问卷调查的内容，添加ConboBox和RadioButton组件，并绘制文本框。处理后的效果如图11-40所示。

素材所在位置	光盘:\素材文件\第11章\课后习题\背景.jpg
效果所在位置	光盘:\效果文件\第11章\课后习题\产品问卷调查.fla
视频演示	光盘:\视频文件\第11章\制作产品问卷调查表.swf

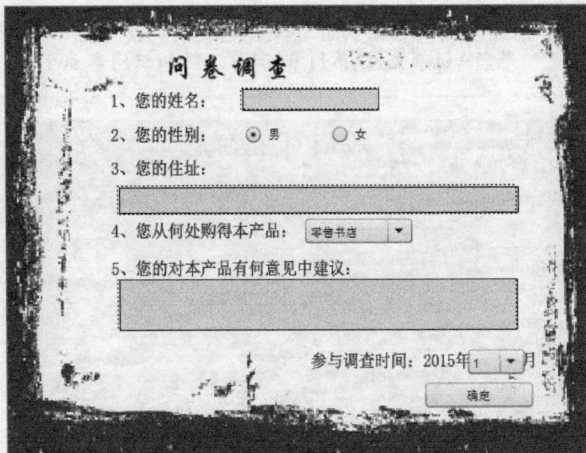

图11-40 产品问卷调查表

（2）打开提供的"美食问卷调查.fla"素材文件，利用"组件"面板中的各个组件制作问卷调查表。参考效果如图11-41所示。

提示：素材文件已经设置好基本的文字元素，只需在相应的文字后添加对应的组件，并设置即可。

素材所在位置	光盘:\素材文件\第11章\课后习题\美食问卷调查.fla
效果所在位置	光盘:\效果文件\第11章\课后习题\美食问卷调查.fla
视频演示	光盘:\视频文件\第11章\制作美食问卷调查表.swf

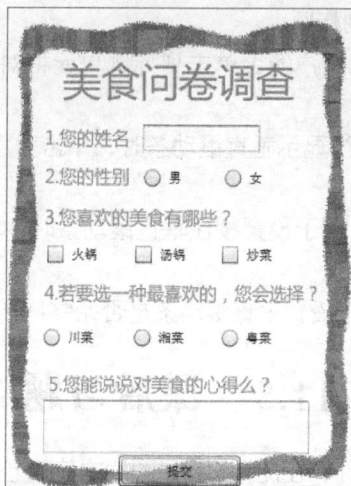

图11-41　美食问卷调查表

（3）新建ActionScript 3.0文件，利用"组件"面板中的各个组件制作汉服知识问卷表。参考效果如图11-42所示。

提示： 在制作表格之前先要明确应该设置哪些问题，这里设置的问题包括了解的汉服种类和人们对汉服的看法等，结合组件设置单选或填写文本框内容即可。

效果所在位置　　光盘:\效果文件\第11章\课后习题\汉服知识问卷.fla
视频演示　　　　光盘:\视频文件\第11章\制作汉服知识问卷.swf

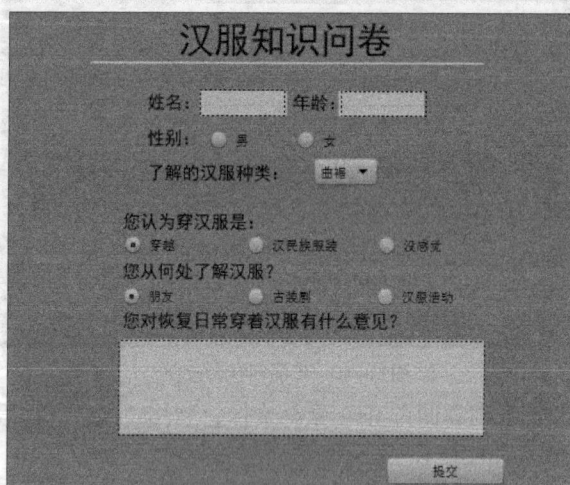

图11-42　汉服知识问卷

第12章

测试与发布动画

本章将详细讲解Flash CS5动画的测试与发布功能。读者通过学习要能够熟练使用Flash CS5的测试工具进行测试优化，发布动画的相关设置和操作。

学习要点

◎ 测试与优化动画
◎ 发布动画
◎ 导出Flash动画

学习目标

◎ 掌握测试动画和场景的操作方法
◎ 掌握设置发布、预览发布、发布动画的方法
◎ 熟悉导出Flash图像和影片的操作方法

12.1 测试与优化动画

使用Flash CS5制作动画后，为了保证动画的质量以及顺利传播，可预先对动画进行测试和优化。

12.1.1 测试动画

制作完动画后，为了有效减少播放动画时出错，应先测试动画，从而确保动画的播放质量，确定动画是否达到预期的效果，并及时修改出现的错误。测试动画主要是测试动画的加载和能否正常播放等。

测试动画的具体操作如下。

（1）启动Flash CS5，打开素材文件，选择【控制】→【测试影片】→【测试】菜单命令，或按【Ctrl+Enter】组合键对文件进行测试，如图12-1所示。

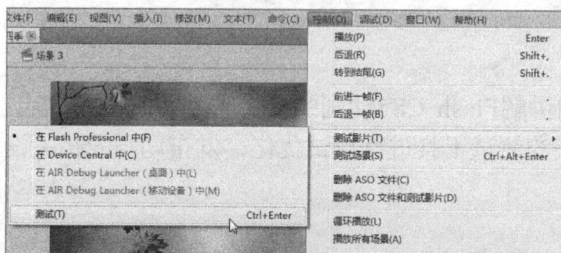

图12-1 选择测试命令

（2）在打开的文件测试窗口中，选择【视图】→【下载设置】菜单命令，在打开的子菜单中可选择宽带的类型，这里保持默认的"56K"命令，如图12-3所示。

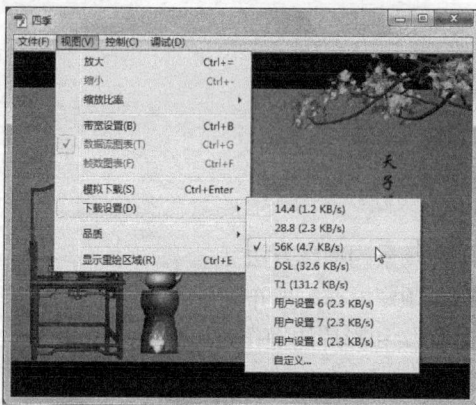

图12-2 下载设置

> 若子菜单中没有符合的命令，可选择"自定义"命令，在打开的"自定义下载设置"对话框中根据实际情况设置，如图12-3所示。
>
> 知识提示

（3）选择【视图】→【带宽设置】菜单命令，在测试窗口中显示动画的带宽属性，如图12-4所示。

图12-3　自定义下载设置

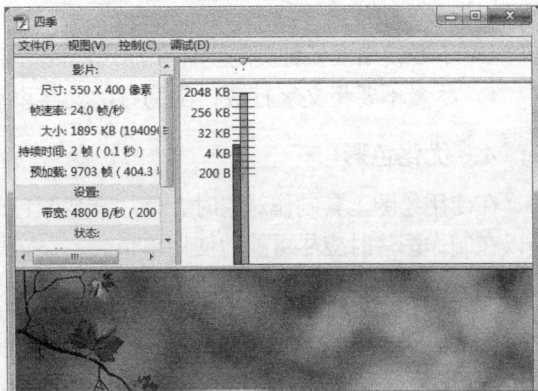

图12-4　带宽设置

12.1.2　优化动画

想让导出的Flash动画能在网络中顺利、流畅地传播，就必须尽量优化动画文件的大小。Flash动画文件越大，其下载和播放的速度就会越慢，在播放时容易产生停顿的现象，从而影响动画的传播。因此在完成动画制作后，除了测试动画，还需对动画进行优化，减小其文件大小。Flash动画的优化主要包括优化动画文件大小、动画元素、文本、色彩等内容。

1．优化动画文件大小

Flash动画中应用到的素材大部分来源于外部，素材文件的大小在很大程度上决定了动画本身的大小，所以优化动画文件尤为重要。在Flash中优化动画文件应从以下几个方面着手。

◎ **使用矢量图**：由于位图比矢量图的文件大很多，因此调用素材时尽量使用矢量图，不使用位图。

◎ **转换元件**：将动画中相同的对象转换为元件，在需要使用时直接从库中调用，可以很好地减小动画的数据量。

◎ **使用补间动画**：补间动画中的过渡帧是系统计算得到的，逐帧动画的过渡帧是通过用户添加对象得到的，补间动画的数据量相对于逐帧动画要小得多。因此尽量使用补间动画，减少使用逐帧动画。

2．优化动画元素

优化动画元素主要是对动画中的素材元素进行系统的分配管理，如对动画中的背景图层和动作图层进行分层等。对元素的优化主要有以下几个方面。

◎ 尽量对动画中的各元素进行分层管理。

◎ 尽量减小矢量图形的形状复杂程度。

◎ 尽量减少特殊形状矢量线条的应用，如斑马线、虚线、点线等。

◎ 尽量少导入素材，特别是位图，它会大幅增加动画文件的大小。

◎ 导入声音文件时尽量使用MP3这种文件相对较小的声音格式。

3．优化文本

若Flash动画中包含大量的文本，则需要对这些文本进行优化处理。优化文本时应注意以下两点。

◎ 不要使用太多种类的字体和样式，否则会加大动画的数据量。

◎ 尽量不要将文字打散，因为打散文字以后，文字以像素点方式存在，不利于修改。

4. 优化色彩

在使用绘图工具制作对象时，使用渐变颜色的影片文件将比使用单色的影片文件大一些，所以在制作影片时应尽可能地使用单色。

> **行业知识** 在测试动画时应注意3个问题：一是Flash动画文件是否处于最小状态，能否更小一些；二是Flash动画是否按照设计思路达到预期的效果；三是在网络环境下，能否正常地下载和观看动画。

12.1.3　课堂案例1——测试"恭贺新禧"动画

将提供的"恭贺新禧.fla"素材文件打开，根据前面所学的知识，对文件进行测试，然后保存文件，效果如图12-5所示。

素材所在位置	光盘:\素材文件\第12章\课堂案例1\恭贺新禧.fla
效果所在位置	光盘:\效果文件\第12章\课堂案例1\恭贺新禧.fla
视频演示	光盘:\视频文件\第12章\测试恭贺新禧动画.swf

图12-5　测试"恭贺新禧"动画

（1）打开素材文件夹中的"恭贺新禧.fla"文件，选择【控制】→【测试影片】→【测试】菜单命令，或按【Ctrl+Enter】组合键，打开测试窗口。

（2）选择【视图】→【带宽设置】菜单命令，如图12-6所示，在打开的窗口中查看动画的带宽属性。

（3）选择【视图】→【下载设置】→【自定义】菜单命令，打开"自定义下载设置"对话框，如图12-7所示。

图12-6　开启带宽设置

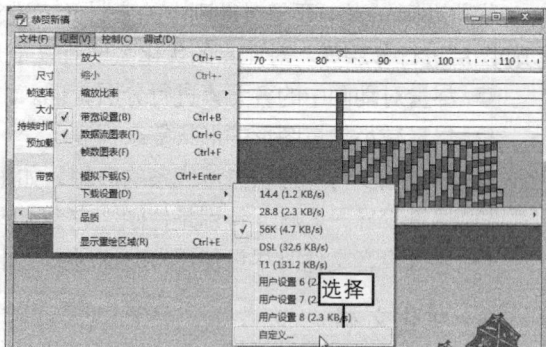

图12-7　选择"自定义"菜单命令

（4）将第3行的菜单文本设置为80K，然后单击 确定 按钮，如图12-8所示。

（5）选择【视图】→【下载设置】菜单命令，在其子菜单中即可看到已更改的下载速率，如图12-9所示。

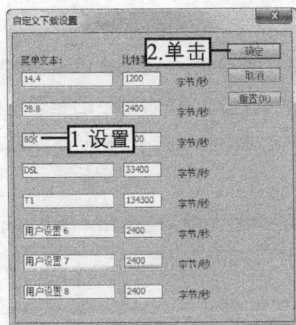

图12-8　设置下载速率　　　　　　　　　　图12-9　设置后的效果

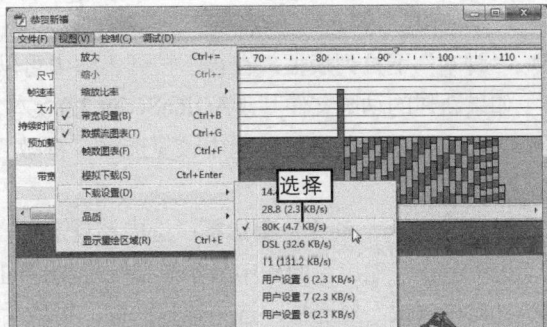

（6）设置完成后，单击测试窗口右上角的 x 按钮，退出测试窗口，然后重新保存更改后的文件即可。

12.2　发布动画

测试并优化动画之后，即可发布动画。在Flash CS5中，设置发布参数，可以控制动画的发布格式和发布质量等内容。

12.2.1　发布设置

选择【文件】→【发布设置】菜单命令，打开"发布设置"对话框，如图12-10所示。在"发布设置"对话框中，默认选中Flash和HTML复选框，并显示对应的选项卡。在该对话框中，并不是每一个参数都需要调节，下面讲解常用的参数。

图12-10　"发布设置"对话框

1. "Flash"选项卡

"Flash"选项卡中的常用参数如下。

◎ **"播放器"下拉列表框**：在该下拉表框中可选择一种播放器版本，默认为"Flash Player 10"。

◎ **"脚本"下拉列表框**：在该下拉列表框中可以选择动画的脚本版本。在Flash CS5中，如果新建的动画文件基于ActionScript 3.0版本，则这里默认选择该版本的语言。

◎ **"防止导入"复选框**：选中该复选框，将激活"密码"文本框，防止其他人对其进行编辑。

◎ **"省略 trace 动作"复选框**：选中该复选框，会使Flash忽略当前动画中的跟踪动作，也不会在"输出"面板中显示来自跟踪动作的信息。

◎ **"允许调试"复选框**：选中该复选框，将激活"密码"文本框。

◎ **"压缩影片"复选框**：选中该复选框，会自动压缩动画义件的大小。

◎ **"密码"文本框**：选中该复选框后，可以在"密码"文本框中输入密码，防止未授权的用户调试动画。

◎ **"JPEG品质"栏**：用于控制导出的位图的压缩。图像品质越低，生成的文件就越小，反之越大。

2. "HTML"选项卡

"HTML"选项卡中的常用参数如下。

◎ **"模板"下拉列表框**：选择要使用的模板，单击右边的 信息 按钮可显示该模板的相关信息。

◎ **"尺寸"下拉列表框**：设置发布的HTML文件中动画的宽度和高度。

◎ **"开始时暂停"复选框**：选中该复选框，让动画开始时处于暂停状态。在动画中单击鼠标右键，在弹出的快捷菜单中选择"播放"命令后，动画才开始播放。

◎ **"循环"复选框**：选中该复选框，使动画反复播放；撤销选中该复选框，则动画播放到最后一帧时停止播放。

◎ **"品质"下拉列表框**：设置HTML的品质，包括6个选项。

◎ **"HTML 对齐"下拉列表框**：设置动画在浏览器窗口中的位置。

◎ **"缩放"下拉列表框**：设置动画的缩放方式。

◎ **"Flash 对齐"栏**：设置在浏览器窗口中放置动画的对齐方式，并在必要时对动画的边缘进行裁剪。

3. "GIF" "JPEG" "PNG"选项卡

在"格式"选项卡中单击选中"GIF" "JPEG" "PNG"复选框，可激活"GIF" "JPEG" "PNG"选项卡，其中"GIF"选项卡的常用参数如图12-11所示，"JPEG"选项卡中的常用参数如图12-12所示，"PNG"选项卡中的常用参数如图12-13所示。

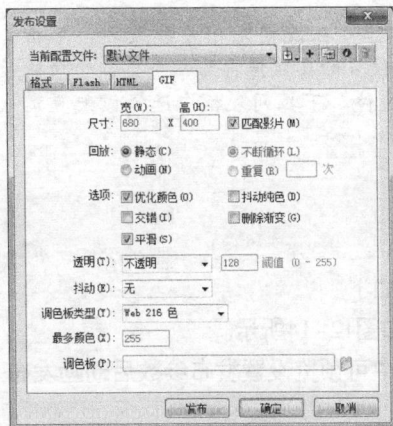

图12-11 "GIF"选项卡   图12-12 "JPEG"选项卡   图12-13 "PNG"选项卡

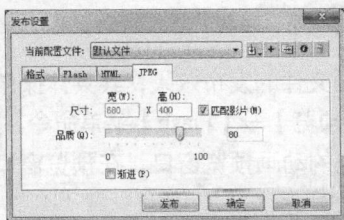

（1）"GIF"选项卡参数

"GIF"选项卡中各参数介绍如下。

◎ **"尺寸"栏**：在该栏的文本框中输入导出的位图图像的宽和高，选中"匹配影片"复选框，可使GIF和Flash动画大小相同并保持原始图像的高宽比。

◎ **"回放"栏**：用于选择创建的是静止图像还是GIF动画，选中"动画"单选项，将激活"不断循环"和"重复"单选项，从而可设置GIF动画的循环或重复次数。

◎ **"优化颜色"复选框**：选中该复选框，将从GIF文件的颜色表中删除所有不使用的颜色。

◎ **"平滑"复选框**：选中该复选框，可消除导出位图的锯齿，从而生成高品质的位图图像，并改善文本的显示品质，但会增大GIF文件的大小。

◎ **"透明"下拉列表框**：用于确定动画背景的透明度。

◎ **"调色板类型"下拉列表框**：用于定义GIF图像的调色板类型。

（2）"JPEG"选项卡参数

"JPEG"选项卡中各参数介绍如下。

◎ **"尺寸"栏**：在该栏的文本框中输入导出的位图图像的宽和高，选中后面的"匹配影片"复选框可使导出的图像和Flash动画大小相同，并保持原始图像的高宽比。

◎ **"品质"栏**：设置生成的图像品质，品质越高，图像文件越大。

◎ **"渐进"复选框**：选中该复选框可在浏览器窗口中逐步显示连续的JPEG图像，从而以较快的速度显示加载的图像。

（3）"PNG"选项卡参数

"PNG"选项卡中各参数介绍如下。

◎ **"位深度"下拉列表框**：设置导出的图像的每个像素的位数和颜色数。

◎ **"调色板类型"下拉列表框**：在"位深度"下拉列表框中选择"8位"选项时，将激活该下拉列表框，从中可以定义PNG图像的调色板类型。

知识提示　　　　如果要将多个动画以相同的格式和参数发布，可在设置完相关参数后，单击"发布设置"对话框中的 + 按钮新建配置文件，将设置的参数保存为一个类似于模板的文件，在发布这些动画时，只需在"当前配置文件"下拉列表框中选择该配置文件，即可自动应用设置的发布参数。

12.2.2　发布预览

设置完成后，可预览动画文件的发布效果，其具体操作如下。

（1）选择【文件】→【发布预览】→【Flash】菜单命令，如图12-14所示。

（2）Flash CS5自动打开相应的动画预览窗口，在预览窗口中可预览设置发布参数后动画发布的实际效果，如图12-15所示。

图12-14　选择发布预览的文件格式

图12-15　预览发布效果

知识提示　　　　只有在"发布设置"对话框的"格式"选项卡中选择并经过设置的文件格式，才能在发布预览的子菜单中选择，未设置的文件格式显示为灰色。

12.2.3　发布动画

设置发布参数并预览效果后，即可正式发布动画。在Flash CS5中选择【文件】→【发布】菜单命令，或在预览发布效果后按【Shift+F12】组合键快速发布动画文件，发布后在文件所在位置自动生成一个HTML网页文件，如图12-16所示。双击该文件可在打开的浏览器中观看发布的动画效果，如图12-17所示。

图12-16　发布后生成的HTML文件

图12-17　在浏览器中查看动画发布效果

12.2.4　课堂案例2——发布"蝴蝶飞舞"动画

打开提供的"蝴蝶飞舞.fla"素材文件，将该文件发布为SWF和GIF格式。其效果如图12-18所示。

素材所在位置	光盘:\素材文件\第12章\课堂案例2\蝴蝶飞舞.fla
效果所在位置	光盘:\效果文件\第12章\课堂案例2\蝴蝶飞舞.swf、蝴蝶飞舞.GIF
视频演示	光盘:\视频文件\第12章\发布蝴蝶飞舞动画.swf

图12-18　发布蝴蝶飞舞动画

（1）选择【文件】→【打开】菜单命令，打开素材文件夹中的"蝴蝶飞舞.fla"文件。

（2）选择【文件】→【发布设置】菜单命令，打开"发布设置"对话框。

（3）在"格式"选项卡撤销选中"HTML"复选框，选中"GIF"复选框，如图12-19所示。

（4）单击"Flash"选项卡，在"图像和声音"栏中将JPEG品质设置为"100"，其他保持默认，如图12-20所示。

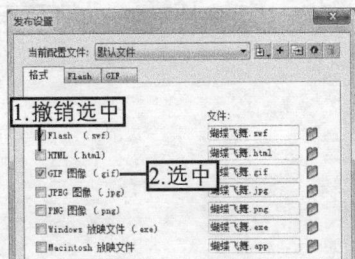

图12-19　选择GIF

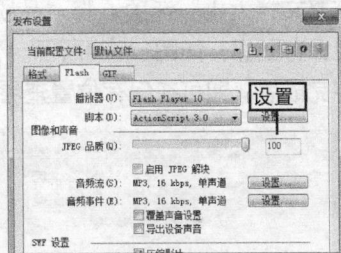

图12-20　设置Flash导出参数

（5）单击"GIF"选项卡，在"回放"栏中选中"动画"单选项，同时激活"不断循环"单选项，其他保持默认，单击 确定 按钮退出对话框，如图12-21所示。

（6）在时间轴中单击图层4隐藏按钮下的小圆点，将引导线隐藏，如图12-22所示。

（7）选择【文件】→【发布预览】→【Flash】菜单命令，在打开的窗口中预览Flash效果，再选择【文件】→【发布预览】→【GIF】菜单命令，在打开的网页中预览GIF效果。

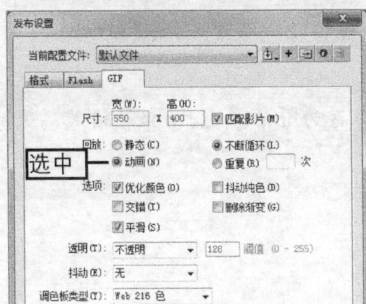

图12-21　设置"GIF"导出参数

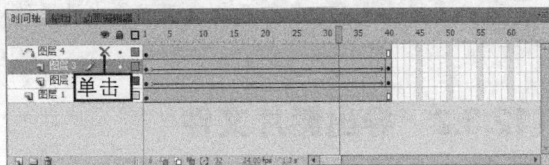

图12-22　隐藏引导线

（8）选择【文件】→【发布】菜单命令，即可发布文件，完成后保存并退出文件即可。

12.3　导出Flash动画

测试完Flash文件后，除了可以发布文件外，还可以导出Flash文件中的对象，从而得到单一的元素，如图像、声音，也可以将文件导出为影片。

12.3.1　导出图像文件

在Flash CS5中可将动画中单独的帧保存为一张图片，下面介绍如何导出动画中的图像。

（1）启动Flash CS5，选择【文件】→【打开】菜单命令，在打开的"打开"对话框中选择素材文件夹中的素材文件，将其打开并进行测试和优化。

（2）测试并优化完成后，在时间轴中将播放头移至第160帧处，选择【文件】→【导出】→【导出图像】菜单命令，打开"导出图像"对话框。

（3）在该对话框的"保存在"下拉列表框中选择文件保存的位置，在"保存类型"下拉列表中选择"JPEG 图像（*.jpg,*.jpeg）"选项，在"文件名"文本框中输入文件保存的名称，单击　保存(S)　按钮，如图12-23所示，打开"导出 JPEG"对话框。

（4）在打开的对话框中，单击"包含"右侧的　最小影像区域　按钮，在打开的下拉列表中选择"完整文档大小"选项，将"品质"设置为"100"，其余保持不变，单击　确定　按钮开始保存图像，如图12-24所示。

（5）保存完成后，即可在保存位置查看图像。

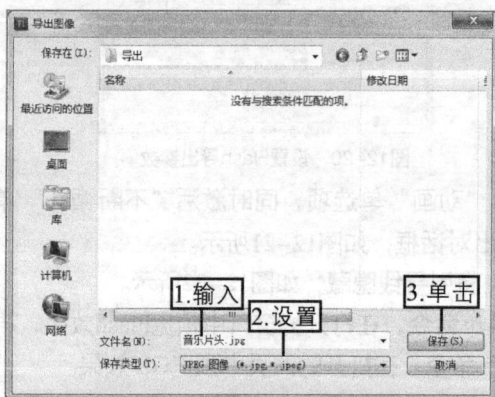

图12-23　设置保存位置和类型

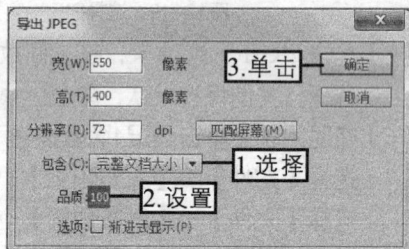

图12-24　设置保存质量和大小

　知识提示　　在"导出图像"对话框中还可以选择将图像保存为bmp、gif、png等格式，选择不同的格式，会打开包含不同导出设置的对话框。

12.3.2　导出影片文件

制作完成的动画文件可以导出为多种不同格式的影片，其具体操作如下。

（1）选择【文件】→【导出】→【导出影片】菜单命令，打开"导出影片"对话框，在"保存在"文本框中设置保存位置，在"文件名"文本框中输入文件名称，在"保存类型"下拉列表中选择"QuickTime（＊.mov）"选项，单击 保存(S) 按钮，如图12-25所示。

（2）打开"QuickTime Export 设置"对话框，单击 QuickTime 设置(Q)... 按钮，如图12-26所示，打开"影片设置"对话框。

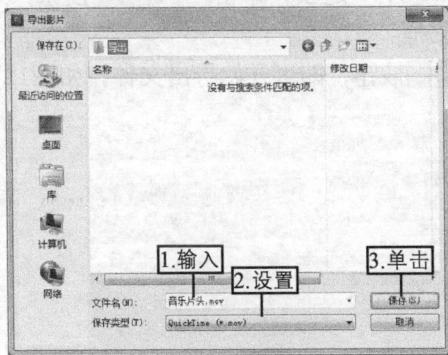

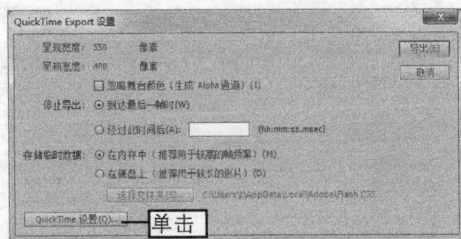

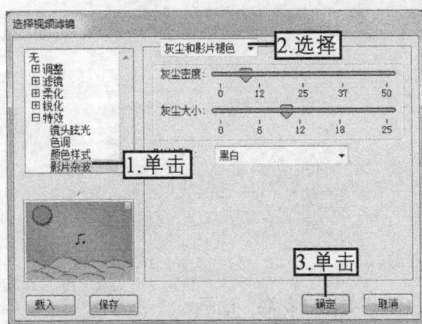

图12-25　保存影片　　　　　图12-26　"QuickTime Export 设置"对话框

（3）在该对话框中可设置影片的视频和声音，单击 滤镜 按钮，打开"选择视频滤镜"对话框，如图12-27所示。

（4）在其中可对整个视频添加滤镜，在左侧的列表框中单击"特效"前的田按钮，展开特效，选择"影片杂波"选项，在右侧面板顶部的下拉列表中选择"灰尘和影片褪色"选项，设置老旧的影片效果，如图12-28所示，单击 确定 按钮返回"影片设置"对话框，再次单击 确定 按钮，返回"QuickTime Export设置"对话框，单击 导出(E) 按钮导出即可。

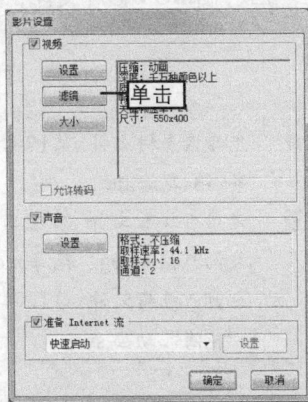

图12-27　"影片设置"对话框　　　　　图12-28　设置老旧影片效果

知识提示　同导出图像一样，选择不同的影片导出格式，将打开不同的影片设置对话框。

12.3.3　导出声音

在Flash CS5中还可单独导出文件中的音频，其具体操作如下。

（1）选择【文件】→【导出】→【导出影片】菜单命令，打开"导出影片"对话框，在"保存在"下拉列表框中选择文件保存位置，在"文件名"文本框中输入文件名称，在"保存类型"下拉列表中选择"WAV 音频（*.wav）"选项，单击 保存(S) 按钮，如图12-29所示，打开"导出 Windows WAV"对话框。

（2）选中"忽略时间声音"复选框，再单击 确定 按钮，即可开始导出文件，如图12-30所示。

图12-29　导出声音　　　　　　　　　　　　　　　图12-30　设置声音格式

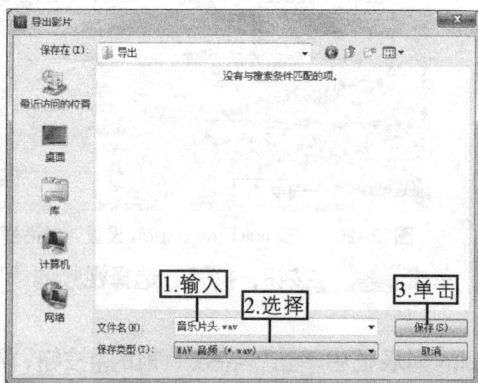

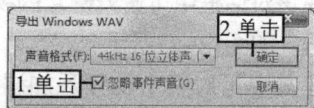

12.3.4　课堂案例3——导出"花海"动画

打开提供的"花海.fla"素材文件，导出第10帧的图片，然后导出MOV影片文件，效果如图12-31所示。

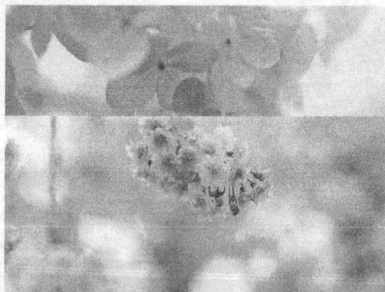

素材所在位置	光盘:\素材文件\第12章\课堂案例3\花海.fla
效果所在位置	光盘:\效果文件\第12章\课堂案例3\花海.jpg、花海.mov
视频演示	光盘:\视频文件\第12章\导出"花海"动画.swf

图12-31　导出"花海"动画

（1）打开素材文件，在时间轴中将播放头移至第10帧处，选择【文件】→【导出】→【导出图像】菜单命令，打开"导出图像"对话框。

（2）在该对话框的"保存在"下拉列表框中选择文件保存的位置，在"保存类型"下拉列表中选择"JPEG 图像（*.jpg,*.jpeg）"选项，在"文件名"文本框中输入文件保存的名称，单击 保存(S) 按钮，打开"导出 JPEG"对话框。

（3）在打开的对话框中，单击"包含"右侧的 最小影像区域▼ 按钮，在打开的下拉列表中选择
"完整文档大小"选项，将"品质"设置为"100"，其余保持不变，单击 确定 按钮
即可开始保存图像。

（4）选择【文件】→【导出】→【导出影片】菜单命令，打开"导出影片"对话框，在"保
存在"文本框中设置保存位置，在"文件名"文本框中输入文件名称，在"保存类型"
下拉列表中选择"QuickTime（*.mov）"选项，单击 保存(S) 按钮。

（5）打开"QuickTime Export 设置"对话框，单击 QuickTime 设置(Q)... 按钮，打开"影片设置"对
话框。

（6）在该对话框中可设置影片的视频和声音，单击 滤镜 按钮，打开"选择视频滤镜"对话
框。

（7）在其中可对整个视频添加滤镜，在左侧的列表框中单击"特效"前的⊞按钮，展开特
效，选择"镜头眩光"选项，在右侧面板中的"从"单选项下设置X和Y，再选中"到"
单选项，设置X和Y，如图12-32所示。

（8）单击 确定 按钮返回"影片设置"对话框，再次单击 确定 按钮，返回"QuickTime
Export设置"对话框，单击 导出(E) 按钮进行导出，如图12-33所示。

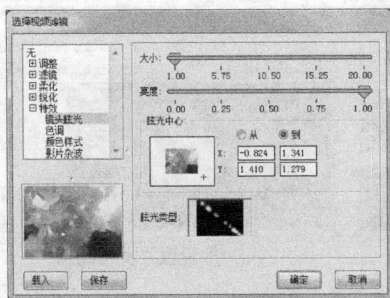

图12-32 设置镜头眩光   图12-33 导出的影片

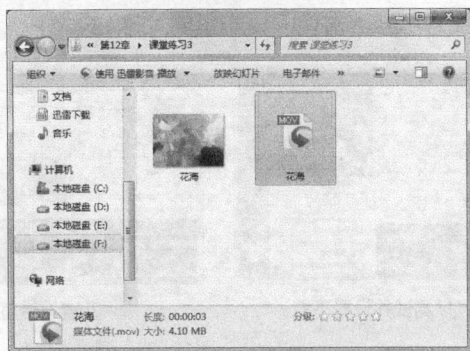

（9）完成后退出对话框并关闭软件即可。

12.4 课堂练习

本课堂练习将分别测试优化"和风"动画和测试导出"四季"动画，综合练习本章学习的
知识点，熟悉动画优化、测试和导出的具体操作。

12.4.1 发布"和风"动画

1. 练习目标

本练习的目标是测试、优化、发布"和风"动画，要求注意设置其下载和带宽，然后优
化其中的动画元素和颜色，达到以最小的文件大小获得最好的动画效果，参考效果如图12-34
所示。

图12-34 "和风"动画

素材所在位置　　光盘:\素材文件\第12章\课堂练习\和风.fla
效果所在位置　　光盘:\效果文件\第12章\课堂练习\和风.html
视频演示　　　　光盘:\视频文件\第12章\发布"和风"动画.swf

2. 操作思路

本练习要求测试和优化动画，涉及发布参数的设置，最后可在打开的网页中预览。根据上面的练习目标，本例的操作思路如图12-35所示。

① 测试并设置下载　　　　　② 查看带宽设置　　　　　③ 设置并发布动画

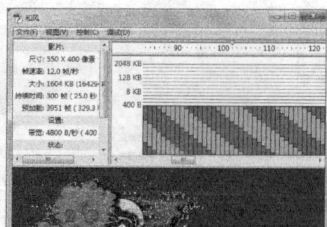

图12-35 测试并优化"和风"动画的操作思路

（1）打开"和风.fla"文件，按【Ctrl+Enter】组合键或选择【控制】→【测试影片】→【测试】菜单命令，对影片进行测试。

（2）在打开的测试窗口中选择【视图】→【下载设置】→【自定义】菜单命令，在打开的对话框中设置下载参数。

（3）选择【文件】→【发布设置】菜单命令，打开"发布设置"对话框，在"格式"选项卡中单击"HTML"右侧的"文件夹"按钮，更改文件保存位置。

（4）在"Flash"选项卡中选择播放器版本为"Flash Player 10"，JPEG发布品质为"80"，音频事件发布品质为"MP3，16kbps，单声道"。

（5）在"HTML"选项卡中设置HTML品质为"高"，窗口模式为"窗口"，HTML对齐为"顶部"，确认设置并发布即可。

12.4.2 导出"四季"动画

1. 练习目标

本练习要求打开"四季.fla"素材文件，测试并导出PNG格式的四季图片，再导出为MOV

文件，参考效果如图12-36所示。

图12-36　导出"四季"动画

素材所在位置	光盘:\素材文件\第12章\课堂练习\四季.fla
效果所在位置	光盘:\效果文件\第12章\课堂练习\四季、四季.mov
视频演示	光盘:\视频文件\第12章\导出"四季"动画.swf

2. 操作思路

掌握测试Flash文件，并从文档中导出不同文件的操作后，根据上面的练习目标，本例的操作思路如图12-37所示。

① 导出图片

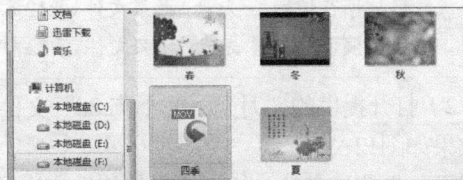

② 导出影片

图12-37　导出"四季"动画的操作思路

（1）打开"四季.fla"文件，按【Ctrl+Enter】组合键或选择【控制】→【测试影片】→【测试】菜单命令，对影片进行测试。

（2）选择场景1的第1帧，选择【文件】→【导出】→【导出图像】菜单命令，打开"导出图像"对话框，将该帧图片导出为JPEG格式，并命名为"春"。

（3）切换到场景2，选择第1帧，导出该帧的图片，并命名为"夏"。使用同样的方法导出场景3和场景4第1帧的图片，分别为"秋"和"冬"。

（4）选择【文件】→【导出】→【导出影片】菜单命令，在打开的对话框中设置保存类型为MOV，单击 保存(S) 按钮，再打开"影片设置"对话框。

（5）保持默认设置，直接单击 导出(E) 按钮导出影片。

12.5　拓 展 知 识

在Flash CS5中除了可将动画导出为.avi或.mov格式的视频文件外，还可将其以图片序列的方式导出，方便将这些图片序列导入After Effects或Premier等视频编辑文件中进行后期的特效处理。下面讲解如何将动画导出为单张GIF格式的动画图片，其具体操作如下。

（1）选择【文件】→【打开】菜单命令，打开需要的动画文件。

（2）按【Ctrl+Enter】组合键测试动画，查看动画播放效果，确认无误后，选择【文件】→【导出】→【导出影片】菜单命令。

（3）在"保存在"下拉列表框中指定文件路径，在"文件名"文本框中输入文件名称"流逝"，在"保存类型"下拉列表框中选择导出的文件格式为"GIF 动画（*.gif）"，单击 保存(S) 按钮。

（4）在打开的"导出 GIF"对话框中，设置导出文件的尺寸、分辨率、颜色等参数，然后单击 确定 按钮，即可将动画中的内容按设定的参数导出为GIF动画。

12.6 课 后 习 题

（1）打开提供的"流逝.fla"文件，对其进行测试，设置其发布参数并发布，然后在浏览器中浏览发布效果即可。

提示：要求先检查图像的各个组成部分，然后进行测试，最后将其发布为HTML文件，处理后的效果如图12-38所示。

素材所在位置	光盘:\素材文件\第12章\课后习题\流逝.fla
效果所在位置	光盘:\效果文件\第12章\课堂习题\流逝.mov
视频演示	光盘:\视频文件\第12章\导出流逝动画.swf

（2）打开提供的"月光下的小狗.fla"文件，对其进行测试，然后导出为MOV影片文件，参考效果如图12-39所示。

提示：先测试文件，找到不自然的地方进行修改，然后再测试，直至动画流畅为止，最后导出文件。

素材所在位置	光盘:\素材文件\第12章\课后习题\月光下的小狗.fla
效果所在位置	光盘:\效果文件\第12章\课堂习题\月光下的小狗.mov
视频演示	光盘:\视频文件\第12章\导出月光下的小狗动画.swf

图12-38 "流逝"动画

图12-39 "月光下的小狗"影片

第13章

综合案例——制作Flash网站

本章将综合应用前面章节的知识制作Flash网站，练习与巩固图形绘制与编辑、文本创建、动画制作等知识，并了解网站制作流程。

✳ 学习要点

- ◎ 了解网站的制作流程
- ◎ 熟练掌握使用Flash创建网站时涉及的矩形工具、文本工具的使用
- ◎ 掌握各面板的基本操作

✳ 学习目标

- ◎ 加强对Flash的认识
- ◎ 能够使用Flash独立创建网站

13.1　实例目标

本章的目标是综合前面所学知识，创建一个Flash网站。要完成该任务，首先需要确定网站风格，然后确定网站的内容，收集素材，开始着手制作网站，并在制作完成后进行测试与发布。

13.2　专业背景

在制作网站前，需要了解构建Flash网站的一些常用技术，并对Flash网站的页面进行规划，包括结构、设计、内容。

13.2.1　构建Flash网站的常用技术

随着计算机和网络的发展，构建网站的方式也多种多样，构建一个门户网站一般涉及页面设计、服务器的搭建与维护、数据和程序的开发等方面。使用Flash构建网站，主要涉及网站常用的ActionScript脚本的应用、网站导航中按钮的事件类型、声音和视频在网站中的应用，以及外部内容的处理等。

13.2.2　规划Flash网站

网站创建得成功与否，与网站的创意、设计、交互这3个元素息息相关，任何一个元素的缺失都会使网站不够完美。但这3个元素并不能完全决定网站的成败，要使网站更加完善，在创建之前还需要对网站进行规划，使网站的存在更加合理。

Flash网站的规划主要包括以下几个方面。

1. 结构的规划

每一个网站都有其存在意义，在创建之前需要梳理其存在的目的，如这个网站是什么类型的？面向哪一方面的用户群体？需要满足用户的什么需求等。完成这些问题的梳理可对网站的结构有大致的了解，清晰定位网站的类型，从而规划出网站的结构。

为了使网站运行顺畅，还需要规划网站的层次结构，使用户能顺畅、自然地浏览网站。

2. 设计的规划

设计的规划实际上就是使网站风格统一。优秀的网站其站内风格都是一致的，在浏览时始终有一条统一的线贯穿整个网站。因此在创建网站之前需要设计这条统一的线，如统一的交互变化、统一的场景转换和统一的Logo等，然后按照设计完成的主线实施，创建Flash网站。

3. 内容的规划

在创建网站前，还应当对需要使用到的内容进行规划。例如，将网站中的文本内容以动态文本的形式载入，方便文本更新；将外部内容生成较小的SWF文件，以使用ActionScript脚本控制；若网站中需要使用视频，应当将视频转换为FLV格式，再导入等。通过对内容的规划，可为后期的网站制作节省时间。

在规划网站内容时，应尽量从外部载入文件，从而在最大限度上减少文件大小，并方便日后维护网站。

13.3 实例分析

本章创建一个Flash网站，需要对这个网站进行策划，分析网站采用的技术方式和内容。

13.3.1 前期策划

首先应确定网站的风格和用户的目标。用户在访问网站时往往是带有目的性的，通过每次单击，将用户带领到他们的目的地，避免没有必要的介绍。然后设计网站，提供合乎逻辑的导航和交互，保证用户正常流畅的使用体验。其次确定网站的内容，收集整理需要用到的素材文件，并对这些素材文件进行优化。最后开始创建网站，并在创建完成后进行测试和发布。

13.3.2 流程和方法

下面介绍网站的制作流程和方法。

1. 采用的技术方式

本网站面向的用户群体为想了解相关内容资讯的用户，面向的用户范围不是大众，所以制作该网站采用的技术也比较简单，主要包括使用ActionScript和按钮的交互等。

2. 设计网站内容

由于网站的主题与个人风格相关，因此在制作时需要结合图形和文字对内容进行介绍，使用户能清楚地认识并了解网站。因此在网站设计方面，需要以图文结合的方式进行介绍。然后搜集相关素材，并对这些素材进行整理。

3. 确定网站风格

由于是个人网站，因此不必做得太严谨，可以结合最近流行的极简主义，设计较为简单的风格，使整个网站简洁、清晰。

13.3.3 定位受众人群

由于网络是近几十年才发展起来的新兴科学，因此最容易接受也最先接受它的就是年轻人。而本网站是介绍猫的网站，吸引的是一些喜欢可爱动物的年轻人。因此网站需要制作得比较可爱。

13.4 制作过程

整理好素材并确定网站风格后，即可开始创建网站，主要包括创建背景、添加文字和图片、设置按钮、添加脚本。

13.4.1 制作背景图层

首先制作网站的背景，背景对网站的风格起决定性的作用，其具体操作如下。

素材所在位置	光盘:\素材文件\第13章\综合案例\背景.jpg、1.jpg……
效果所在位置	光盘:\效果文件\第13章\综合案例\猫站.fla
视频演示	光盘:\视频文件\第13章\制作猫站网页.swf

（1）启动Flash CS5，新建Action Script 3.0文件，在"属性"面板的"属性"栏中单击 编辑… 按钮，打开"文档设置"对话框。

（2）在该对话框中设置尺寸为"768像素×1024像素"，导入背景图片，将图层1重命名为"背景"，将背景图片导入舞台并对齐，如图13-1所示。

（3）在工具栏中选择矩形工具，在其"属性"面板的"填充和笔触"栏中设置笔触颜色为"#AB924E"，笔触大小为"2.00"，填充颜色为白色"#FFFFFF"。在舞台中绘制宽为"650.00像素"，高为"54.00像素"的矩形。

（4）选择绘制的矩形，在其"属性"面板中设置x轴的位置为"59.00像素"，y轴的位置为"148.00像素"，如图13-2所示。

图13-1 导入背景

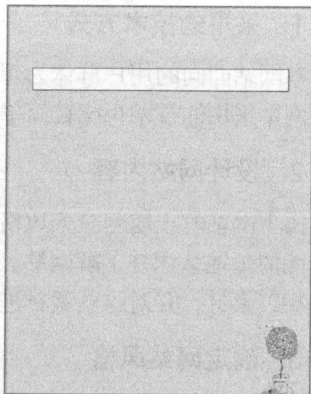

图13-2 设置矩形的位置和大小

（5）按住【Alt】键不放拖动绘制的矩形，进行复制。选择复制的矩形，在其"属性"面板中将其x轴的位置设置为"59.00像素"，y轴的位置设置为"845.00像素"。

（6）再次使用矩形工具，绘制宽为"650.00像素"，高为"285.00像素"的矩形，并将其x轴的位置设置为"59.00像素"，y轴的位置设置为"236.00像素"。

（7）继续使用矩形工具，绘制宽为"210.80像素"，高为"285.00像素"的矩形，利用【Alt】键复制两个矩形，选择这3个矩形，单击"对齐"按钮，打开"对齐"面板，在"分布"栏中单击"垂直居中分布"按钮和"水平居中分布"按钮，如图13-3所示。

（8）选择【文件】→【导入】→【导入到库】菜单命令，将素材文件夹中的小猫图片全部导入"库"面板中。

（9）在时间轴中选择"背景"图层的第1帧，按【Shift】键不放单击选择最上和最下的矩形，以及背景图，按【Ctrl+C】组合键进行复制。选择第4帧，按【F7】键插入空白关键帧，在舞台中单击鼠标右键，在弹出的快捷菜单中选择"粘贴到当前位置"命令。

（10）使用基本矩形工具▢，绘制图13-4所示的矩形，并设置其圆角。矩形的笔触颜色为
　　　"白色"，Alpha值为"80%"，笔触大小为"5.00"，填充颜色为"白色"，Alpha值
　　　为"60%"。使用线条工具▨在舞台中绘制一条线。

图13-3　绘制矩形并设置大小和位置　　　　　图13-4　在第4帧中绘制矩形

（11）选择第5帧至第8帧，按【F6】键插入关键帧，然后在第7帧和第8帧中，只保留最上和最
　　　下的两个矩形，删除其余的元素。

13.4.2　制作文字图层

下面开始制作文字。这里将文字分别放置在两个图层中，其中一个图层中放置始终会出现
在界面上的文字，另一个图层放置不同页面中的文字，其具体操作如下。

（1）在时间轴中单击"新建图层"按钮▣，将新建图层重命名为"文字1"，选择第2至第8
　　　帧，单击鼠标右键，在弹出的快捷菜单中选择"删除帧"命令。
（2）选择文本工具T，设置为"传统文本"，类型为"静态文本"，将字体设置为"黑
　　　体"，大小为"13.0点"，颜色为"#968043"，在"消除锯齿"下拉列表中选择"使用
　　　设备字体"选项，如图13-5所示。
（3）选择"文字1"图层的第1帧，按【F7】键插入空白关键帧，在如图13-6所示的位置输入
　　　文本"design by Bay"。继续使用文本工具T，将字体大小更改为"18.0点"，继续输入
　　　文本"首页""更多""联系我们"。

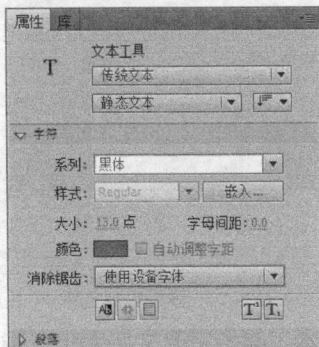

图13-5　设置文本工具属性　　　　　　　图13-6　输入文本

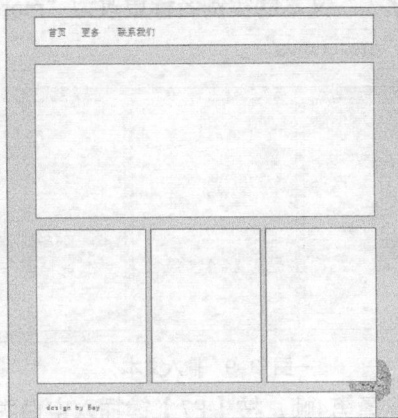

（4）在舞台中选择"首页"文本，单击鼠标右键，在弹出的快捷菜单中选择"转换为元件"命令，将其以"shouye"为名，转换为按钮元件，并进入元件编辑模式。

（5）在时间轴中按住【Shift】键不放，分别选择"指针经过""按下""点击"帧，并按【F6】键插入关键帧。选择"指针经过"帧，在舞台中选择"首页"文本，在其"属性"面板的"字符"栏中将其颜色更改为"#66FFFF"，然后选择"按下"帧，在舞台中选择文本"首页"，在其"属性"面板中将其颜色更改为"#333300"。

（6）单击工作区上的"返回"按钮 ⇦，返回场景中，选择"首页"文本，在其"属性"面板中将其实例名称更改为"shouye1"，如图13-7所示。

（7）使用同样的方法，将"更多"文本转换为名为"more"的按钮元件，并设置指针经过等元素，然后将场景中的"更多"元件实例的名称更改为"more1"。将"联系我们"文本转换为名为"contact"的按钮元件，并进行其他名称设置，然后将场景中的"联系我们"元件实例的名称更改为"contactus"，如图13-8所示。

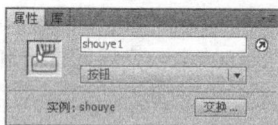

图13-7　设置实例名称

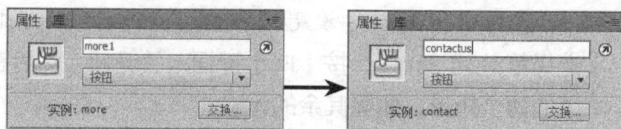

图13-8　设置其余两个实例

（8）选择第8帧，按【F5】键延长帧，完成"文字1"图层的创建。

（9）在场景中单击时间轴中的"新建图层"按钮，将新建的图层重命名为"文字2"，利用【Shift】键单击第2至第8帧，单击鼠标右键，在弹出的快捷菜单中选择"删除帧"命令。

（10）选择文本工具 T，设置文本大小为"13.0点"，颜色为"#968043"，在舞台中输入如图13-9所示的文本。

（11）选择"更多…"文本，单击鼠标右键，在弹出的快捷菜单中选择"转换为元件"命令，将其转换为名为"moree"的按钮元件，并参照步骤（5）的方法设置其"指针经过""按下""点击"帧。

（12）返回场景中，选择"更多…"文本，在其"属性"面板中将其实例名称更改为"morepage"，复制该实例，将其放置到如图13-10所示的位置，将中间的"更多…"文本的实例名称更改为"moreinfo"，将右边"更多…"文本的实例名称更改为"morenews"。

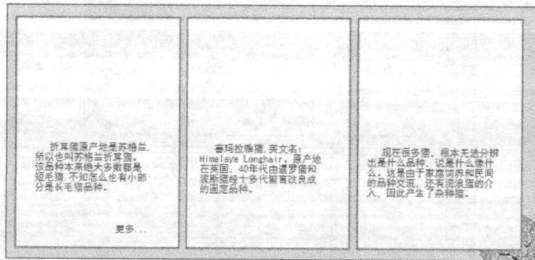

图13-9　输入文本

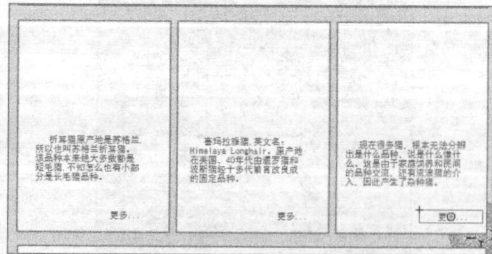

图13-10　设置实例名称

（13）选择第4帧，按【F7】键插入空白关键帧，使用文本工具 T 更改文字大小，输入如图

13-11所示的文本。

（14）选择第5帧和第6帧，按【F6】键插入关键帧，更改其中的文本，如图13-12所示。选择第7帧和第8帧，按【F7】键插入空白关键帧。

图13-11　在第4帧中输入文本

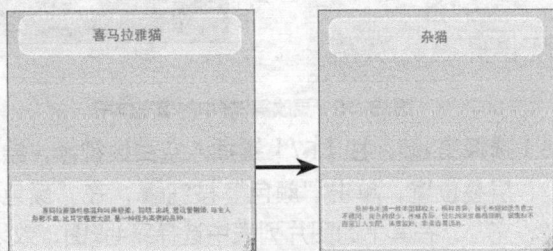

图13-12　更改第5帧和第6帧中的文本

（15）选择第8帧，使用基本矩形工具 在舞台中绘制圆角矩形作为背景，然后使用文本工具 T在该矩形中输入地址信息等文本，如图13-13所示。

地址：北京市朝阳区××路××号
联系电话：010-12345678
邮箱：www.×××.com

图13-13　输入联系文本

13.4.3　制作图片图层

添加图片，同文字一样将图片分别放置在两个图层中，其中一个图层中放置在页面中不会改变的图片，另一个图层放置不同帧中的不同图片，其具体操作如下。

（1）在时间轴中单击"新建图层"按钮 ，将新建图层重命名为"图片1"，选择第2帧至第8帧，单击鼠标右键，在弹出的快捷菜单中选择"删除帧"命令。

（2）在"图片1"图层中选择第1帧，使用矩形工具 ，在导航栏下的矩形上绘制一个较小的矩形。

（3）在面板组中单击"颜色"按钮 ，打开"颜色"面板，在"颜色类型"下拉列表中选择"位图填充"选项，将鼠标光标移至第1张图片上，当鼠标光标变为 形状时单击，使用该图片填充矩形，如图13-14所示。

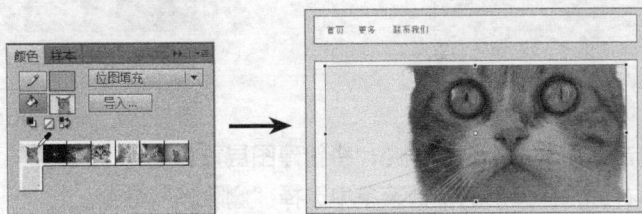

图13-14　填充矩形

（4）选择"图片1"图层的第2帧和第3帧，按【F6】键插入关键帧。选择第2帧，单击矩形图
片，在面板组中单击"颜色"按钮 ，打开"颜色"面板，在其中将填充的位图更改为
第2张图片，如图13-15所示。在第3帧中将填充的位图更改为第3张，如图13-16所示。

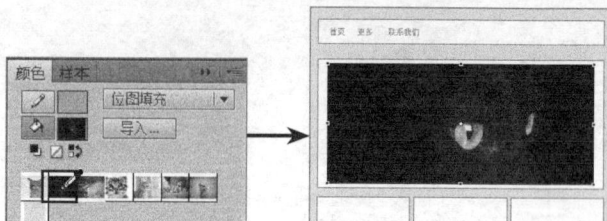

图13-15　更改第2帧中的填充位图　　　　　　　图13-16　更改第3帧中的填充位图

（5）选择第4帧，按【F7】键插入空白关键帧，绘制3个矩形，设置矩形的大小等参数，以及
层叠位置，单击"颜色"按钮 ，在"颜色"面板中将"颜色类型"更改为"位图填
充"，在其下的图片列表中选择第4张图，效果如图13-17所示。

（6）使用【Shift】键选择第5帧和第6帧，按【F6】键插入关键帧。选择第5帧，在"颜色"面
板中将该帧中的3个矩形填充位图更改为第5张图。选择第6帧，在"颜色"面板中将该帧
中的3个矩形填充位图更改为第6张图，如图13-18所示。

图13-17　填充第4帧中的矩形　　　　　　　图13-18　更改第5帧和第6帧中的矩形填充

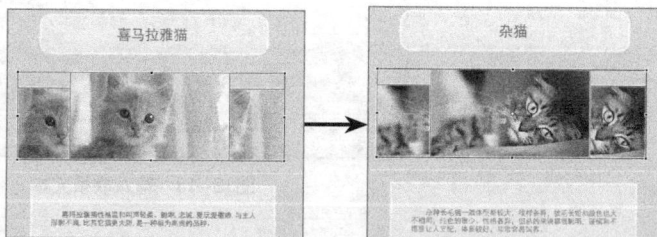

（7）选择第7帧，按【F7】键插入空白关键帧，选择基本矩形工具 ，设置其参数，并在舞台
中绘制一个矩形作为背景，如图13-19所示。

（8）使用矩形工具 在舞台中绘制矩形，并复制，然后填充位置，效果如图13-20所示。

图13-19　绘制背景矩形　　　　　　　图13-20　绘制并填充矩形

（9）在时间轴中单击"新建图层"按钮 ，将新建图层重命名为"图片2"，选择第2帧至第8
帧，单击鼠标右键，在弹出的快捷菜单中选择"删除帧"命令。

（10）在"图片2"图层中选择第1帧，在如图13-21所示的位置绘制矩形并填充。

（11）选择"图片2"图层中的第3帧，按【F5】键插入帧，如图13-22所示。

图13-21 绘制并填充矩形

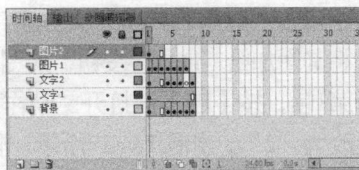

图13-22 插入帧

13.4.4 制作按钮图层

下面添加交互按钮，方便用户浏览图片，其具体操作如下。

（1）在时间轴中单击"新建图层"按钮，将新建图层重命名为"按钮"，选择第2帧至第8帧，单击鼠标右键，在弹出的快捷菜单中选择"删除帧"命令。

（2）在"按钮"图层中选择第1帧，在面板组中单击"组件"按钮，打开"组件"面板。

（3）在该面板中双击"User Interface"文件夹，将其展开，在其中将"Button"组件拖动到舞台中，如图13-23所示。

（4）在舞台中选择按钮，在"属性"面板中将其实例名称更改为"nextto2"，在"组件参数"栏的"Label"文本框中将名称更改为"next"，并使用任意变形工具调整按钮的大小，如图13-24所示。

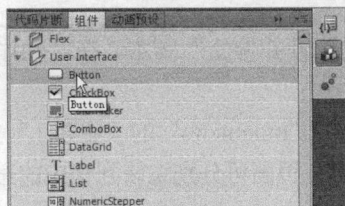

图13-23 添加按钮

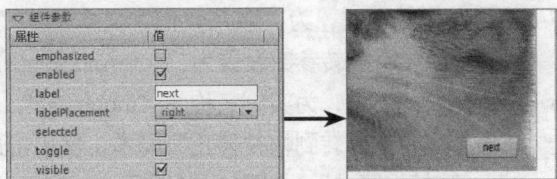

图13-24 设置按钮

（5）选择第2帧和第3帧，按【F6】键插入关键帧。选择第2帧，在舞台中选择按钮，在其"属性"面板中将实例名称更改为"nextto3"。选择第3帧，在舞台中选择按钮，在其"属性"面板中将实例名称更改为"backto1"，如图13-25所示。

图13-25 更改实例名称

13.4.5 制作动作图层

下面添加动作图层，使网站中的各网页能相互跳转，具体操作如下。

（1）在时间轴中单击"新建图层"按钮，将新建图层重命名为"actions"，选择第4帧至第8帧，单击鼠标右键，在弹出的快捷菜单中选择"删除帧"命令。

（2）按住【Shift】键不放选择第2帧至第3帧，按【F7】键插入空白关键帧。选择第1帧，按【F9】键打开"动作-帧"面板，在其中输入"stop();"，再次按【F9】键关闭该面板。

（3）在第1帧中单击next按钮，再单击"代码片段"按钮，打开"代码片段"面板，在该面板中双击"时间轴导航"文件夹，将其展开，在其中双击"单击以转到帧并停止"选项，将其附加给"next"按钮，如图13-26所示。

（4）选择第1帧，按【F9】键打开"动作-帧"面板，在其中将"gotoAndStop();"括号中的数值更改为"2"，如图13-27所示。使用同样的方法在第2帧和第3帧中为相应帧中的next按钮添加该跳转命令。

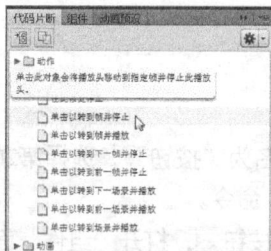

图13-26　添加跳转命令

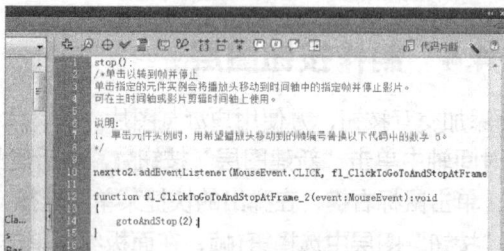

图13-27　更改脚本参数

（5）将播放头移至第1帧，在舞台中选择"首页"文本，打开"代码片段"面板，在"时间轴导航"文件夹中为其添加"单击以转到帧并停止"脚本，打开"动作-帧"面板，更改新添加的参数，将其跳转帧设置为"gotoAndStop(1);"，如图13-28所示。

（6）使用同样的方法，为"更多"文本添加"单击以转到帧并停止"脚本，在"动作-帧"面板中将跳转参数设置为"gotoAndStop(7);"。

（7）使用同样的方法，为"联系我们"文本添加"单击以转到帧并停止"脚本，在"动作-帧"面板中将跳转参数设置为"gotoAndStop(8);"。

（8）使用同样的方法，为实例名称为"morepage""moreinfo""morenews"的"更多…"文本添加"单击以转到帧并停止"脚本，使单击这些文本时，页面可分别跳转到相应的第4帧、第5帧、第6帧，如图13-29所示。

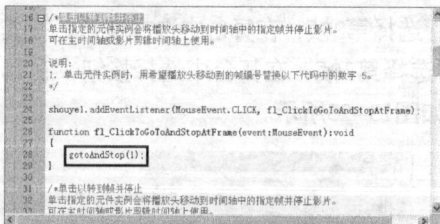

图13-28　为文本添加脚本

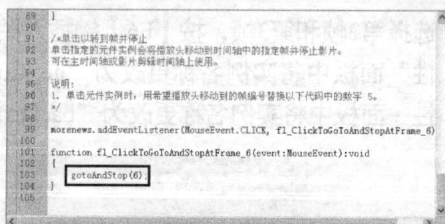

图13-29　继续添加脚本

（9）设置完成后关闭"动作-帧"面板，按【Ctrl+S】组合键保存。

13.4.6　发布网站

完成网站的制作后，即可测试并发布，其具体操作如下。

（1）按【Ctrl+Enter】组合键进行测试，单击其中的按钮或文本，测试页面跳转是否流畅。

（2）选择【文件】→【发布设置】菜单命令，设置发布参数，这里保持默认，在"格式"选项卡中设置发布的位置。

（3）选择【文件】→【发布】菜单命令，直接发布即可。

13.5 课堂练习

本课堂练习将分别制作导航动画和诗歌朗读课件，综合练习本书学习的知识点和动画的制作流程。

13.5.1 制作导航动画

1. 练习目标

本练习要求制作Flash导航动画，要求注意动画变化顺序，动画应当符合逻辑，在制作时还应注意不同动画之间过渡的流畅性，以及画面整体的协调感等，参考效果如图13-30所示。

图13-30 "导航"动画

素材所在位置	光盘:\素材文件\第13章\课堂练习\导航动画
效果所在位置	光盘:\效果文件\第13章\课堂练习\导航动画.fla
视频演示	光盘:\视频文件\第13章\制作导航动画.swf

2. 操作思路

掌握使用Flash综合制作动画、网站等项目的操作后，根据上面的练习目标，本例的操作思路如图13-31所示。

① 制作文字动画　　　② 制作按钮　　　③ 进行合成

图13-31 制作导航动画的操作思路

（1）新建文件，设置文件属性，将帧频设置为"30.00"，舞台大小为"750像素×190像素"，选择【文件】→【导入】→【导入到库】菜单命令，将素材文件导入"库"面板中。

（2）在"库"面板中新建"文字"文件夹，在其中为每一个需要制作动画的文字新建图形元件，新建影片剪辑元件，将文字图形元件拖动到影片剪辑元件中，在其中为每一个文字制作文字动画。

（3）在库面板中新建"鸟飞"文件夹，在其中新建影片剪辑元件，绘制鸟的身体和翅膀，并制作飞鸟动画。

（4）新建按钮元件，在其中制作"进入"文本按钮效果。

（5）返回场景中，制作图片淡入淡出的动画，并将库中的文字、鸟飞等动画拖动到相应图层的对应位置。

（6）创建完动画后，新建音乐图层，将背景音乐拖动到该图层中，为导航动画添加声音。完成后按【Ctrl+Enter】组合键测试动画，然后将其导出。

13.5.2　制作诗歌朗读课件

1．练习目标

本练习要求根据素材文件夹中提供的素材文件，制作一个朗读诗歌的课件。制作比较复杂，但都是本书的相关知识。参考效果如图13-32所示。

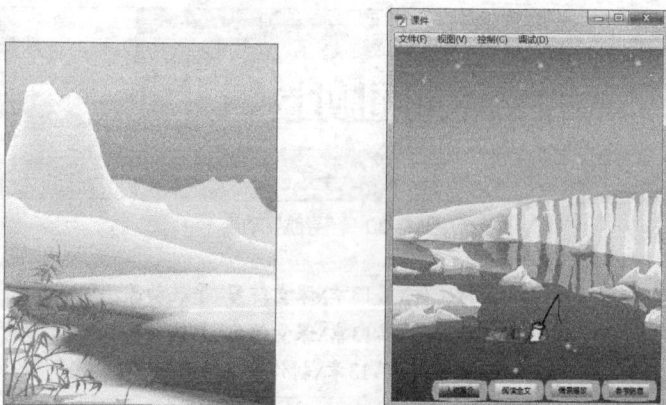

图13-32　朗读诗歌课件

素材所在位置	光盘:\素材文件\第13章\课堂练习\课件
效果所在位置	光盘:\效果文件\第13章\课堂练习\课件.fla
视频演示	光盘:\视频文件\第13章\制作诗歌朗读课件.swf

2．操作思路

掌握使用Flash综合制作动画、网站等操作后，根据上面的练习目标，本例的操作思路如图13-33所示。

①新建文件并制作影片剪辑元件　　②新建不同的图层并设置相应的对象　　③测试并保存文件

图13-33　制作课件的操作思路

（1）新建360像素×460像素的文件。

（2）制作"情景""全文""雪花""信息""人物介绍""主动画"等影片剪辑元件。

（3）在图层1中放入主动画影片剪辑元件。

（4）新建图层2，在其中放入其他影片剪辑元件。

（5）新建图层3，在其中放入音乐。

（6）选择图层1、图层2、图层3的第3帧，按【F5】键插入帧。再新建图层4，在第1至第3帧中插入空白关键帧，然后在这3帧中输入相应的脚本语句。

13.6 知识拓展

本章讲解了使用Flash创建网站的一般流程，读者应多加练习，熟练掌握基础网站的制作。下面介绍创建网站的注意事项。

1. 用户的目标和网站的目的

网站设计应该反应商业和客户的需求，有效地传播信息、促进品牌。网站的目标最好通过用户的目标来达到，所以站点结构必须满足用户的需要，快速将用户引导至其主要目标。

2. 提供合乎逻辑的导航与交互

正确的导航应显示用户访问过的上一个地址和即将访问的下一个地址，并通过链接的不同颜色提醒用户访问过的页面。合乎逻辑的交互包括提供给用户一个轻松跳出他们正在访问的部分回到出发点的链接，确保按钮定义了足够好的反应区域，利用Flash流的特性先装载主要的导航元素等。

3. 不要过度使用动画

最好的动画应用于增加站点的设计目标，通过导航讲述一个故事或者有帮助的事情。在包含大量文字的页面使用重复的动画将使视线从消息转移，不利于消息的传递。

4. 慎重使用声音

声音可为站点锦上添花但是绝非必要。声音会显著增加文件的大小，当一定要使用声音时，Flash会将声音转换为MP3文件甚至流媒体化。

5. 面向低带宽的用户

越少的下载越好，初始的下载页面大小不能超过40KB，包括所有图像和HTML文件。为了减少下载时间，最好使用矢量图形，若用户必须等待，则需提供一个装载的时间序列与进度条，且必须在前5秒内装载完成的导航系统。

6. 设计的易用性

确保站点的内容能被所有的用户阅读，包括残疾用户。高度使用ALT标签可以确保网站内容能被辅助工具解释。

13.7 课后习题

（1）打开提供的素材文件，利用这些素材，结合Flash中的制作工具，制作汽车动画，要求动画衔接节奏紧凑，画面整体美观。处理后的效果如图13-34所示。

提示： 要求播放动画时，先出现动画背景图形，然后出现一部小汽车，接着显现五彩的装饰色彩，再出现车模，当车模完全显示后，同时出现广告文字和网站导航条，在整个动画中，导航条播放完毕后停止播放，而广告文字和车模都是循环播放。

素材所在位置	光盘:\素材文件\第13章\课后习题\汽车网站
效果所在位置	光盘:\效果文件\第13章\课后习题\汽车网站.fla
视频演示	光盘:\视频文件\第13章\制作"汽车网站"动画.swf

图13-34 "汽车网站"动画

（2）利用素材文件夹中的素材图片，制作童年MTV，参考效果如图13-35所示。

提示： 按不同的动画效果分类制作，该MTV动画中的主要动画效果有飘花效果、文字效果、动画效果。将这些效果制作完毕后可以组合起来，完成动画的制作，如果想将制作的动画上传到网络中，还要为动画添加载入动画。

素材所在位置	光盘:\素材文件\第13章\课后习题\童年
效果所在位置	光盘:\效果文件\第13章\课后习题\童年MTV.fla
视频演示	光盘:\视频文件\第13章\制作童年MTV.swf

图13-35 "童年MTV"动画

附　录

项目实训

为了培养学生独立完成设计任务的能力,提高就业综合素质和创意思维能力,加强教学的实践性,本附录精心挑选了6个项目实训,分别是"春夜喜雨"课件、"青蛙跳小游戏"动画、"工作室片头"动画、"汽车广告"动画、"小狗"游戏、制作"我爱我家"MTV。通过完成实训,读者能进一步掌握和巩固Flash动画的设计和制作。

实训1　制作"春夜喜雨"课件

【实训目的】

通过实训掌握Flash在课件设计中的应用,具体要求及实训目的如下。

◎ 要求制作"春夜喜雨"课件动画,在开场动画完毕后,出现相关课件功能选择。

◎ 通过本动画掌握课件的制作方法,熟悉影片剪辑元件的使用。

◎ 熟悉脚本工具和脚本语言的使用。

【实训参考效果】

课件的参考效果如附图1所示,相关素材在本书配套光盘中。

附图1　"春夜喜雨"课件

素材所在位置　　光盘:\素材文件\项目实训\春夜喜雨
效果所在位置　　光盘:\效果文件\项目实训\春夜喜雨.fla

【实训参考内容】

（1）创意与构思:在制作动画前,首先设定交互动画的数量,主要为动画设定了4个主场景,分别是:人物简介、阅读全文、情景阅读、阅读提示。

（2）制作过程:播放动画时,首先出现引导动画,当动画播放到一定帧时,出现控制按钮并停止播放动画,单击相应的按钮后,可以跳转到对应的场景。

实训2　制作"青蛙跳小游戏"动画

【实训目的】

通过实训掌握Flash在制作小游戏方面的应用,具体要求及实训目的如下。
◎　熟练使用时间轴中的"绘附图纸外观"按钮□绘制流畅的青蛙跳动画。
◎　熟练掌握新建ActionScript文件、制作代码文件的方法。
◎　熟练掌握工具栏中各种绘附图工具的使用。

【实训参考效果】

本实训的青蛙跳小游戏的制作参考效果如附图2所示,相关素材及效果文件在本书配套光盘中。

素材所在位置　　光盘:\素材文件\项目实训\青蛙跳小游戏
效果所在位置　　光盘:\效果文件\项目实训\青蛙跳小游戏

附图2　青蛙跳小游戏

【实训参考内容】

（1）构思如何制作:认真研究游戏,如青蛙一次最多可以跳几格等。

（2）添加脚本：首先构思如何编写脚本文件，试着自己动手编写，然后参照效果文件中的脚本和Action Script 3.0 文件中的脚本来讲解文件脚本的编写思路。

（3）制作游戏：测试编写完成的游戏是否符合游戏思路，检查是否存在不合理的地方。

实训3　制作"工作室片头"动画

【实训目的】

通过实训掌握Flash在动画设计方面的应用，具体要求及实训目的如下。

◎ 了解"工作室片头"动画应包含的元素、设计的要点、应突出的主题，以及整个动画画面的主次。

◎ 熟练掌握时间轴的使用。

◎ 熟练掌握矩形选择工具、任意变形工具和"属性"面板的使用。

【实训参考效果】

"工作室片头"动画的参考效果如附图3所示，相关素材在本书配套光盘中。

素材所在位置　　光盘:\素材文件\项目实训\工作室片头

效果所在位置　　光盘:\效果文件\项目实训\工作室片头.fla

附图3　"工作室片头"动画

【实训参考内容】

（1）搜集资料：了解公司的风格、logo、发展理念等具象和抽象要素。

（2）准备素材：搜集与公司相关的素材，包括公司常用的颜色体系和logo，在前期设计好公司的相关附图形素材等。

（3）制作动画：可利用片头库中已经绘制好的图形，主要在时间轴的不同图层中制作图形的缩放、位移动画来获得。

实训4　制作"汽车广告"动画

【实训目的】

通过实训掌握Flash在广告中的应用,具体要求及实训目的如下。

◎ 了解广告的产生和目的,广告的媒介和宣传广告的方法。

◎ 熟练掌握时间轴的使用,以及补间动画的添加方法。

◎ 掌握文字动画的设置方法,了解一般的动画状态,包括水平和上下等方向的位移、图片的缩放、颜色的更改,以及从模糊到清晰的动画效果。

【实训参考效果】

"汽车广告"动画的参考效果如附图4所示,相关素材在本书配套光盘中。

素材所在位置　　光盘:\素材文件\项目实训\汽车广告

效果所在位置　　光盘:\效果文件\项目实训\汽车广告.fla

附图4　"汽车广告"动画

【实训参考内容】

(1)查看相关资料:根据提供的汽车资料,对比同类车,找出产品的特点和优点,然后针对这些特点和优点制作广告。

(2)市场调研:制作一份与汽车销售相关的市场调查问卷,信息采集,了解产品的销售和反馈情况,方便制作时改进。

(3)具体构思:综合考虑后决定汽车广告的制作形式,开始着手书写相关文案。

(4)制作过程:新建Flash文件,利用素材库中的文件,运用时间轴和补间动画制作"汽车广

告"动画。

实训5 制作"小狗"游戏

【实训目的】

通过实训熟练掌握Flash在制作游戏方面的应用,具体要求及实训目的如下。

◎ 熟练掌握时间轴的应用,加强编译脚本语句的熟练程度。

◎ 熟练掌握新建ActionScript文件、制作代码文件的方法。

◎ 熟练掌握绘图工具的使用方法,能使用绘附图工具快速绘制满意的图形。

【实训参考效果】

"小狗"游戏的参考效果如附图5所示,相关素材及效果文件在本书配套光盘中。

素材所在位置 光盘:\素材文件\项目实训\小狗

效果所在位置 光盘:\效果文件\项目实训\小狗.fla

附图5 "小狗"游戏

【实训参考内容】

（1）前期构思:在制作前应有大概的游戏轮廓,明确关卡和游戏规则等。

（2）绘制草附图:构思好之后,可先在纸上绘制或记录游戏,以便清晰观看设想的游戏规则是否存在漏洞,经过推演记录下脚本语句中重要的定义和语句。

（3）制作游戏:利用素材文件制作游戏,参照本书前面章节所讲的脚本,快速编译现在的游戏。

（4）测试游戏:最后测试编写完成的游戏是否符合预期的游戏规则,并与其他游戏中的脚本语句比较。

实训6　制作"我爱我家"MTV

【实训目的】

通过实训掌握利用Flash制作MTV的方法,具体要求及实训目的如下。

◎　了解MTV制作的一般流程,以及需要的内容和制作方法。

◎　熟练掌握时间轴的使用,能够熟练创建图层,并能在图层中熟练创建补间动画。

◎　掌握在影片剪辑元件中制作动画的方法,熟悉影片剪辑元件的使用,掌握文字动画的制作方法,以及影片剪辑元件在舞台中的使用方法。

【实训参考效果】

"我爱我家"MTV的参考效果如附图6所示,相关素材提供在本书配套光盘中。

> 素材所在位置　　光盘:\素材文件\项目实训\家
>
> 效果所在位置　　光盘:\效果文件\项目实训\我爱我家.fla

附图6　"我爱我家"MTV

【实训参考内容】

（1）收集相关资料:根据"我爱我家"主题,收集相关附图片和文字资料,以及MTV中需要的背景音乐。

（2）制作MTV所需元素:在Flash中,对于一些复杂的动画,可先在影片剪辑元件中制作完成其中的一些元素,如MTV上方的飘花动画。

（3）制作MTV:各种元素都制作完成后,即可在舞台的时间轴中制作MTV,在音乐开始的地方开始添加字幕,注意字幕要与歌词相对应。

（4）测试MTV:制作完成后对MTV进行测试,检查音乐中的歌词与字幕是否对应,画面有无卡顿等。